Ka'ina Hana 'Ōiwi
a me ka
Waihona 'Ike Hakuhia

—

Pepa Kūlana

Ka'ina Hana 'Ōiwi
a me ka
Waihona 'Ike Hakuhia

—

He Pū'ulu Ho'oholomua o ke Ka'ina Hana 'Ōiwi
A me ka Waihona 'Ike Hakuhia

30 Ianuali 2020
Honolulu, Hawai'i

indigenous-ai.net
info@indigenous-ai.net

Pepa Kūlana Kaʻina Hana ʻŌiwi a Waihona ʻIke Hakuhia

Mana ʻŌlelo Hawaiʻi
Ka Mea Unuhi: ʻIkaʻaka Nāhuewai
Ka Mea Hoʻoponopono: Kaleimomi Waiʻoli

E haʻakuhi ʻia kēia pepa:
Nāhuewai, ʻIkaʻaka, ka mea i unuhi. "Pepa Kūlana Kaʻina Hana ʻŌiwi a Waihona ʻIke Hakuhia [Indigenous Protocol and Artificial Intelligence Position Paper]", Mana ʻŌlelo Hawaiʻi. Jason Edward Lewis, Ka Mea Hoʻoponopono. Honolulu, Hawaiʻi: The Initiative for Indigenous Futures a me ka Canadian Institute for Advanced Research (CIFAR), 2020.

DOI: 10.11573/spectrum.library.concordia.ca.00990094

E hoʻoili ʻia ma: https://spectrum.library.concordia.ca/00990094

ISBN: 978-1-387-88887-0

Nā Mea Kākau
Indigenous Protocol and Artificial Intelligence Working Group

PEPA KUHIKUHI

PEPA KUHIKUHI (*continued*)

SECTION 1
Hoʻolauna

Learning E Hō Mai. Image by Sergio Garzon, 2019.

1.0

Hoʻolauna

" ʻO ke aloha ka waihona ʻike e launa ai me ka nohona."
— na Olana Kaipo Ai[1]

" Aia ko kākou kuleana i loko o ka pilina. Na wai e kūkulu nei? ʻO ke kanaka Hawaiʻi, ʻo ke kanaka Honua paha? ʻO ka pōhaku, ʻo ka minelala, pili pū ke kanaka me ka pōhaku. Na lāua i haku kēia papahana. ʻO nā mea a pau e pili ana i ke kanaka, ʻo ke kanaka, ʻo kona mau hewa, ʻo ka hakakino hunaola nō hoʻi kekahi e haku pū ʻia i loko o ka pōhaku. Pono ke kanaka i ke kuapele, ʻo nā hunaola e haku ʻia ai ka puna. He pono ka ʻākoakoa o kākou me ka ʻuhane; inā kaʻawale naʻe a na ka ʻuhane kākou e hoʻoneʻe, ʻaʻohe pilina ʻohana. ʻO ke kuleana kanaka ka hoʻomaopopo ʻana mai, aia nō ka ʻikehu e paʻa ai ke akua i loko ou. Inā naʻe ʻaʻohe ma laila, pehea e hiki ai ke pili i ka lani, ke pili hoʻi me

---

[1] "Aloha is the intelligence with which we meet life."

kāu mea e haku nei? ʻO ka ʻikepili i paʻa, aia nō kekahi i loko ou, a ʻo ʻoe i loko o laila."

— na Kekuhi Kealiʻikanakaʻoleohaililani[2]

" ʻAʻole ʻo ke kanaka ka wēlau a ʻo waena paha o ke kumu honua. He ʻiʻo maoli kēia manaʻo i nā kālaimanaʻo ʻŌiwi like ʻole. He kahua paʻa ke ala o ka naʻauao a me ka ʻōlelo e ʻike ʻia nei ka pilina ʻohana e pāhola aku ana i ka holoholona a me ka mea kanu, ka makani i ka pōhaku, ka mauna i ka moana. Paʻa mai nei nā ʻōlelo a me nā loina i nā kaiāulu ʻŌiwi i hiki ke kūkā kamaʻilio me ke ēwe kanaka ʻole, e haku ʻia ai ke au like o ke kūkā ʻana ma nā mea ʻokoʻa i ke kino, ke ola, a me ka moʻokūʻauhau."

—na Lewis, Arista, Pechawis a me Kite[3]

He Kumuhana Kūkā E Kupu Mau Ana

He wahi hoʻomaka kēia pepa kuana no ke Kaʻina Hana ʻŌiwi[4] (KHʻO) a me ka Waihona ʻike Hakuhia[5] (WʻIH) no ka poʻe e ake nei e haku a hana he WʻIK mai ke kuanaʻike kūpono e hoʻokele ʻia nei e ka manaʻo ʻŌiwi. He kiʻina hana ko kēlā a me kēia kaiāulu ʻŌiwi i nā nīnau a mākou e ui aʻe ai. ʻAʻole kēia mea a mākou i kākau ai he pani i ke kūkulu a mālama ʻana i ka pilina kākoʻo kekahi i kekahi me kekahi mau kaiāulu ʻŌiwi. Eia naʻe, hāpai aʻe kēia palapala i kekahi mau manaʻo e noʻonoʻo ai ke komo i kēia mau kamaʻilio ʻana ʻo ka hoʻomaka koho ʻana i ke kuanaʻike ʻŌiwi i ka haku ʻana he waihona ʻike hakuhia.

He hoʻāʻo kēia wahi pepa kūlana e hōʻiliʻili i nā ʻano kamaʻilio like ʻole no 20 mahina, no 20 kāʻei hola, no ʻelua hālāwai hoʻonaʻauao, a ma waena hoʻi o kekahi mau poʻe ʻŌiwi (a ʻŌiwi ʻole hoʻi) no nā

---

[2] "Our responsibility is in the relationship. Who is building them? Is it the kanaka or the human? The rock, the mineral, the rock and the human are engulfed. They birthed this program. Everything that comes with the kanaka—the human—his faults, his cellular structure, that gets folded in with the mineral. You need the volcanic activity, the structures that create the calcium. We have to interface with the spirit; if we disconnect and let the spirit just move us, we are not having a kinship. The human's responsibility is to realize that the energy that makes up the god is in you somewhere. If it is not there, how is it possible to interface with sky, interface with the thing you are creating? The fact is that some of you is in it. And some of it is in you."- Kekuhi Kealiikanakaoleohaililani

[3] "Man is neither height nor centre of creation. This belief is core to many Indigenous epistemologies. It underpins ways of knowing and speaking that acknowledge kinship networks that extend to animal and plant, wind and rock, mountain and ocean. Indigenous communities worldwide have retained the languages and protocols that enable us to engage in dialogue with our non-human kin, creating mutually intelligible discourses across differences in material, vibrancy, and genealogy." —Lewis, Arista, Pechawis and Kite

[4] Kaʻina Hana ʻŌiwi = Indigenous Protocol

[5] Waihona ʻIke Hakuhia = Artificial Intelligence

kaiāulu like ʻole i Aotearoa, Nū Hōlani, ʻAmelika ʻĀkau a me ka Pākīpika. ʻO ke kia nō naʻe, ʻaʻole ʻo ka hoʻolōkahi ʻana he leo. Paʻa nō ka ʻike ʻŌiwi i kekahi mau ʻāina a aupuni kikoʻī a puni ka honua. Hoʻohuli aku kēia mau ʻāina a mōʻaukala like ʻole i nā kaiāulu ʻokoʻa a me ko lākou mau kaʻina hana ʻŌiwi i ke au o ka manawa. ʻAʻohe "kuanaʻike ʻŌiwi hoʻokahi", a hoʻomau a haku ʻia nā kālaikuhiʻike[6] e ka hoʻokumu ʻana o kekahi mau kaiāulu kikoʻī i loko o kahi mau ʻāina. Ma mua, he hopena ulūlu o ke kālaikuhiʻike a kālaikuhikanaka[7] ko ka loina naʻauao i hoʻāʻo e naʻi a hoʻohilimia i ka loina ʻŌiwi, a hoʻohāiki ʻia ke ʻano o ka manaʻo a kuanaʻike ʻŌiwi. ʻO ko mākou pahuhopu ke kālele ʻana i nā ʻōnaehana ʻike ʻŌiwi like ʻole a me ke ʻano o ka ʻenehana e hāpai i ka nīnau ʻo ka WʻIH. Ma muli o ia palena, a ma kahi o ka hoʻokuʻikuʻi ʻana he manaʻo lōkahi, he hōʻiliʻili kēia pepa kūlana o kēlā ʻano kēia ʻano o ka moʻokalaleo: ʻo nā manaʻo hoʻokele hakulau ʻoe, ʻo ka ʻatikala akeakamai ʻoe, ʻo ka wehewehena o ka mana ʻenehana mua ʻoe, a ʻo ka poema ʻoe. I ko mākou manaʻo, he ʻolokeʻa kūpono maoli nā leo a kuanaʻike ʻokoʻa i ka ʻoiaʻiʻo he pae kinohi maoli nō kēia kamaʻilio ʻana, a he hōʻike i ka mea heluhelu no nā kuanaʻike i kupu mai i loko o nā hālāwai hoʻonaʻauao.

Makemake pū mākou e hoʻākāka aku, ʻaʻole mākou e hoʻāʻo nei e lilo kā mākou ʻo ia ka ʻōlelo no ia mau kaiāulu, ʻaʻole hoʻi he ʻōlelo laulā na ka poʻe ʻŌiwi. Loaʻa nā manaʻo ʻŌiwi o kēlā ʻano kēia ʻano, ma waena o ka lāhui a ma loko hoʻi o ka poʻe. ʻAʻole he kū ʻana no haʻi, he paipai nō naʻe i ke kūkā ʻana no nā kuanaʻike a pau.

ʻO ka hapa nui o ka poʻe e komo pū ana i kēia mau papahana KHʻO WʻIH, aia ma kekahi ala e hui pū ai ka moʻomeheu a me ka ʻenehana hou. ʻO ke kūkā ʻana no ke KHʻO WʻIH, he kūikawā no nā mōʻaukala lōʻihi loa o ka noʻonoʻo ʻana, a ua komo nā manaʻo o nā kānaka i loko o nā hālāwai hoʻonaʻauao, a no laila i kupu a haʻi nui ʻia mai ai nā mōʻaukala mai kinohi. ʻO kekahi pahu hoʻomaka, ko Angie Abdilla manaʻo "Indigenous Knowledge Systems and Pattern Thinking: An Expanded Analysis of the First Indigenous Robotics Prototype Workshop," he pepa i kākau pū ʻia me haʻi a he kālailai i ka hoʻoili, hoʻomaopopo a hoʻokaʻaʻike ʻana aku i ka ʻike kuʻuna a ʻike ʻŌiwi a pehea i pili ai i ke kaʻina huli hāʻina[8] o ka lopako.[9] He pahu hoʻomaka nō hoʻi ʻo "Making Kin with the Machines," he pepa i kākau pū ʻia na Jason Edward Lewis, Kauka Noelani Arista, Archer Pechawis a me Suzanne Kite ma ka makahiki 2018, na ia pepa e hāpai ana i ka manaʻo ʻo ka luʻu ʻana i loko o nā loina ʻohana ʻŌiwi e hoʻāno hou i ke kālaikuhiʻike a me ke kālaikuhikanaka o ke kūkulu ʻana i ka ʻōnaehana WʻIH.[10] E hāpai ʻia iho ana nā pahu hoʻomaka ʻē aʻe ma lalo iho nei.

---

[6] kālaikuhiʻike = epistemology

[7] kālaikuhikanaka = ontology

[8] ke kaʻina huli hāʻina = algorithm

[9] Abdilla, A. and Fitch, R. (2017). "FCJ-209 Indigenous Knowledge Systems and Pattern Thinking: An Expanded Analysis of the First Indigenous Robotics Prototype Workshop," *The Fibreculture Journal* 28. <twentyeight.fibreculturejournal.

[10] Lewis, et al.

ʻO ke kuleana kōkī o mākou, ʻo ka hōʻihi, ke komo aku a komo mai o nā manaʻo kekahi i kekahi i loko o ko kākou mau kaiāulu. No mākou ke kuleana mua, a he wahi manawa kēia pepa kūlana i loko o ke kūkā ʻana i makemake ʻia, a e kūpale, loiloi, nīele, a paio nui ʻia ana i loko o ke au o ka manawa, he hoʻololi a he liliuewe.

No ke Aha ka Waihona ʻIke Hakuhia?

Ke lilo hikiwawe loa nei ka ʻōnaehana Waihona ʻIke Hakuhia he ʻenehana kahua, paʻa pū me ka uila a me ka pūnaewele. E pā ana ka hapanui o ka nohona o ka nui poʻe:

> E like me ka pā loli nui ʻana o Kanakā a me ka honua i ke kaʻaahi, ka "industrial revolution" a me ka pūnaewele, he pā like loa ana paha ko ka WʻIH. A, e like me ka holomua o ka WʻIH a laha a maʻamau loa, ʻo kona kuleana, ʻo ka hiki, nā manaʻo kūpono a me ka hoʻokele waiwai, pēlā ana ka manaʻo ʻana i ke kiaʻi a me ke kū kānāwai ʻana. [11]

No ka mōʻaukala lōʻihi o ka ʻenehana hou e pā ʻino ana ka poʻe ʻŌiwi, [12] he koʻikoʻi maoli nō ka hui pū ʻana me kēia au loli o ka ʻenehana ma ka wikiwiki loa a me ka nui loa i hiki me ka manaʻo e komo i ka hoʻomohala ʻana i ke ala kūpono iā kākou.

ʻIkea i waena o ke kenekulia 21, ʻo ka hoʻohana kūpono ʻia o ka WʻIH a me ka ʻolokeʻa kūpono i hoʻohana ʻia e nā mea haku, he kūkā e kamaʻilio ākea ʻia ana. E like me kā kekahi o mākou ma kahi ʻē aʻe, [13] ua hopohopo mākou i ke kālaikuhiʻike Haole nāna kēia mau WʻIH, he palena iki ko lākou i ka noʻonoʻo, ke kūkulu manaʻo, a me ka ʻōlelo e pā maikaʻi wale ai nō nā kālaikuhikanaka e haku ʻia ana e nā hanauna e hiki mai ana o ka ʻōnaehana hana haʻina. [14] Inā ma ke kuanaʻike Haole wale nō ke ala e noʻonoʻo ai kākou no kēia mau ʻōnaehana, ʻaʻole ana e ʻapo piha i ka hiki i ia mau ʻōnaehana. Ma ka ʻoi loa, ua hiki maoli nō paha ke kau ka pāʻewaʻewa a me ka hoʻokae i paʻa iā kākou. Ma ka ʻino loa, ua hiki i ka pili ke like me ka haku i kāna kauā.

Eia kākou nei ma kinohi o kekahi pahū ʻana o ka hoʻomohala ʻenehana. ʻO kēia ka manawa e kūkā ʻia kēia mau kumuhana, i ka wā hoʻi e akāka nei ke kinona o ka WʻIH, a ma mua naʻe o ka paepae ʻia o ke kahua. Ua hoʻolaha aku nei nā mokuʻāina, ʻahahuina, hui aupuni/uku o Montreal, Toronto, ka EU a pēlā aku i nā kauoha a me nā moʻomanaʻo no ka mīkini kūpono a me nā manaʻo kūpono no ke kūkulu ʻōnaehana WʻIH

---

[11] Like the way in which railroads, the industrial revolution, and the Internet profoundly changed Canada and the world, AI is very likely to be transformative. And, as AI continues to advance and become more commonplace, its accountability, accessibility (costs, digital literacy), and ethical implications, in addition to economic, security and legal aspects may also have to be considered.

[12] Diamond, J. (2017). *Guns, Germs, and Steel: The Fates of Human Societies*. WW Norton.

[13] Lewis et al. and Fox Harrell, D. *Phantasmal Media* (2013).

[14] See also previous critiques such as Terry Winograd and Fernando Flores, (1987). *Understanding Computers and Cognition: A New Foundation for Design*.

ʻana, (Montreal Declaration; Toronto Declaration; Declaration of Cooperation on Artificial Intelligence).[15] Eia mau nō, koi ʻia ka hoʻomaka koho ʻana o ke kiʻina hana ʻŌiwi i ke kanaka ma mua o nā mea a pau. I laʻana, ʻo ka pahuhopu o ka Institute of Electrical and Electronics Engeneers' ke ola kino maikaʻi ʻana i ka hoʻomohala WʻIH (ka ʻolokeʻa kūpono). A hiki i kēia, ʻaʻohe paio ʻana o ia mau hoʻāʻo i ka manaʻo kanaka kōkī[16] o ka ʻepekema a ʻenehana Haole, a no laila ʻaʻohe o lākou hāpai ʻana i nā manaʻo ʻŌiwi o nēia mau ʻenehana hou. Manaʻo mākou, ʻo ka hāpai ʻana i kēia mau ʻōnaehana ʻike i ke kūkā WʻIH, e hāpai ana ke kaiāulu i nā mea i pono loa ai ke kaʻakālai no nā paio i kēia māhele.

Nui nā kālaikuhiʻike ʻŌiwi hōʻole i ka manaʻo kōkī kanaka.[17] Hōʻike nui loa ka ʻenehana o kēia mau au manaʻo ʻana o ka manawa i kūkulu ʻia ma ka loina a me ke kiʻina hana o ka mauō kanaka a me ka mauō ʻāina i loko o ko kākou mau moʻomeheu, e like me ke kālaiʻāina, mālama ʻāina, a me ke kele moana. Ma ka hoʻononiakahi ʻana i nā mīkini hou ma ia manaʻo, wehe ʻia aʻe nā mea hou i hiki ke hoʻomohala pilina ma ke kahua o ka hōʻihi kekahi i kekahi a me ke kākoʻo.

No ke Aha ka Loina?

ʻIke laulā ʻia ka loina i nā pōʻaiapili ʻŌiwi, he kaʻina hana i ka hoʻomaka, ka hoʻomau, a me ka hoʻoliliuewe ʻana i ka pilina. Hiki ke pili me nā kānaka ʻē aʻe, a ua hiki pū i nā pilina holoholona, pōhaku, a me ka makani.

ʻIkea pū ka loina, he kaʻina hana kikoʻī me ka lawena i kekahi hana:

> Ua loaʻa ka loina ma ke ʻano he pae o ka lawena e hoʻohana ʻia e ke kanaka e hōʻihi aku kekahi i kekahi. Pili ka hana moʻomeheu i ka loina, moʻokalaleo a me ka lawena o kekahi lāhui kikoʻī a me ke ʻano e hoʻokō ʻia ai ka ʻoihana. Pili pū nō hoʻi i ka loina a me ke kiʻina hana e hoʻohana ʻia e alakaʻi i ka lawe ʻia ʻana o ka ʻike kuʻuna, a pēia pū ke ala e hoʻohana, hoʻopaʻa a aʻo ʻia ai ia ʻike kuʻuna.[18]

> Ua kupu mai ka lāhui ʻŌiwi mai kekahi loina kikoʻī: ʻo ka hana a maʻamau ʻana o kekahi hana, a i ke au o ka manawa, lilo ia hana he maʻamau kūpono. Paʻa loa iho kēia mau pono, loina, a me ka hoʻomana i kekahi pilina noho like i ka ʻāina ponoʻī i

---

[15] Amnesty International. (2018). The Toronto Declaration: Protecting the right to equality and non-discrimination in machine learning systems. <accessnow.org/cms/assets/uploads/2018/08/The-Toronto-Declaration_ENG_08-2018. pdf>; Université de Montréal. (2018). The Montreal Declaration for responsible AI development. <montrealdeclaration-responsibleai.com/the-declaration>. Commission on AI. (2018). Declaration: Cooperation on artificial intelligence.

[16] manaʻo kanaka kōkī = anthropocentrism

[17] Lewis et al.

[18] Protocols exist as standards of behaviour used by people to show respect to one another. Cultural protocol refers to the customs, lore and codes of behaviour of a particular cultural group and a way of conducting business. It also refers to the protocols and procedures used to guide the observance of traditional knowledge and practices, including how traditional knowledge is used, recorded and disseminated.

ulu aʻela ia mau loina moʻomeheu ʻŌiwi. [19]

He koʻikoʻi nō ke aʻo, hahai, a maopopo ʻana o ka loina kūpono i nā hanana ʻŌiwi, he paʻalula, ʻaʻole paha. Ua hoʻolālā nā lāhui a pēia nā kaiāulu i ko lākou mau loina ponoʻī i welo mai kahi kālaikuhiʻike mai o ke kaiāulu nāna e hoʻohana ana. Pāhola ka loina i nā hanana like ʻole; ʻo ka loina ʻaha ʻoe, ʻo ka loina pilina kupuna i ka moʻopuna ʻoe.

ʻO ke kumumanaʻo i hoʻoholo ʻia ma nā hālāwai Kaʻina Hana ʻŌiwi a Waihona ʻIke Hakuhia, ʻo ia hoʻi ka loiloi, kālailai, a makawalu pono ʻana i kā kākou pili me ka WʻIH. ʻO ka mea kikoʻī, ua hāpai ʻia ka nīnau, e ʻae ʻia paha ka WʻIH i ko kākou mau kīpuka a pilina ponoʻī, a inā ʻae, pehea e hoʻononiakahi ʻia ai a puni kākou. Hiki i ko kākou mau kaʻina hana loina ʻŌiwi ke kuhi aku i kahi e kūkulu ʻia ai ke kuanaʻike māhuahua i kā kākou mau pilina me nā ʻōnaehana WʻIH, a ua hiki ke lilo he manaʻo hoʻokele no ka mea kūkulu WʻIH. [20] I loko nō o ka manaʻo o ka poʻe e kūkulu ana he pono hana, he kākoʻo hoʻi ia mau loina i ka pono pilina e komo ai lākou.

He mau manaʻo pū ko ka loina no ka helu lolouila a me ka ʻepekema i pono ai ma ka makahiʻo ʻana ma waena o nā maʻiʻo mēkia. I nā hualekikona helu lolouila, [21] he pili ka loina i kekahi pae e lula ana i ka hoʻononiakahi ʻana i nā ʻenehana kikoʻī…[e] hoʻokumu he mau mea e pono ai e ʻaelike ʻia ai ka pae kūpono o ka hana. [22][23] He pono ka loina i nā papa o ka helu lolouila e ʻae ʻia ai ka lako polokalamu e hoʻolaukaʻi kekahi i kekahi a hoʻoneʻe i ka ʻikepili a puni ka pūnaewele.

Kūkulu ʻia ka loina helu lolouila e nā papahana like ʻole, a pēia pū nā ʻano mahele aupuni o kēlā ʻano kēia ʻano, ʻo nā ʻoihana ponoʻī a pēia ko nā ʻāina like ʻole. He ʻano wehewehe - eia ka hana e hoʻokaʻaʻike ma waena o X me Y - a he ʻano kuhikuhi - eia ka lawena a mākou e paipai nei a me nā loina e kiaʻi ʻia ai. Ma ke ʻano kuhikuhi e ʻike akāka ai ke ala e paʻa ai nā kuhi wale i nā loina, a me ka lawena ʻkūponoʻ he ʻikepili paha, nā ʻano hana kūpono, a me ka mea e ʻike ʻia he hoʻokaʻaʻike maikaʻi.

Ma ka pōʻaiapili ʻepekema, pili laulā ka loina i ka wehewehe liʻiliʻi ʻana aku i ka hana e hoʻokolohua ai. I laʻana, i ke kālaimeaola he helu kikoʻī e pono ai ka lātoma, ʻaʻole naʻe he pono e paʻa ai ka lātoma. Hāpai ka hana e kūkulu ana he loina no ka lawelawe ʻana i ka ʻaʻaʻa hunaola lolo no ka noiʻi lolo, i ka manaʻo Maori tikanga, he hāpai i kekahi kia kūpono kaiāulu e haku ʻia ai ka loina hou e hui pū ʻia ai ka ʻike kuʻuna me ka noiʻi ʻoi kelakela. [24]

---

[19] Aboriginal societies developed through a custodial ethic: the repetition of an action such as that, gradually over time, the ethic becomes the norm. These rights, rituals and customs are firmly rooted by a deep, symbiotic relationship to Country itself and are the basis of Aboriginal cultural practices.

[20] Lewis et al.

[22] "protocols refer to standards governing the implementation on specific technologies… [to] establish points necessary to enact an agreed upon standard of action … vetted out between negotiating parties and then materialized in the real world."

[23] Lewis et al.

[24] Cheung, M. J., Gibbons, H. M., Dragunow, M., & Faull, R. L. (2007). "Tikanga in the Laboratory: Engaging Safe Practice," *MAI Review*, 1, pp. 1-7.

No ka KHʻŌ WHʻI, hoihoi mākou i ke kilo ʻana i ke kuanaʻike e hakuhia ai nā kino hou o ka loina no ke kūkulu a me ka hana ʻana me ka WHʻI. E haku ʻia ka WHʻI me nā loina pūliʻuliʻu e kamaʻilio kekahi me kekahi: ʻo ka pahuhopu ʻoiaʻiʻo ka hoʻomaopopo ʻana i nā loina moʻomeheu i noiʻi mua ʻia, e hoʻokino me ka manaʻo i ka loina a me nā kauoha e kōkua a kākoʻo ai i ko kākou mau kaiāulu, a e loiloi pono pū ʻia ke ʻano o ka pilina a mākou e hoʻolele ai i ka honua.

Iā Hawaiʻi?

He koʻikoʻi i ka loina ʻŌiwi ke kia ʻana i ka wahi pana. No kekahi mau kumu i koho ai mākou iā Hawaiʻi ʻo kahi no ka hālāwai hoʻonaʻauao Kaʻina Hana ʻŌiwi a Waihona ʻIke Hakuhia.

Ka Poʻe

I loko o ka pepa ʻo "Making Kin with the Machines" he pepa mai kekahi pūkaʻina o nā pāpāʻōlelo na nā polopeka ʻo Arista lāua ʻo Lewis. He Kanaka Maoli ʻo Arista no Oʻahu a he polopeka hope Mōʻaukala Hawaiʻi ma ke Kulanui o Hawaiʻi ma Mānoa. He lālā hoʻi ʻo Lewis na ke Kanaka Maoli, hānai ʻia aku, a mai ka makahiki 2014, e makahiʻo ana i ka hoʻi i ka moʻomeheu Hawaiʻi. Ua hana pū lāua ma kekahi hālāwai hoʻonaʻauao pāʻani wikiō i Honolulu na ka pūʻulu i alakaʻi ʻia e Lewis, ʻo ka Initiative for Indigenous Futures, a he kumuhana kūkā ia no kekahi wā mai nā ʻano e hoʻohana ʻia ai ka ʻenehana kikohoʻe e nā Kānaka Maoli no ka hōʻike moʻomeheu ʻana. I ka wā i kāhea ʻia ai no ka hoʻokūkū pepa ʻo Resisting Reduction i puka maila ʻo "Making Kin with the Machines." Hoʻopaneʻe akula ʻo Arista iā Lewis a hāpai akula he pōʻaiapili e hōʻike ʻia ai kekahi o nā manaʻo e pili ana i ke kuanaʻike Hawaiʻi e noʻonoʻo ʻia ai ka ʻenehana.

Ma ke kūkala ʻana o CIFAR i ka hoʻokūkū mokuʻāina o ka honua o ke kaiāulu WʻIH, ʻo nā lima kōkua ʻelua i hāpai ʻia maila, ʻo Arista lāua ʻo Kauka ʻŌiwi Parker Jones. He Kanaka Maoli pū ʻo Parker Jones, a ua hānau a hānai ʻia i ka mokupuni o Hawaiʻi ma kona ʻano he hanauna mua o nā ʻohana e komo i ke kula kaiaʻōlelo. E like me ko Arista lāua ʻo Lewis hoihoi i ka lawelawe ʻia ʻana o ka moʻomeheu Hawaiʻi i ke kiʻina hana helu lolouila, pēia pū ka hoihoi ʻo Parker Jones. I loko o ka pilina o nā mea hoʻokumu ʻekolu iā Hawaiʻi, ua manaʻo ʻia ʻo Hawaiʻi kahi hekau e paʻa ai kēia kūkā ʻana, a ua hiki ke hoʻolaukaʻi i nā hālāwai hoʻonaʻauao i loko o kekahi wā pōkole.

Ke Kahua Moʻomeheu

Hele a hua nā mele koʻihonua Hawaiʻi he pilina wehe ʻole ma waena o ka home Hawaiʻi a me ka hanauna noho papa o ka poʻe Hawaiʻi.[25][26] He hohonu a ākea nui nō kēia pilina, e paʻa ai nā Kānaka Maoli i kekahi ʻupena o nā pilina e pahola aku ana i nā kini o ka ʻāina o ka pae ʻāina o Hawaiʻi a pēia aku i ka wā iō kikilo mai.

---

[25] "inextricable connection between island home and successive generations of island people."

[26] Arista, N. (2019). *The Kingdom and the Republic: Sovereign Hawaiʻi and the Early United States.* Philadelphia: University of Pennsylvania Press, p. 17.

Ua manaʻo mākou ma ke kuanaʻike Kanaka Maoli i lawe ʻia mai ai ka ʻikepili i hiki ke noʻonoʻo i kā kākou pilina i ka ʻenehana ma ka laulā, a i ka WʻIH me ke kikoʻī:

> Hōʻike akāka ka loina Hawaiʻi i ka pilina wehe ʻole ma waena o ka honua a me ke kanaka. I laila e pono ai ke kuanaʻike Kanaka Maoli ʻo ke koho i ka nui kānaka, ʻaʻole i ka hoʻokahi, he hōʻike i nā laʻana, pāheona, a me nā mea kūpono, ma o ka hoʻomoemoeā, haku, a kūkulu ʻana i nā pilina ma waena o nā kānaka a me ka WʻIH. [27][28]

I Hawaiʻi, ʻaʻole nui ka piliwi ʻia o ke kuanaʻike kolonaio e manaʻo ana ʻo ka poʻe ʻŌiwi he poʻe makakumu a he hiki ʻole ke kākoʻo i ke kūkulu ʻana i ka ʻenehana ʻhou'. Mālama ka moʻomeheu Hawaiʻi i kekahi hoʻokaʻaʻike nui ʻana aku no ka haku hou ʻana he mole no kekahi mōʻaukala o ka makahiʻo a hoʻokolohua ʻana o ka Hawaiʻi. No ka paʻa ʻana o kēia mākau ma ke ʻano he poʻe haku, ʻae ʻia mai ana nā kūkā ʻana i Hawaiʻi no ka huina o nā ala ʻo ka ʻenehana a me ka moʻomeheu ʻŌiwi mai kinohi mai a mai kekahi kahua paʻa me ka mākaukau ʻenehana.

He mea nui nō hoʻi ka nui o ke kālena o ka haku a ʻenekini polokalamu ʻana i ka honua, a pēia pū nā kānaka haku i ʻōlelo Hawaiʻi a lawe mai i ka ʻike i loko o ka haku polokalamu ʻana. Kākoʻo ʻia kēia e kekahi pūʻulu haku mau e kia ana i ka haku ʻana i nā ʻenehana hou ma luna o ke kahua o ka ʻike kuʻuna a me ke kia i ka haku mauō ʻana no ka nohona mokupuni.

Ka Hōʻike Honua

Ua hoʻokō ka poʻe hoʻolaukaʻi mai kinohi mai i ka nui o nā ʻelele mai nā lāhui like ʻole o ka honua. Aia ʻo Hawaiʻi ma waena konu o ka Pākīpika, a ʻike ʻia e ka poʻe ʻŌiwi he mea hoʻolōkahi o nā kaiāulu ʻokoʻa. Aia nā mokupuni ma waena o Aotearoa, Nū Hōlani a me nā lālā o ʻAmelika ʻĀkau, a he hōʻoia ʻana, ʻaʻole e paupauaho ka poʻe e lele ana mai ka ʻākau a hema paha ma ka lele loa ʻana.

Poʻomanaʻo

I ke au o ka hālāwai hoʻonaʻauao mua, ua puaʻi manaʻo nui ka poʻe i ka pane ʻana i ka nīnau alakaʻi o ka papahana: mai ke kuanaʻike ʻŌiwi, pehea ka pilina a kākou me ka WʻIH? Mai loko aku o nā kamaʻilio ʻana i puka maila ʻelima poʻomanaʻo:

Ke Ea o ka Lako Paʻa a Lako Polokalamu

E lula ana i ka ʻōnaehana WʻIH a kākou e hoʻohana ana i mea e hilinaʻi ai iā lākou i ke kākoʻo ʻana mai i ka hoʻokō i nā kuleana o ko kākou mau kaiāulu.

---

[27] Hawaiian custom and practice make clear that humans are inextricably tied to the earth and one another. Kanaka maoli ontologies that privilege multiplicity over singularity supply useful and appropriate models, aesthetics, and ethics through which imagining, creating and developing beneficial relationships among humans and AI is made pono (correct, harmonious, balanced, beneficial).

[28] Lewis, et al.

Pehea e Kūkulu Kūpono aku ai

ʻO ka haku a kūkulu ʻana i ka ʻōnaehana WʻIH me ka hōʻike ʻana i ko kākou mau manaʻo a me ka ʻohana ʻana i nā kino kanaka ʻole a pēia ka pilina hōʻihi me lākou.

Ka ʻŌlelo, ka ʻĀina, a me ka Moʻomeheu

ʻO ka hōʻoia ʻana i ka maopopo a hōʻihi i ka panalāʻau– a ʻo ka ʻōlelo a me ka moʻomeheu e kupa mai ana mai nā panalāʻau kikoʻī– e kūkulu ʻia i ke kahua o ka ʻōnaehana WʻIH i mea e kōkua ai i ka mālama ʻana ma kahi o ka hana ʻino ʻana.

He Loina Waiwai ka Loina Pāheona

ʻO ka hōʻoia ʻana i ke kuleana o ka pāheona i loko o ka haku a kaʻanalike ʻana i ka ʻike i nā kaiāulu ʻŌiwi, a me ka pono o kēia ʻano papahana e ʻae ai iā mākou e noʻonoʻo no ka liliuewe ʻana o ka ʻonaehana WʻIH, a ma ka manaʻo e maopopo a e hoʻokomo ka poʻe kūkulu i ia mau loina ʻŌiwi.

WʻIH ma ke ʻano he Kākoʻo

ʻO ka ʻimi ʻana i ke kahua o waena o ka Blade Runner (he kauā ka WʻIH) a me ka *Terminator* (he aliʻi ʻino ka WʻIH), a i kahi e ʻāwili ʻia ai ka pilina ma waena o ka WʻIH a me ke kanaka me ke kākoʻo a me ke aloha.

Hōʻuluʻulu ʻia o ke Kākoʻo

He 12 kākoʻo ʻana o kēia pepa kūlana, a ʻo nā mea a pau e pane ana i nā poʻomanaʻo ma kekahi ʻano a pēia pū ka hoʻākea ʻana i ka pae o ka noʻonoʻo hou ʻana aku. I like me ka mea i hāpai ʻia ma kinohi o kēia Hoʻolauna, i loko o ka hōʻoia a nanalu ʻana o ka maʻiʻo moʻomōʻali o nā lālā, ka nui kuanaʻike o ka poʻe ʻŌiwi a ʻŌiwi ʻole e komo ana, a me ka waiwai o ko kākou mau moʻomeheu ma luna o ka hoʻokaʻaʻike ʻana aku, aia nō nā ʻano kākoʻo like ʻole mai nā ʻolokeʻa haku aku i nā pepa kālailai i nā pāheona i ka wehewehe ʻana i nā mana ʻenehana i ka poema. ʻO ko mākou manaʻoʻiʻo ka pono o nā mea pohihihi, me ka WʻIH lā, i ka noʻonoʻo ʻana i nā papa o ka pilina i like me ka nohona kanaka ponoʻī.

Pā nui ka hana i nā kākoʻo ʻana mai. I ka hālāwai hoʻonaʻauao, ua loaʻa nā kamaʻilio no ke kuleana a me ka hoʻōla hou ʻia o ka ʻike kuʻuna i ka ʻōnaehana ʻenehana; ka pono hoʻi o ke kūpale ʻana i ka ʻike kuʻuna me ka hōʻike pū i ka hiki ke aʻo a haʻi aku i ka ʻolokeʻa o kēia mau ʻōnaehana; ʻo ke koʻikoʻi hoʻi o ka ʻōlelo ma nā ʻano ʻelua he mea ʻike a he paena o ka kaʻina hana helu lolouila; ʻo ka mole ʻo ke kelekoli i ka haku ʻana i nā ʻolokeʻa no ka maopopo a me ka hoʻokaʻaʻike; ʻo ka hoʻohana ʻia o ka helu lolouila ma ke ʻano he noʻeau moʻomeheu i like me ka iwi a pūpū paha; ʻo ka mōʻaukala o ke kaiāulu ʻŌiwi a me ka pili hou ʻana aku me ka ʻenehana hou; ʻo ka wae ʻana i nā manaʻo ʻo ke akamai i huli kua i ka pilina naʻau a kālai kanaka me ka honua; ke ʻano kuluma o ka ʻōnaehana ʻenehana; ʻo ka hoʻopāpā a hōʻoia ʻana i ka manaʻo ʻo ka hoʻohana ʻia o nā pono hana loea e wāwahi i kona hale iho; [29] ʻo ka pāʻewaʻewa moʻomeheu e ʻāwili

---

[29] Lorde, A. (1984). *Sister outsider: Essays and speeches.* Berkeley, CA: Crossing Press, p. 91

pū ʻia i loko kēia mau ʻōnaehana; ʻo ke kuhi ʻana i waena o ka ʻōnaehana WʻIH i kūkulu ʻia na ke kaiāulu ʻŌiwi a no ke kaiāulu ʻŌiwi; ʻo nā hana ʻino paha o ka WʻIH / nā ʻenehana i ke kaiāulu i hoʻokolonaio hewa ʻia no nā kenekulia; a me ka pono e noʻonoʻo no ka ʻōnaehana WʻIH i ke kuanaʻike o ko kākou mau moʻomeheu ponoʻī.

Hoʻolālā ʻia kēia pepa kūlana i loko o ʻehā mahele: Guidelines, Contexts, Vignettes and Prototypes. ʻaʻole i kaʻawale aʻe kēia waeʻanona ʻana, ʻaʻole i paʻa. Loiloi ponoʻī nā mea kākoʻo a pau i ke kuanaʻike "Western" [30] no ke kūkulu ʻenehana, a hoʻohana ʻia nā mōʻaukala like ʻo ka hoʻokolonaio a hana hewa ʻia o nā kaiāulu ʻŌiwi e ka Haole, a hoʻokahua iā lākou iho me ke kālai kuhi ʻike a me ke kaʻina hana o nā moʻomeheu ʻŌiwi kikoʻī. Ua koho akula mākou i kēia papahana no kona hōʻike ʻana i ke ala i hoʻolaukaʻi ai i kēia mau pūʻulu ma ka hui ʻalua ʻana o ka hālāwai hoʻonaʻauao WʻIH, a no laila e hōʻike pū ʻia ai ka ʻike i nā mahele kaiāulu o ke kūkā ʻana. Hōʻike pū ʻia he kānalua maʻamau e ʻōʻili ana i ke au o nā hālāwai, a pēia pū i ke kākau ʻana i kēia mau ʻōlelo: e hōʻike ahuwale kākou i ka nānā ka ʻōlelo a me nā pōʻaiapili i kamaʻilio ʻia ai ia ʻōlelo.

Wehe aku mākou me "Guidelines for Indigenous-centered AI Design,." I mea kēia mau manaʻo hoʻokele no kekahi pūʻulu e makemake ana e kūkulu i waihona ʻike hakuhia i nā ala i kūpono me ke kuleana, ʻo ia kūpono he pili i nā kuanaʻike ʻŌiwi a me ka manaʻo ʻo ka nohona maikaʻi. Kū nō ua mau manaʻo hoʻokele lā i kekahi hōʻuluʻulu o nā kuanaʻike o ka poʻe komo, a ʻo ka hōʻike ʻana i nā kānalua a me nā moemoeā i kupu aʻela i nā kamaʻilio ʻana o ka hālāwai a me ke kākau pū ʻana. Hāpai lākou i kekahi mau aʻoaʻo i hiki ke loaʻa, no ke ala e noʻonoʻo hou ʻia aku ai ke ʻano o ka ʻōnaehana WʻIH– a pēia pū nā ʻenehana helu lolouila ʻē aʻe– me ke kuanaʻike e noʻonoʻo ʻia ke kūpono, ʻo ia mau kuanaʻike i noʻonoʻo like ʻia e nā moʻomeheu ʻŌiwi like ʻole. E like kā mākou e hāpai mau ana i ke au o kēia pepa kūlana, ʻaʻole ia mau manaʻo hoʻoleke he pani no ka ʻākoakoa nui ʻana o nā kaiāulu ʻŌiwi kikoʻī e maopopo ke ala keu o ka maikaʻi e kūkulu ʻia ai ka ʻenehana e hāpai ʻia ai ka hoʻomaka koho e hoʻohana ana i nā kiʻina hana i hōʻike ʻia ka makemake ma ka launa ʻana me ka honua. ʻO ko mākou manaʻo lana 1) Hiki i ke kaiāulu ʻŌiwi ke hoʻohana i kēia mau manaʻo hoʻokele he pahu mua e wehewehe ʻia ai ka manaʻo hoʻokele i ke kaiāulu iho, a 2) hiki i ka poʻe kūkulu ʻenehana ʻŌiwi ʻole ke hoʻohana aku i hoʻomaka kekahi kamaʻilio māhuahua ʻana me ke kaiāulu ʻŌiwi no ka hoʻomaka ʻana e komo i ke kūkulu ʻenehana pū ʻana.

ʻO ka mahele ʻo Context, he hāpai ʻana i ke akamai a me ke au moʻomeheu e kahe ana ma waena o nā hālāwai. Ua hoʻomaka aku me ka "Workshop Description," he hōʻike lāliʻi ʻana i ka hana i maopopo i ka poʻe heluhelu ʻo wai ma laila, pehea i hōʻea mai ai, a me ka hua. Loaʻa pū i kēia ʻikepili ʻo wai i komo ma ke ʻano he hoʻolaukaʻi a lālā paha, a pēia nā pahu hopu i hoʻoholo ʻia no ke kaʻina hālāwai ʻana ma ke ʻano piha a kaʻawale me nā mea kikoʻī, ka papa manawa pākahi o nā hālāwai, ka poʻe nānā i kākoʻo kālā a i kākoʻo lima, a me kekahi hōʻuluʻulu o nā hana i hōʻea ai i ka hoʻokumu ʻia o ke kaʻina hālāwai hoʻonaʻauao.

---

[30] Hoʻohana mākou i ka huaʻōlelo ʻo "Western" e kū hōʻailona ana no ke ʻano Haole noʻonoʻo hoʻokahi e puaʻi aʻe ana mai ka loina ʻEulopa ʻAmelika Hema mai.

E hahai ana i ka wehewehna hālāwai ʻo "AI: a new (r)evolution or the new colonizer for Indigenous peoples?," he pepa na ke kālaiʻōlelo a loea ʻōlelo Māori ʻo Kauka Hēmi Whaanga (Ngāti Kahungunu, Ngāi Tahu, Ngāti Mamoe, Waitaha). Aʻoaʻo aku ʻo Kauka Whaanga o ka hiki paha i ka ʻōnaehana WʻIH, me nā ʻenehana i pili, e hoʻohana ʻia e paio me ka poʻe ʻŌiwi ma ke ʻano he hoʻomau ʻana o ka hana hoʻokolonaio ʻo ka hanaʻino, ke kīpaku a lula, no ka hana kikoʻī e hoʻopunipuni i ka manaʻo o ka poʻe iā ia iho me kekahi kuanaʻike honua e hoʻomaikaʻi aku ana i ka hoʻokolonaio. Hāpai pū ʻia i ke ea o ka ʻikepili i loko o ka honua ʻenehana i piha i ka ʻōnaehana WʻIH a ʻo ka hopena he hilinaʻi ʻino ʻana i ka waihona ʻikepili he nui no ka hana kanaka, a no laila e ʻaʻa ana i ka ʻike kuʻuna a me ka loina moʻomeheu, he alāiki honua. Pani ʻo Kauka Whaanga i kāna pepa me ke kāhea e kia nā kānalua ʻŌiwi i ka hana ʻo ka hoʻokumu ʻia o ka lula manaʻo hoʻokele honua i ke kūkulu a hoʻopuka ʻana i ka WʻIH.

I kēia pākuʻina aʻe na ka haku lau kūlele paho a loiloi ʻo Jason Edward Lewis' (He Cherokee, Hawaiʻi, a Kāmoa) "The IP AI Workshops as Future Imaginary," ua hoʻolaukaʻi i nā hālāwai hoʻonaʻauao he laʻana kūpono loa no ka lauaki ʻana he moemoeā i komo pū i ka wā e hiki mai ana. Mai nā kakaha o loko i palapala ʻia ma ka hālāwai mua, nāʻana hou ʻo Lewis i nā kūlana ʻoihana a me nā ʻike moʻomeheu o nā ʻano kamaʻilio like ʻole, a pēia pū nā kānalua a me nā manaʻo lana o ka poʻe e komo ana i mea e pena ai he kiʻi o nā papa o ka ʻike pohihihi e kūkaʻi iho ana ma laila. Hāpai pū ʻo ia i nā ʻano like ʻole e kuʻu ai ka ʻike ʻŌiwi i loko o ke ao ʻenehana a me nā moemoeā o ka poʻe no nā loina o ko lākou mau kaiāulu ponoʻī, a pehea e kākoʻo ai i ke kūkulu ʻōnaehana WʻIH.

I kekahi mahele aʻe, Vignettes, hōʻiliʻili pū ʻia ʻelima moemoeā ʻokoʻa o ke kūkulu ʻia ʻana paha o ka WʻIH i ka loina o nā kālaikuhiʻike ponoʻī o ka Anishinaabe, Coquille, Kanaka Maoli/Blackfoot, Lakota a me ka Euskaldun. Wehe aku mākou i ka mahele me "Gwiizens, the Old Lady and the Octopus Bag Device" na kekahi haku lau kūlele paho ʻo Scott Benesiinaabandan (He Anishinaabe). He koʻihonua WʻIH kēia i loko o ʻekolu mahele. ʻO ka mea ʻekahi, he wehewehena o ka hameʻa Octopus Bag, he ʻōnaehana WʻIH i haku ʻia e ka DNA o ke mea nāna e lawe pū i loko ona, a hāpai ʻia ka ʻoi o ke ea kelekoli. ʻo ka lua, he moʻolelo hōʻike e wehewehe ana no ko Benesiinaabandan pili ʻana i ka ʻenehana i ka maopopo no ka honua i haku ʻia e ka *adizkookaan* (moʻolelo laʻa). ʻO ka mahele hope ka hoʻohana ʻia o ka adizkookaan e haʻi ai i ka moʻolelo no ka Octopus Bag Device me ke ʻano he makana mai 'the great mystery' mai e komo ana i ke ao kanaka ma o kekahi hoʻokūkū ma waena o kekahi keikikāne a he kupuna. Hōʻike mai ʻo "Gwiizens" i ke ala e hoʻononiakahi ʻia ai ka ʻenehana hou me kekahi mahele o nā moʻolelo koʻihonua Anishinaabe, ma ke ʻano e hoʻohana ʻia ai nā kiʻina hana e kū nei e kaʻanalike ai i ka ʻike me ke kūpono pū o ka moʻomeheu.

Ma hope mai o kā Benesiinaabandan kā Ashley Cordes (he noiʻi kūlele paho a he Coquille), paukū, "Gifts of Dentalium and Fire: Entwining Trust and Care with AI,." ʻO ka manaʻo laulā e kia ana kā Cordes i ka paio ʻana e koi ka poʻe ʻŌiwi e noʻonoʻo kūpono i ka hoʻohana o ka blockchain me ka WʻIH e kōkua i ka hoʻokele i ko ko lākou mau kaiāulu ponoʻī ʻoihana, me ka hōʻike ʻana i ia mau ʻenehana e hoʻohana ʻia e hoʻonui ai i ke ea ʻŌiwi ma o ke ēwe. Ma ke ʻano he lālā o ka nāki Coquille, hoʻohana ʻo ia i ko ke kaiāulu manaʻo ʻo ka ʻtrust and careʻ e hoʻokumu ai i kona moemoeā no ke kūkulu pono ʻana i ka ʻenehana, a i mea e palapala ai i ka hoʻononiakahi ʻia. Makahiʻo pū ʻo Cordes i ka wehewehena i ke koʻikoʻi ʻo ke aʻoaʻo e noʻonoʻo i ka WʻIH ma ke ʻano he ʻohana, a pēia pū ka noʻonoʻo i nā mea e pono ai ka WʻIH.

Hāpai ʻo Lewis iā "Quartet," i haku ʻia me kahi kaʻina poema a he wehewehena pōkole e hōʻike ai pehea e nānā ʻia ai ke kālaikuhiʻike i loko o kekahi ʻolokeʻa WʻIH. Hoʻomoemoeā nā kikokikona i kahi wā hakuhia e hiki mai ana, a e hānai ʻia kekahi poʻe ʻōpiopio Kanaka Maoli me ʻekolu Waihona ʻIke Hakuhia i ʻokoʻa kēlā a me kēia kālaimanaʻo . ʻO kekahi, he noʻonoʻo i ke kuanaʻike Hawaiʻi ʻo ka ʻāina, ke kuleana a me ka ʻohana; ʻo kekahi aku mai ke kuanaʻike o ka ʻōlelo Blackfoot ʻo ke kahawai ma kahi o ka paʻa; a ʻo ke kolu mai ke kuanaʻike ʻo ka hoʻolaukaʻi ʻia o ke aʻalolo heʻe, he ʻaeʻoia o nā lālā o kona kino. Hoʻoholo pū kēia mau WʻIH i ke kākoʻo ʻana i ke ola o ke Kanaka, ma ke ao kūlohelohe, ka pilina kanaka a kanaka ʻole, a me ka noʻonoʻo pū i ka wā i hala-e kū nei-e hiki mai ana.

Hāpai ke kanaka pāhiahia ʻo Suzanne Kites (Lakota) iā, "How to Build Anything Ethically," mai nā kuanaʻike a kālaimanaʻo Lakota mai i mea e hāpai ai he kaʻina hana e kūkulu kūpono aku ai i ka ʻenehana lako paʻa mai kinohi aʻe. Wehewehe mai ʻo Kite i ka hana ʻana i ka honua me he ʻGood Way,ʻ wahi a nā kahua hana Lakota, a hāpai pū ʻia ke ala e pili ai ka Lakota i ka pōhaku i mea e makahiʻo ai i kā kākou pilina me ka lako paʻa WʻIH (i hiki ke noʻonoʻo ʻia, ua haku ʻia me ka pōhaku). Palapala maila ʻo ia i ke kaʻina hana e kūkulu ai ke kino helu lolouila he ala maikaʻi, a hoʻohana ʻia ke kaʻina hana kūkulu hale hoʻohuali kino ma ke ʻano he mea hoʻokele. Pani ʻo ia me kekahi kaʻina papa helu o nā nīnau e nīnaʻu ʻia ma ka hoʻomaka o ke kūkulu i ia ʻano hameʻa——he mau nīnau i noʻonoʻo ʻia e mālama i ke kūkulu ʻana a hoʻonoho ʻia ma ke ala maikaʻi.

ʻO ke pani ʻana i nā Vignettes, "Wriggling Through Muddy Waters: Revitalizing Euskadunak Practices with AI Systems." He pepa kēia na Michelle Lee Brown, he moho Laeʻula ma ka Mahele Polikika ʻŌiwi/Future Studies ma ke kulanui o Hawaiʻi ma Mānoa. Wehewehe aku ʻo Brown (Euskaldun), he Txitxardin Lamia, he puhi ʻenehana meaola[31] i kūkulu ʻia mai nā loina mai i hoʻokumu ʻia i ka pilina o ka Euskaldunak (poʻe Basque) i ka puhi. Hāpai maila i kekahi ao kūlohelohe VR e noho ai kekahi kupuna Txitxardin Lamia, kahi e aʻo ai nā haumāna i nā loina e hoʻokaʻaʻike ai me kēia kupuna a e aʻo i nā haʻawina e hoʻomaopopo ana i nā ala pālua e pili ai, e komo pū ai i ke ao holoʻokoʻa e puni ana. I ke au o ka pepa, hāpai ʻo ia i ka pōʻaiapili me ke kamaʻilio ʻana i ka pilina mamao ma waena o kona poʻe me kēia mau puhi, ke kuleana nui o kēia pilina ma ka moʻomeheu makalae Basque, a me ka pono e noʻonoʻo i kēia mau mea a kākou e haku a hoʻokipa ana i nā ʻōnaehana WʻIH a kākou.

Wehewehe lāliʻi ka mahele Protypes i ka hoʻononiakahi ʻana he ʻenehana WʻIH me ka loina ʻŌiwi. Lana ko mākou manaʻo o ka ʻike ʻana aʻe he mea like me kēia kime ʻIndigenous Protocols and Artificial Intelligence in Action,ʻ ka poʻe hoʻi i hāpai i kēia hoʻokolohua Hua Kiʻi Prototype App no ka hoʻōla ʻōlelo, oiai, paʻa loa ke koʻikoʻi o kēia i ka maopopo ʻana o ke ala e hoʻololi ai i ke kiʻina hana kūkulu

---

[31] ʻenehana meaola = biotechonology

ʻenehana. Eia ke kime Hua Kiʻi, ʻo nā ʻenekia Joel Davison (Gadigal and Dunghutti) lāua ʻo Michael Running Wolf (Northern Cheyenne), ke kanaka ʻepekema ʻikepili ʻo Caleb Moses (Māori), ka manakia pāhana ʻo Caroline Running Wolf (Crow) a me ke kanaka mōʻaukala Kauka Noelani Arista (Kanaka Maoli). Ma ke ʻano he kime i ka piha ʻŌiwi—— he pōʻaiapili makamua no lākou a pau—— ua ʻike lākou he wā kūpono e haku a hoʻohua. Ma ka ʻaoʻao haku, ua makemake e kuanoʻo no ka hoʻohana loina ʻŌiwi e haku a hoʻononiakahi he ʻenehana kokohoʻe, a ua kō maikaʻi. Ma ka ʻaoʻao hoʻohua, ua makemake e haku he polokalamu unuhi ma ke kuanaʻike ʻo ka ʻōlelo ma ke ʻano he mea lawe loina moʻomeheu. Hōʻike kā lākou hana ma nā ʻaoʻao ʻelua he kumu hoʻohālikelike no ka ʻenehana helu lolouila a pehea e haku ʻia ai me ka lawe kūpono ʻana i ke kaiāulu ʻŌiwi.

ʻO ka mahele mua, i kākau ʻia na Caroline Running Wolf lāua ʻo Kauka Arist, hoʻolauna ʻia nā pahuhopu o ka pāhana. Hoʻomaopopo lāua i nā loina ʻŌiwi a ke kime i hāpai akula, ʻo ka hōʻihi ʻoe, ʻo ka pālike ʻoe, a ʻo ka pilina ʻoe. Hāpai pū lāua i ke ala o nā lālā a pau o ke kime e kuleana ana i ka hoʻōla ʻōlelo ʻŌiwi. Komo pū ua mau kuleana lā i ka puaʻi manaʻo ʻana o ke kime no ke ʻano o ka pāhana a lākou e ʻauamo ana, ma ke ʻano hoʻi o ka ʻhackathon' no ʻelima lā o ka Hālāwai II. ʻO ka hua o ka puaʻi manaʻo ʻana ka moemoeā ʻo kahi polokalamu e hoʻomaopopo ana i kekahi mau kino, a hōʻike ʻia ka huaʻōlelo Hawaiʻi a ʻōlelo pōkole paha e wehewehe ai ia mau kino. Hōʻoia akula ʻo Running Wolf lāua ʻo Arista i nā ʻano pohihihi like ʻole o ke kūkulu ʻana, mai ka hoʻononiakahi o ka poʻe ʻike kūloko a me ka poʻe ʻōlelo mai kinohi mai, i nā puʻu ʻo ka hoʻohana i nā lako polokalamu e kū nei i haku ʻia e ka poʻe ʻŌiwi ʻole no ka ʻōlelo, i ke kaukaʻi ʻana hoʻi ma luna o nā puke wehewehe kikohoʻe i hemahema ma muli o ka hopena o ka hoʻokolonaio ʻana mai, i ka wā kūpono hoʻi i haku ʻia e ka pūnaewele o ka poʻe ʻike e wae kūpono a maikaʻi aku i nā koho.

ʻO kekahi mahele, "Indigenizing AI: The Overlooked Importance of Hawaiian Orality in Print," na Kauka Arista, kahi e hoʻolako ana he pōʻaipili Hawaiʻi laulā a ākea no ka pāhana Hua Kiʻi me ka hōʻike pū i kahi laʻana kūpono o ke kūkulu ʻenehana ʻŌiwi e hiki ke hoʻohana ʻia i nā pōʻaiapili ʻē aʻe. Ma kona maʻiʻo, paio ko Kauka Arista mau manaʻo no ke koʻikoʻi ʻo ka hoʻonoho ʻana i nā mea pili helu lolouila a pili moʻomeheu i paʻa loa kekahi i kekahi. Hāpai pū mai ʻo ia i ka maopopo kūpono ʻana o ka mākaukau moʻomeheu, me ka wehewehe pū i ke kākoʻo pū ʻana o ka ʻike kuʻuna Hawaiʻi, kākāʻōlelo a me ka ʻenehana palapala kekahi i kekahi, a me ka hoʻomoemoeā ʻana pehea e pāhola ai i luna o ka ʻenehana helu loluila i like me nā mea e hoʻohana ʻia nei no ke aʻo ʻōlelo a unuhi ʻōlelo. Nānā ʻo ia i kēia "Ke komo nei i kahi hulihia hou o ka hoʻōla ʻōlelo, kahi e kākoʻo ana ka ʻenehana i ke kaiāulu ʻŌiwi ma ka hoʻonoho ʻana i ka ʻikepili, i nā ala e ʻae ana iā kākou e hoʻohana kūpono ʻia ai ka ʻike kuʻuna a e kūkulu hou aʻe ai i ka ʻōnaehana o ka mālama a hoʻoili ʻike; ʻo ka mea koʻikoʻi ka hōʻoia ʻana i ke kuhikuhipuʻuone akamai ʻana i mālama ʻia ma ka ʻōlelo a me ka palapala na ko kākou mau kūpuna, a he kōkua i ke kino ʻana o ke kuhikuhipuʻuone helu lolouila o kā kākou mau ʻenehana kikohoʻe— a me ka ʻikepili a lākou e kākomo ʻia ai.

"Ke komo nei i kahi hulihia hou o ka hoʻōla ʻōlelo, kahi e kākoʻo ana ka ʻenehana i ke kaiāulu ʻŌiwi ma ka hoʻonoho ʻana i ka ʻikepili, i nā ala e ʻae ana iā kākou e hoʻohana kūpono ʻia ai ka ʻike kuʻuna a e kūkulu hou aʻe ai i ka ʻōnaehana o ka mālama a hoʻoili ʻike;[32] ʻo ka mea koʻikoʻi ka hōʻoia ʻana i ke kuhikuhipuʻuone[33] akamai ʻana i mālama ʻia ma ka ʻōlelo a me ka palapala na ko kākou mau kūpuna, a he kōkua i ke kino ʻana o ke kuhikuhipuʻuone helu loliouila o kā kākou mau ʻenehana kikohoʻe– a me ka ʻikepili a lākou e kākomo ʻia ai.

ʻO ka mahele ʻekolu, kākau ʻia na nā Running Wolf, Moses a me Davison, ka "Development Process for Hua Kiʻi and Next Steps,." Paʻa pū nā lāliʻi e like me ka ʻoneki, ke kūkulu polokalamu, a me ka moemoeā hoʻohana, a pēia pū ka lako polokalamu i hoʻohana ʻia no ka ʻōlelo a me ke kiʻi. Walaʻau pū lākou pehea no ka hoʻokumu ʻia ʻana o ka mana mua i ke kūkulu hou ʻana aʻe.

ʻO ka mahele ʻehā a me ka lima, "Dreams of Kuanoʻo" and "The Road to Kuanoʻo via Hua Kiʻi," na Michael Running Wolf nā mea ʻelua. He moʻolelo pōkole ʻo Dreams of Kuanoʻo e moemoeā ana i kahi wā hakuhia i hoʻihoʻi ʻia ai ke ea Hawaiʻi, a he koina na ke aupuni mōʻī (Queendom) ka hoʻohana ʻana o ka poʻe a pau i kahi polokalamu WʻIH ʻo Kuanoʻo e alakaʻi iā lākou ma ke kipa ʻana mai. Hāpai pū ʻia ke ala e kiaʻi a hoʻomau ʻia ai ke ea ma o ia polokalamu, a pēia pū ka hoʻonaʻauao ʻana i ka mōʻaukala mokupuni a me nā mea maʻamau o ka moʻomeheu; a ʻo ka pāpā ʻana i nā ʻōlelo ʻē aʻe ma waho aʻe o ka ʻōlelo Hawaiʻi i nā pōʻaiapili aupuni; a ʻo ka hoʻohana ʻana i nā helu e mahalo i ka lawena. Walaʻau ka mea ʻelua i nā puʻu o ka holomua ʻana mai ka mana Hua Kiʻi aku na ke kime i ka ʻōnaehana WʻIH Kuanoʻo i hoʻomoemoeā ʻia ma ka ʻōlelo pōkole. ʻO ka ʻoi o ia mau mea ka loaʻa a mālama ʻana aku i ka ʻikepili e hoʻohana ʻia i loko o ka hoʻomaʻamaʻa no ka ʻōnaehana ʻōlelo a hoʻomaopopo maka.

Pani kēia pepa kūlana me ʻehā mahele pakuhi. Appendix A: ʻŌlelo Kākoʻo i hōʻiliʻili ʻia ai nā kikokikona i kākau mua ʻia e ka poʻe komo, a pēia nā nīnauele me ia poʻe ma ka hālāwai hoʻonaʻauao mua ʻana. Appendix B: Hōʻiliʻili ka papa heluhelu i nā kūmole a ka poʻe hoʻolaikaʻi e hoʻolaukaʻi ai i nā hālāwai a pēia nā kūmole i hāpai ʻia e ka poʻe komo. Paipai mākou i ka mea heluhelu e nāʻana i ua mau kūmole lā e naʻauao like me mākou. Appendix C: ua loaʻa na piliolani o ka poʻe komo; koʻikoʻi kēia pōʻaiapili no ka poʻe ma ke pākaukau a he wahi hoʻomaopopo iā kākou iho a pēia ka mea heluhelu no ka lāliʻi o kēia kamaʻilio ʻana– a pēia ka hoʻomaopopo ʻana i nā leo he nui wale i komo ʻole. ʻO ka Appendix hope ka papa manawa no nā hālāwai hoʻonaʻau WʻIH ʻelua.

Makemake pū mākou e hāpai no nā kiʻi nani loa i loko o kēia palapala. Na Kari Noe (Kanaka Maoli), he kanaka haku kiʻi a he haumāna muli puka (Ke Kulanui o Hawaiʻi ma Mānoa), i kōkua i ke kākoʻo ma ka hālāwai mua a ua komo ʻo ia i nā mea ʻelua. ʻO kāna hana i ka pena kiʻi ʻana i nā hiʻohiʻona like ʻole o ka vignettes, ua hana ʻia he kamaʻilio a puaʻi manaʻo maikaʻi ʻana me nā mea kākau, a he kōkua i ka hoʻohua ʻana aʻe i nā moemoeā. He kanaka pena kiʻi Barazila ʻo Sergio Garzon e noho nei ma Honolulu a ua komo i nā lā ʻelua, a na Kūpono Duncan, he kanaka Maoli pena kiʻi, i komo i ka lā ʻelua. Ua noi

[32] "we are entering a new phase of language revitalization where technology can assist Indigenous people in organizing data in ways that allow us to synthesize ancestral knowledge and rebuild systems of knowledge keeping and transmission"

[33] kuhikuhipuʻuone: architecture

mākou iā lāua e hoʻolohe i nā kamaʻilio e palapala a pena kiʻi ai paha i nā hanana, a e unuhi i ko lāua e lohe ana he mea e ʻike ai ma ko lāua mea ponoʻī. Ua haku a pena ʻīwā lāua i ke au o ke kamaʻilio ʻana. Ua komo nō auaneʻi kā lāua mau kiʻi i loko o ke kamaʻilio, a hua mai he mau manaʻo lōkahi. Ua koʻikoʻi ko lākou mākau hoʻomoemoeā i ko ka poʻe komo manaʻo no ke kōkua ʻana iā mākou ma ka haku ʻana i nā moemoeā wā hakuhia e hiki mai ana.

Ka Hoʻomau ʻana i ke Kūkā

Ua hoʻolaukaʻi mākou i nā hālāwai KHʻŌ WʻIH i mea e puaʻi mai ai he kamaʻilio ʻana. Ua hua mai ia mau kūkā i loko o ka hoʻomākaukau ʻana no nā hālāwai i loko o ko mākou ʻimi ʻana a hoʻokaʻaʻike ʻana me nā akeakamai, pena kiʻi a me nā kānaka ʻenehana e hoihoi ana i kēia kumuhana. Ua hua hou maila i ko mākou hui a launa ʻana ma nā hālāwai, a ma nā pilina kekahi i kekahi, a pēia ke kūkulu pū ʻana he kumuhana kūkā no ke kumu e nīnau ʻia ai no ke Kaʻina Hana ʻŌiwi a me ka WʻIH, a pehea e koʻikoʻi ai no nā hopena o ko kākou mau kaiāulu. He keʻehina hou aku kēia mau haʻawina, he haʻawina a mākou e manaʻo lana ana no ka puka lanakila ʻana i ka lawe ʻana mai i ko mākou mau kaiāulu, a pēia ke kumuhana honua no ke kūkulu a hoʻohana ʻia o nā ʻōnaehana WʻIH.

Manaʻo nui mākou i ke koʻikoʻi ʻo ke komo loa pū ʻana o ka poʻe ʻŌiwi, ma ka pākahi a me ke kaiāulu, i loko o kēia mau kūkulu ʻana o nā loina helu lolouila mua i like me ke aʻo mīkini, ka hoʻomaopopo ʻōlelo ʻaeʻoia a unuhi ʻōlelo, a me ke kuhi lawena. Ke pā ʻē nei nō kēia mau loina i ko kākou mau kaiāulu, he pinepine naʻe ma ka ʻaoʻao ʻino. E ulu a pāʻewaʻewa nui wale ana nō i ke au o ka manawa. Ma ko lākou puni ʻana i ko kākou mau moʻomeheu, he koʻikoʻi ke kūkulu ʻana i ia mau ʻenehana e noʻonoʻo i ka ʻolokeʻa e maopopo ai kākou iho a me ko kākou wahi o ke ao holoʻokoʻa. E kūkulu pū ʻia nā loina kaiāulu kikoʻī ʻo ka pilina, ka ʻohana, ka pālike kekahi i kekahi, a me ka mālama i loko o ke kahua kaʻina hana e hoʻoholo ana i ke ala e hoʻononiakahi ʻia ai. E hoʻokō ko kākou poʻe i ia hana nui. ʻAʻohe kumu e ʻole ai. ʻO ka hana ʻe aʻe ka haku ʻia o ko kākou honua e haʻi.

E komo pū kākou i loko o nā kūkā ʻana o ka honua no ka WʻIH. He manaʻo ka nele o nā ʻano kālaikuhiʻike like ʻole i loko o ke ao ʻenehana e kūkulu ʻia ai nā ʻōnaehana WʻIH, he manaʻo o kākou, he kanaka, ke hōʻole nei i kēia wā kūikawā no kēia hanauna ʻo ka noʻonoʻo nui ʻana i kā kākou pilina me ka ʻenehana i kona ulu ʻana he mana helu lolouila, lawena ʻaeʻoia, a me ka pā o ke kaiāulu. ʻAʻole lawa ke kūkā ʻana o ka honua no ia mau lula WʻIH mai kona kahua i ka moʻomeheu kālaimanaʻo e kuhi ana he mau manaʻo hemahema no nā loina i mālama ʻia e nā kānaka pākahi a pēia nā kaiāulu a pau. Hoʻonoho nā mea ʻdeclarations' a me nā ʻguidelines' e kū nei, i nā loina moʻomeheu he mea ʻelua–kekahi paʻa lawena o nā mea he nui– e noʻonoʻo ʻia ma hope o nā loina makeʻe o ka honua. Maopopo leʻa nō i ka poʻe ʻŌiwi ka hana ʻino a hewa ʻia ʻana o ia mau loina honua e pepehi i nā loina o ke kaiāuu i ka honua. ʻO ka pahuhopu ke kūkulu ʻana he mana WʻIH e kōkua ʻoiaʻiʻo ana i nā kānaka o ka honua, he kūkā ʻana ia e komo ai nā leo i like me nā leo o kēia pepa.

Hoʻolaukaʻi nā manaʻo i nāʻana ʻia i loko o kēia pepa kūlana i ke ala i paepae ʻia na ka mōʻaukala lōʻihi o ka poʻe ʻŌiwi no ka haku ʻenehana. Haku pū ʻia nā nīnau hou aku. Pehea kākou e kūkulu ai ka pāhiki i loko o ko kākou mau kaiāulu e haku a kūkulu ai hoʻi i nā ʻōnaehana na kākou iho? Pono kākou i nā kānaka i mākaukau ma ke kūkulu ʻana i nā pae a pau o ke kūkulu, i hoʻonaʻauao ʻia hoʻi paha i ka ʻike kuuna a moʻomeheu, a pēlā nā kānaka mālama ʻōlelo. Pehea kākou e hoʻomaka ai i ka hana kupunaha ʻo ka unuhi kūpono ʻana i ko kākou mau loina moʻomeheu he manaʻo helu lolouila e kūkulu ʻia he pāʻālua? Pohihihi a ākea loa nā ʻōnaehana a ʻolokeʻa e kākoʻo ana i nā laʻana o ka helu loluila, a no laila e paʻakikī ai ka hāpai a manaʻo i nā mea ʻē aʻe i hiki. Pehea kākou e hana pū ai ma ka pae ʻo ka hoʻokaʻaʻike ʻana i nā loina ʻŌiwi me ke kākoʻo pū ʻana i nā loina kikoʻī ʻē aʻe i ko kākou mau kaiāulu? ʻO ka maʻamau, liʻiliʻi a mamao nā kaiāulu ʻŌiwi: pono ke kūkulu ʻana i nā ʻenehana i like me ka WʻIH e hana kūpono a e hōʻihi ka hana kekahi me kekahi ma nā mokuʻāina.

Hāpai kēlā a me kēia nīnau i nā nīnau hou, i nā paio hou, a he hōʻike pū i nā ala ʻē aʻe e noiʻi a haku hou aku ai. He manawa ʻoliʻoli ia; lana ko mākou manaʻo i ka hana pū ʻana me nā kaiāulu ma nā ala e ola loa aʻe ai kākou.

Papa Kūmole

Abdilla, A. (2018) "Beyond Imperial Tools." Technology as Cultural Practice, pp. 67–81.

Abdilla, A., Fitch, R. (2017). "Indigenous Knowledge Systems and Pattern Thinking: An Expanded Analysis of the First Indigenous Robotics Prototype Workshop." *The Fibreculture Journal* 209. Retrieved from: twentyeight.fibreculturejournal.org/2017/01/23/fcj-209-indigenous-knowledge-systems-and-pattern-thinking-an-expanded-analysis-of-the-first-indigenous-robotics-prototype-workshop.

Arista, N. (2019). *The Kingdom and the Republic: Sovereign Hawai'i and the Early United States.* Philadelphia: University of Pennsylvania Press.

Cheung, M. J., Gibbons, H. M., Dragunow, M., & Faull, R. L. (2007). "Tikanga in the Laboratory: Engaging Safe Practice," *MAI Review,* 1, 1-7.

Diamond, J. (2017). *Guns, Germs, and Steel: The Fates of Human Societies.* WW Norton.

Harrell, D. Fox. (2013). *Phantasmal Media: An Approach to Imagination, Computation, and Expression.* Cambridge: MIT Press.

Galloway, A.R. (2004). *Protocol: How Control Exists after Decentralization.* Cambridge: MIT Press.

Lewis, J.E., Arista, N., Pechawis, A., and Kite, S. (2018). Making Kin with the Machines, *Journal of Design and Science,* doi.org/10.21428/bfafd97b.

Lorde, A. (1984). *Sister outsider: Essays and speeches.* Berkeley: Crossing Press.

Meyer, M.A. (2004). *Ho'oulu - Our Time of Becoming.* Honolulu: Native Books.

Secretariat of National Aboriginal and Islander Child Care, (2019) Cultural Protocols - Supporting Carers. Retrieved from supportingcarers.snaicc.org.au/connecting-to-culture/cultural-protocols.

Theckedath, D. (2018). Understanding artificial intelligence: Canadian perspectives, *HillNotes research and analysis from Canada's Library of Parliament.* Retrieved from: hillnotes.ca/2018/06/20/understanding-artificial-intelligence-canadian-perspectives.

Winograd, T., and Flores, F. (1987). *Understanding Computers and Cognition: A New Foundation for Design.* Boston: Addison-Wesley.

Manaʻo Hoʻokele
No ka Poʻe Kūkulu
WʻIH ʻŌiwi m.1

2.0

Mana'o Ho'okele No ka Po'e Kūkulu W'IH 'Ōiwi m.1

Ho'ohana 'ia ka 'ōlelo ''Ōiwi' ma ke 'ano he mea ho'opili, 'a'ole he mea wehewehe, i mea e mahalo aku ai i kā mākou mau mana'o pohihihi me ka hō'ihi pū i nā mea 'oko'a loa ma waena o mākou. 'O ka 'ōlelo 'ana iā 'm.1', 'o ka ho'omaopopo 'ana he mana mua wale nō kēia no ka wānana 'ana o ka ho'ololi, liliuewe, a ho'āno hou 'ana i loko o ka holo 'ana a puni, me ka mana'o ho'i e hō'ike i nā mea e pono ai nā lāhui a kaiāulu pono'ī.

'O ke kumu o kēia mau mana'o ho'okele ke kāko'o a ho'okele 'ana ho'i i ke kūkulu 'ōnaehana W'IH ma ke 'ano he mea kūpono ma nā 'ao'ao 'elua. Aia ko mākou kia ma luna o ka ho'ohana a ho'ononiakahi 'ia o ka W'IH ma nā pō'aipili 'Ōiwi. Mana'o 'i'o na'e mākou e ho'ohana 'ia ma nā pō'aipili 'ē a'e, 'oiai, he hua a he hō'ike ka ho'ohana 'ia o kēlā a me kēia 'ōnaehana W'IH ma ke 'ano he loina 'Ōiwi. 'O ka pahuhopu o kēia mau mana'o ho'okele ka paipai 'ana i ke ku'una o ka 'ike, ka lawena a me ka loina ma nā hanauna, i mea e pili a ho'onui ai i ko kākou mau kaiāulu, a i mea ho'i e hō'ike ai i ka pilina o kākou i ka 'āina, ke kai, a me ka lani. Kia ia mau mana'o i nā 'ano: kanaka, hui, 'oihana, hui 'imi na'auao, a polikika/'elele aupuni like 'ole e mana'o ana e 'auamo i ke kuleana 'o ke kūkulu kūpono 'ia o ka 'ōnaehana W'IH me nā kaiāulu 'Ōiwi. Pili pū kēia kuleana me kekahi mau mea ʻē aʻe i ka hāʻawi ʻana i ka holomua o ka ʻenehana a ʻepekema, kūkulu pāhana, lula, kānāwai, kūkulu kaʻina huli hāʻina, nā manaʻo kiʻina hana, a me ka manaʻo o ka lehulehu.

I loko nō o ka helu papa ʻia o kēia mau manaʻo hoʻokele, ʻaʻohe waiwai o ka hoʻokaʻina ʻia. ʻAʻole i ʻoi aku ka waiwai o ka manaʻo mua ma mua o ka manaʻo hope o ka papa.

1. Kūloko

ʻO ka maʻamau, paʻa ka ʻike ʻŌiwi i loko nā kelekoli kikoʻī. Waiwai pū i ka noʻonoʻo ʻana i nā nīnūnē i waiwai i ka honua.

E kūkulu ʻia ka ʻōnaehana WʻIH me ke kūkā pū me nā kaiāulu ʻŌiwi kikoʻī i mea e paʻa loa ai ka hiki i ka ʻōnaehana ke kōkua a kākoʻo i ia kaiāulu (elm., ke kahua i kahi kūloko) a pēia ka hoʻopili ʻana i nā pōʻaiapili honua (pili i nā ʻāina a pau).

2. Pilina a Pālike

ʻO ka maʻamau, he ʻike pilina ka ʻike kuʻuna ʻŌiwi.

E kūkulu ʻia ka ʻōnaehana WʻIH e maopopo ka pilina ma waena o ke kanaka a me ke kanaka ʻole, a pehea e kaukaʻi ai kekahi i kekahi. He pahuhopu nui ka maopopo, kākoʻo, a hōʻoia ʻana i kēia mau pilina.

He lālā hoʻi ka ʻōnaehana WʻIH i kekahi pōʻai pilina. Kaukaʻi ko lākou wahi a kūlana i ia pōʻai ma luna o nā kaiāulu ponoʻī me ko lākou mau loina no ka maopopo, hōʻoia, a hoʻononiakahi ʻana i nā kino hou i loko o ka pōʻai.

3. Kuleana a Pilina

ʻO ka maʻamau, hopohopo nō ka poʻe ʻŌiwi i ko lākou mau kuleana kaiāulu.

He kuleana ko ke kaiāulu ʻŌiwi no ko ko lākou kaiāulu ponoʻī, ma ke kākoʻo kūpono ʻana, a he kuleana nui mua i nā lālā o ke kaiāulu.

4. Ke Kūkulu Manaʻo Hoʻokele mai ke Kaʻina Hana ʻŌiwi mai

He paʻa kānāwai ke kaʻina hana e hoʻokele mai ana i ka lawena.

Haku ʻia ke kaʻina hana mai ke kālaikuhiʻike, ke kālaikuhikanaka, a me ka hoʻokaʻina kuʻuna ʻana o ka ʻike i paʻa i ka pilina, ke kūloko ʻana, a me ke kuleana.

Paepae ke kaʻina hana ʻŌiwi i ke kahua o ke kūkulu hoʻokele manaʻo ʻana e hahai ai, e kuleana ai, a e kānāwai ai nā kino WʻIH i loko o ke kaiāulu.

He pono ka hoʻononiakahi ʻana i nā kaʻina hana e kū nei e kūkulu ai, e hoʻolaha ai i nā ʻōnaehana WʻIH. He pili kikoʻī paha ke kaʻina hana i nā kaiāulu ponoʻī, e haku ʻia paha me ke kuanaʻike laulā e ākea ai i nā ʻano kaiāulu ʻŌiwi a ʻŌiwi ʻole like ʻole.

5. Hoʻomaopopo i ke ʻAno ʻŌiwi o nā ʻEnehana Helu Lolouila a Pau

He ʻōnaehana ʻenehana nōhihi nā ʻōnaehana moʻomeheu ʻŌiwi a pau. He hōʻike i kekahi ʻano mea moʻomeheu a kālai kanaka kēlā a me kēia ʻano ʻāpana ʻenehana no ka honua holoʻokoʻa. E makaʻala ka poʻe kūkulu ʻōnaehana WʻIH i ko lākou mau moʻomeheu ponoʻī iho, a pēia nā manaʻo kanaka a me nā loina maʻamau iā lākou iho; e makaʻala pū i nā pāʻewaʻewa e pili pū ana; a e haku ʻia nā kaʻakālai e ʻae ʻia nā ʻano kuanaʻike moʻomeheu ʻē aʻe.

He mākēlia moʻomeheu ka helu lolouila. ʻO ka mole ia o ka ʻenehana kikohoʻe, a e like me ka piʻi ʻana o ko kākou hoʻokaʻaʻike na kēia mau ʻenehana, pēia pū ka piʻi o ka hoʻohana ʻia i mea e hōʻike ai i ka loina moʻomeheu. No laila e koʻikoʻi ai no ka hoʻomau a hoʻoikaika ʻia o nā kaiāulu ʻŌiwi e haku hou aku i mau kiʻina hana helu lolouila e hōʻike a hōʻā ana i ko kākou mau loina moʻomeheu.

6. Hoʻohana i ka ʻOlokeʻa Kūpono no ka Extended Stack

Paepae ka moʻomeheu i ke kahua o ka honua kūkulu ʻenehana, ʻo 'stack.' E noʻonoʻo ʻia nā lālā a pau o ka ʻōnaehana WʻIH he lako paʻa a he polokalamu i loko o ka loiloi kūpono ʻia ʻana o ka ʻōnaehana. Hoʻomaka kēia i nā lako e kūkulu ʻia ai ka lako paʻa a no ka hōʻikehu ʻana i ka polokalamu mai ka honua mai, a pani ʻia ma ko lākou hoʻi ʻana. ʻO ka loina kūpono ka hana ʻino ʻole ʻana aku.

7. Kākoʻo a Hōʻihi Ea ʻIkepili

He kuleana ko ke kaiāulu ʻŌiwi no ke koho ʻana pehea e hoʻohana, hōʻili, kālailai, a hoʻokaʻina hana ʻia ai ka ʻikepili. Hoʻoholo lākou i ka hoʻopale, kaʻanalike, a āhea e kaʻana ʻia ai, ma hea e loaʻa nei ke ea naʻauao a me ke ea ʻŌiwi, a iā wai ia mau pono, a pehea e lula ʻia ai ia mau pono. E kūkulu ʻia nā ʻōnaehana WʻIH a pau e hōʻihi a kākoʻo mai i ke ea ʻikepili.

E hana hou ʻia aku hoʻi ia mau lula ʻikepili ākea e hōʻihi i nā pono ʻŌiwi i ia mau wahi a pau i hāpai ʻia aʻela, a i mea hoʻi e ikaika aʻe ai ke kaulike e komo ai, a me ke akāka o ka pono. E pili pū nō hoʻi he hōʻiliʻilina o nā manaʻo o 'ownership' a me 'property,' he mau hua o nā kānāwai ʻŌiwi ʻole a ʻaʻole nō paha e hōʻike ʻia ke ala e hoʻohana a lula ai ke kaiāulu ʻŌiwi i ko lākou mau ʻike kuʻuna ʻŌiwi.

SECTION 3
Nā Pōʻaiapili

Holographic Aunties. Image by Sergio Garzon, 2019.

3.1

Wehewehena Hālāwai Hoʻonaʻauao

He ʻelua mahele i mālama ʻia ai ka hālāwai Kaʻina Hana ʻŌiwi a Waihona ʻIke Hakuhia. Ua mālama ʻia ka mua ma nā lā 1 a 2 o Malaki, a ʻo ka lua mai ka lā 26 o Mei i ka lā 2 o Iune. Mālama ʻia nā hālāwai ʻelua ma ka ʻāina o ke Kanaka Maoli, ma ka mokupuni Hawaiʻi o Oʻahu. Na Jason Edwards, Angie Abdilla me Kauka ʻŌiwi Parker Jones, Kauka Noelani Arista, Suzanne Kite and Michelle Brown ka Hālāwai 1 i hoʻolaukaʻi. Na Lewis, Arista, Kite a me Brown ka Hālāwai 2.

I loko o ka hoʻokahi makahiki i hoʻolaukaʻi a kūkulu ʻia ai ka hālāwai mua, na Lewis, Abdilla a me Parker Jones i noʻonoʻo i ka ʻike ʻoihana a me ke kaiāulu, ke keka, ka honua a me kahi ʻoihana ma ke ʻano he ʻimi a hōʻoia hoʻi i ka poʻe e komo ana. He 35 kānaka i ʻae mai i ke kono. ʻO nā lāhui: Kanaka Maoli, Palawa, Barada/Baradha, Gabalbara/Kapalbara, Gadigal/Dunghutti, Māori, Euskaldunak, Samoan, Cree, Lakota, Cherokee, Coquille, Cheyenne, a me nā kaiāulu Crow mai Aotearoa, Nū Hōlani, ʻAmelika ʻĀkau, a me ka Pākīpika. Ua kono ʻia kēlā a me kēia kanaka no ko lākou ʻike ʻoihana i ka hua ma ka hui ʻana o ka moʻomeheu ʻŌiwi a me ka ʻenehana kikohoʻe hoʻomua, a ma ke kikoʻī, ka poʻe i hoihoi ʻē a e hoihoi ana paha i ke kamaʻilio ʻana no kēia mua aku o ka WʻIH mai ke kuanaʻike ʻŌiwi. Ua hoʻolaukaʻi ia poʻe i nā hālāwai i nā wahi ʻŌiwi, me ka hapanui o ka poʻe he ʻŌiwi nō. Ua pono mākou i kahi kamaʻilio ʻana o ʻloko' no ka WʻIH e hoʻomaka a paʻa mau ana mai nā hopohopo mai o ko kākou mau kaiāulu, ma kahi o kekahi mau kaiāulu ʻhonua' a ʻākea' i moemoeā ʻia. Pahu pū ʻia mākou e ka makakau o ke ala e nalowale ai ka leo ʻŌiwi i loko o ke kamaʻilio kulekele e kūkā ʻia nei ma ke ao ʻhonua,' a pēia i ke ala e alāiki ʻia ai e ka poʻe ʻŌiwi ʻole nānā e hoʻohana hewa aku nei i ko kākou mau kālaikuhiʻike i ka hoʻomaopopo ʻole ʻana a me ka noʻonoʻo iho wale nō he ʻhoʻowae.'

Ua hoʻokaʻina makakoho mākou ʻo ka hoʻonaʻauao ākea. Nānā ʻia ka hoʻomohala ʻike a hoʻoili ʻike e nā kaiāulu ʻŌiwi mai ke kuanaʻike holoʻokoʻa mai, i kahi e pili pū ai nā ʻano hoʻonaʻauao like ʻole a pēia nā wahi e hoʻonui ʻike aku ai kekahi i kekahi no ka maopopo mauō a piha. Ua hōʻoia pū mākou i nā ʻano kāhuna like ʻole e kamaʻilio pū ana. He nani ia, he mole ka hōʻike pāheona i nā ʻano kālaikuhiʻike, koʻihonua, a kuanakanaka ʻŌiwi like ʻole. He nani pū ia, inā e hoʻomoemoeā ana i nā mea hiki i kēia mua aku, kūpono pū nā kānaka e kuanoʻo a hoʻokino ana i nā mea o ka noʻonoʻo. He mau kānaka o nā ʻoihana ʻenehana, pāheona, ʻepekema, loea ʻike kuʻuna, mālama ʻōlelo, a me ka haku kulekele. No nā ʻano ʻoihana like ʻole mai lākou: ʻo ke aʻo mīkini, ke kaha a kūkulu a hakulau, ka ʻōnaehana hōʻailona, ka noʻonoʻo a heluhelu lolouila, ke kālai manaʻo, ke kālai ʻōlelo, ka huli kanaka, a me ke kālaikanaka. Ua koi mākou e haku he wahi pā hanauna, kahi hoʻokumu a e hiki ana i nā lālā ʻelemakule ke kamaʻilio pū kekahi me kekahi. Na CIFAR i hoʻokaʻa i ka ʻaiʻē i ka puni mua o ka polokalamu puʻu kālā AI & Society (na Lewis, Abdilla, Parker Jones, a me D. Fox Harrell). Ua hoʻolako hou aku ka mahele Noiʻi Kālaikanaka o Kanakā (SSHRC) o ka polokalamu puʻu kālā Connection Grant (na Lewis, Abdilla, Arista, Harrell a me Parker Jones); na Abdilla, ʻo Old Ways, New Indigenous cultural consultancy; a na Lewis ʻo Initiative for Indigenous Futures Partnership. Ua hoʻolako kekahi mau mahele o ke Kulanui o Hawaiʻi ma Mānoa he mau wahi a kūmole i like me: ka Mahele Mōʻaukala, ke Koleke Pāheona a ʻEpekema, ka LAVA Lab, ka Hawaiʻi Data Science Institute, a me ke Academy for Creative Media. Ua hoʻolako pū hou aʻe ka noho noiʻi o ke kulanui ʻo Concordia i ka mahele Computational Media a me ka Indigenous Future Imaginary a pēia pū ka MIT Center for Advanced Virtuality.

Ua ui nā hālāwai hoʻonaʻauao i ka nīnau nui:

- Mai ke kuanaʻike ʻŌiwi mai, e aha kā kākou pilina me ka WʻIH?

Ua noʻonoʻo pū iho i nā nīnau i pili e laʻa me:

- Pehea e komo pū ai nā kālaikuhiʻike a kuanakanaka ʻŌiwi i loko o ke kamaʻilio honua no ke kaiāulu a me ka WʻIH?

- Pehea kākou e hoʻākea aʻe ai i ke kūkākūkā no ke kuleana o ka ʻenehana i loko o ke kaiāulu ma ʻō aku o kahi noiʻina moʻomeheu hoʻokahi a me ka moʻomeheu Silicon Valley?

- Pehea kākou e moemoeā aku ai i kēia mua aku me ka WʻIH e hoʻonui ana i ka nohona maikaʻi o nā kānaka a pau a pēia nā kānaka kino ʻole?

Hālāwai 1

Ma mua o ka hālāwai hoʻonaʻauao, ua noi aku mākou e hoʻomākaukau ka poʻe i ka pane ʻana i ka nīnau penei:

• He aha kou hoihoi i ka WʻIH?

Ua pane maila kekahi mau kānaka; aia nō i ka Pākuʻina A.

Ua mālama ʻia aku ka hālāwai mua ma Ka Waiwai Collective [1] he wahi moʻomeheu Hawaiʻi i loko o ke kūlanakauhale ʻo Honolulu a me ka Laboratory for Advanced Visualization & Applications (LAVA) ma ke Kulanui ʻo Hawaiʻi ma Mānoa.[2] Ua mālama ʻia ia hālāwai mua ma ʻelua lā moekahi a he hālāwai hoʻolauna nō ia. Aia nō ka papa manawa o ia hālāwai ma Pākuʻina D ma ka hopena o nei palapala. He nāʻana pākākā ma lalo iho nei.

Kakahiaka, Lā 1

01 Malaki 2019 | Ka Waiwai Cultural Centre, Honolulu

Ua lawelawe ʻo Ty Tengan, me ke kākoʻo ʻia e Isaac ʻIkaʻaka Nāhuewai lāua ʻo Kaipulaumakaniolono Baker i ka ʻaha ʻawa e welina mai ai iā mākou i Hawaiʻi. He mea hoʻopaʻa kēia kaʻina hana i ke kūkā i kahi i mālama ʻia ai ka hālāwai, a he hoʻomanaʻo i nā kānaka a pau i komo no kā lākou pilina a me ko lākou kuleana i ko lākou mau kaiāulu ponoʻī.

Ua hoʻolauna iho mākou kekahi me kekeahi, he nani ia, ʻaʻole i launa ʻē ka nui o mākou a i ka hōʻea ʻana i Honolulu. Nānā ihola mākou i ka papa manawa no nā lā ʻelua, i nā hālāwai hoʻonaʻauao ʻelua a me ka pāhana Kaʻina Hana ʻŌiwi a WʻIH.

Pani ʻia maila ke kakahiaka me ka ʻaha ʻo Protecting Indigenous Cultural Knowledge, a he kumuhana a mākou i hoʻi mau ai i loko o ke au o nā hālāwai. Ua hōʻike kahi mau kānaka i ka hopohopo no nā nīnūnē ʻo ka ʻike alāiki a hoʻohana hewa ʻia, a ua makemake e kamaʻilio no ke ala e kaʻanalike ʻia ai ka ʻike i nā hālāwai, no nā anaina ākea a laulā. Ua hoʻoholo mākou ʻo ka līpene e ʻoki ʻia ana, e hoʻohana ʻia no ke kākau ʻana he pepa kūana ma mua o ke paʻi ʻana i ka pepa i mea e hōʻoia ai no ka paʻa o ka ʻike i nā kānaka a me ia nō.

Awakea, Lā 1

Ua wehe ʻia ke awakea me kahi haʻawina no kēia mua aku, a ua kaʻawale mākou i ʻelima pūʻulu e noʻonoʻo ai i ka manaʻo hoʻokele na Michelle Brown:

---

[1] Waiwai Collective <waiwaicollective.com>.

[2] University of Hawaiʻi at Mānoa's Laboratory for Advanced Visualization & Applications (LAVA) <lavaflow.info>.

Haʻawina pono WʻIH o kēia mua aku / Haʻwina Pilina

E moemoeā no ka ʻākoakoa ʻana o ke kaiāulu he 50 i ka 100 makahiki mai kēia mua aku. Pili pū lākou i kekahi mea a akua paha no kā lākou mau pilina, pili i kahi WʻIH kikoʻī a me nā kaʻina huli hāʻina. He aha kēia mea pono WʻIH, a kūkulu ʻia i ke aha? Pehea e komo ai ke kaiāulu me ia pono? Pehea i pili ai i kou wā i hala, a me ka wā e kū nei?

A laila i ʻākoakoa hou ai mākou e hāpai ai i nā hapane mai nā hui a pau mai. Komo kēia kamaʻilio ʻana i kekahi kamaʻilio no ka nīnau a mākou i nā kānaka e pane mai ma mua o ka hōʻea mai. Kūkā hou akula mākou mai ia mau kamaʻilio ʻana e hōʻoia i kahi mau wahi o ka noʻonoʻo a me ka hopohopo:

Nā Kumuhana Hoihoi

- ʻO ka pono e holomua mai ke ʻano Haole "three act narratives"

- Like ka mahalo i kahi ʻōnaehana me ka mahalo i ka pilikino

- Ua hiki ke hoʻohana i ka ʻōlelo a mākou e hoʻōla ai i kā kākou ʻōlelo ma nā pūʻulu

- Ke kūkulu ʻana i nā ʻōnaehana e komo pū ai ke kaʻina hana me ka mīkini

- Nā ʻano maopopo o nā aʻo ʻana i kaukaʻi ma luna o ke one hānau o ke kanaka

- He ala ka WʻIH e moemoeā a maopopo ai ka ʻike kuʻuna ʻŌiwi

- Framing—ua like ka laʻana ma ke ʻano he kūpono a he kūpono ʻole paha

- ʻO ka WʻIH ma ke ʻano he loina moʻomeheu hakuhia— me he pena kiʻi, pāheona, a hulahula paha

- He pilina kino ʻole paha (ʻaʻole pono e kino kanaka)

- Inā he pilina kino ʻole paha, ʻaʻole lawa ke kū wale ʻana nō i kou pilikino. Pehea e kūkulu ʻia ai he ʻōnaehana e laʻa ʻole ana me he pilina kauā lā

- ʻAʻole pono e kino kanaka ka WʻIH

- E aʻo i ka "ʻikepili palekana" ma kahi o ke kālailai ʻole i ka ʻike

- He ala ka WʻIH e hōʻike ai i ka moʻomeheu

- Haku kākou i mau kinona hou o ka ʻōnaehana aʻo moʻomeheu

- ʻO ka manaʻo Anishinaabe ʻo askabewis a i ʻole ʻo "skabe": he mahaʻoi ʻole, akā he kākoʻo i ka ʻaha i hōʻihi ʻia e ke kaiāulu

- He mea lauaki ka WʻIH

- ʻAʻole he mea hōʻoia i kekahi ʻano ʻenehana hoʻomua mai nā ʻenehana hoʻomua ʻē aʻe

- He hoʻokuanaʻike ko ka WʻIH e kū hōʻailona ana no ko kākou mau moʻomeheu

- Pehea e pani ʻia ai nā meʻe i loko o kā kākou mau ʻōnaehana?

- Inā mālama kākou i ka WʻIH ma ke ʻano he ʻōnaehana, e ʻike ʻia paha kākou he kanaka ʻole, elm. E

ʻōlelo wale ana nō paha nā kūpuna i nā mea kino ʻole, ua pono naʻe e hōʻihi aku i ke kino kanaka ʻole

- Me ka loaʻa ʻole o ka moʻomeheu, ua hiki i ka WʻIH ke aʻo no ka moʻomeheu mai ka ʻikepili mai

- Manaʻo laulā ʻino: he mau hakuhia pū kākou a ma luna aʻe o nā manaʻo laulā ʻino e waiho mai ana i mua o kākou

- Kiaʻi– ʻaʻole no kākou ka ʻikepili, hōʻike maila ko kākou mau loina i ke ala e hoʻohana ʻia ai (keoni). I mea aha?

- Pehea e ʻāwili ʻia ai ka loina moʻomeheu i loko o ka ʻōlelo helu lolo uila. ʻO ka Blended Identity Model, a he aha nā mea i paʻa i loko o ka ʻolokeʻa ʻikepili a me ka ʻole.

Ma kahi mahele aku mākou i hoʻohana ai i kēia mau kumuhana e haku ai he ʻehiku pūʻulu o nā kumuhana nui:

Pūʻulu

- He aha ka wehewehena no ke kūpono i loko o ke ao WʻIH?

- Pili ka manaʻo hoʻokele a me ke kaʻina hana i ke kumu nui

- ʻO ke kuanakanaka e haku ʻia ai ka ʻōnaehana
  - Ke ala e kuanaʻike ai
  - Ke ala e ʻike ai
  - Ka pono e hōʻihi ʻia
  - Ka palekana WʻIH: ke kuleana ʻo ka hoʻihoʻi

- Ka Hiki a me ka Mana
  - Ke akāka o ka manaʻo ʻoiaʻiʻo
  - Na wai e hoʻonaʻauao i ke ākea a ʻoihana paha?
  - Ke kikohoʻe pū
  - Ka poʻe e hoʻā mau i ke ahi
  - Ka hoʻonaʻauao hoʻoholo, ʻaʻole ʻo ka paepae hōʻoia wale nō
  - Nā hemahema o ka pono hana
  - Ka ʻIke Hoʻohana pū (kikohoʻe)
  - Moʻokūʻauhau: ma luna o ka ʻikepili, na wai i kūkulu, pehea i haku ʻia ai
  - Ke akāka; ka wehewehena, unuhi ʻana ma waena o nā mana, ka ʻikepili
  - Ke ola maikaʻi kaiāulu, ke ola kaiāulu
  - Ke kūʻē a me ke kūʻē ʻia

- He kamaʻilio ākea aʻe no ke ala e kūkulu ai ka AI i Lula.
  - Ke ea ʻikepili
  - Ka manaʻo hoʻokele kūpono
  - Ka hānai WʻIH: He aha ko kākou kuleana i ka WʻIH?

- Kahi mau lula kūikawā? He manaʻo kūpono i palupalu
- Ka Peki i Hope e Holomua: ke kuleana i ka wā i hala, ka wā e kū nei, a me ka wā e hiki mai ana o ke kaiāulu
- Ka ʻōlelo
- Haudenosaunee Structure of Consensus (Nā lula i kupu no ke kuapapa, ka mana, a me ka pono)
- E kūkulu i ka lula WʻIH e kūpono no ke ākea
- He aha ka LULA: KAPU, nā lula e kupu aʻe ana mai ka ʻike o kekahi wahi mai a i ʻole paha kekahi kaʻina
- Nā mea kūpono no ke ao kūlohelohe

- Nā Mana
  - WʻIH i loko o ka loina moʻomeheu a me ka haku: hōʻike haʻawina naʻau
  - WʻIH ma ke ʻano he kuanaʻike e nanalu ai no ko kākou moʻomeheu ponoʻī
  - WʻIH he mea pono ʻŌiwi
  - ʻO ka helu lolouila he mākēlia moʻomeheu: nā pono hana a me ka hōʻikena

- WʻIH ma ke ʻano he:
  - He lāʻau lapaʻau: loina moʻomeheu, loina pili ʻuhane, waihona kūpuna
  - He unuhi a he mālama
  - He mea kōkua: he hoʻōla a he mālama

Ua pani mākou i ka lā 1 i ka hoʻi ʻana i ka nīnau ʻo ke Kiaʻi ʻana i ka ʻIke Moʻomeheu ʻŌiwi.

Kakahika, lā 2

2 Malaki 2019 | LAVA Lab, ke Kulanui o Mānoa, Honolulu

Ua wehe ʻia ka lā ʻelua me ko Kumu Kekuhi Kealiikanakaoleohaililani no ke mele oli E Hō Mai, a laila i alakaʻi maila i ke oli ʻana e kau kūpono ai ka noʻonoʻo no ka hana huahua pū ʻana.

A laila i nāʻana ai i ka Lā 1, ma nā pūʻulu kikoʻī ʻehiku. Ua hoʻokaʻawake i ʻehiku pūʻulu e kamaʻilio ai a hoʻohāiki i ka ʻehiku he ʻelima.

- Ke Ea Lakopaʻa: ʻAha, Pono, Hilinaʻi, a Kuleana
- Ke Kūkulu Kūpono: ʻOhana a Hōʻihi
- Ka ʻŌlelo, Ka Honua, a me ka Moʻomeheu; a iʻole Ka Pilina a me Ke Ao Kūlohelohe: Lewa Manawa Wahi
- Ka Loina Pāheona he Loina Makeʻe: Pāheona ma ke ʻano he Hōʻike o ka Loina ʻŌiwi, a pēia ka Lapaʻau a me ke Aʻo Moʻomeheu
- WʻIH he Skabe (mea kōkua): Ke Kōkua aku Kōkua mai a Mahalo

Nā Limahana i kōkua

Nā Kānaka i Komo i ka Hālāwai 1 (Aia nā piliolana i ka ʻŌlelo Pākuʻi C)

Angie Abdilla	Sergio Garzon	Issac ʻIkaʻaka Nahuewai
Noelani Arista	D. Fox Harrell	Kari Noe
Kaipulaumakaniolono Baker	Peter-Lucas Jones	Danielle Olson
Brent Barron	Kekuhi Kealiʻikanakaʻoleohaililani	ʻŌiwi Parker Jones
Scott Benesiinaabandan	Megan Kelleher	Caroline Running Wolf
Michelle Brown	Suzanne Kite	Michael Running Wolf
Melanie Cheung	Olin Lagon	Marlee Silva
Meredith Coleman	Jason Leigh	Skawennati
Ashley Cordes	Maroussia Levesque	Hēmi Whaanga
Joel Davison	Jason Edward Lewis	Tyson Yunkaporta
Kūpono Duncan	Keoni Mahelona	
Rebecca Finlay	Caleb Moses	

Awakea, Lā 2

Ua kamaʻilio ʻia nā kumuhana ʻelima no ke awakea, a laila i nāʻana ai ka ʻolokeʻa no nā hana hou aku ma hope o ko mākou haʻalele ʻana.

Hālāwai 2

He ʻewalu lā o ka hālāwai ʻelua, he kākau a he pāheona. Mālama ʻia i loko o ʻelua hale i kahi ʻo Kāhala i Honolulu. ʻO ke kia ka hoʻohua ʻana mai he mau ʻōlelo e pane ana i nā nīnau i hāpai ʻia ma ka Hālāwai 1 a me nā kamaʻilio i pili. E nānā i ka papa manawa i ka ʻŌlelo Pākuʻi D ma ka hopena o ka palapala.

Ua palupalu ihola ka papa manawa o ia lā, ma muli o ka mālama ʻia ma ke ʻano he noho papa ʻana, i laʻana, ua hoʻokō lākou i nā mahele ponoʻī ma ka pākahi a me ka pūʻulu. Ua nāʻana mākou ma ka lā 1, a laila he mau hōʻoia ʻana ma ka hopena o nā lā i mea e hoʻokaʻaʻike ai i ka hana pāhana o ia lā. He ʻekolu pūʻulu nui:

• Mana: ua kāpili kēia pūʻulu he mana mua o ka polokalamu Hua Kiʻi.

• Wehewehena: ua kūkulu pākahi kēia pūʻulu he noʻonoʻona no ka moemoeā o kēia mua aku.

• Pōʻaiapili: ua kia ka noʻonoʻo ma luna o ke kākau hoʻolauna, pepa pākahi a me ka hoʻonoho ʻana i ka pepa kūlana ma ke ʻano he kino nui.

A ka pau ʻana o ka hālāwai 2, ua paʻa ke kāmua o ka hapanui o kēia mea he pepa kūlana.

Wehewehena: Nā Kānaka i Komo i ka Hālāwai 2

Ko ka Hālāwai 2

Noelani Arista

Scott Benesiinaabandan

Michelle Brown

Melanie Cheung

Joel Davison

Suzanne Kite

Jason Edward Lewis

Caleb Moses

Issac ʻIkaʻaka Nāhuewai

Kari Noe

Caroline Running Wolf

Michael Running Wolf

Hēmi Whaanga

3.2

WʻIH: he (r)evolution hou a i ʻole he hoʻokolonaio hou i ka poʻe ʻŌiwi?

Na Hēmi Whaanga

> "He moʻolelo i maʻa iā kākou i kēia mau lā: ua hiki mai ke au o ka Waihona ʻIke Hakuhia (WʻIH) a he pau mai koe o ka hana a hoʻoholo kanaka i ka WʻIH."[1]

ʻŌlelo mau ʻia, ʻo ka mea holo mau ka hoʻololi; ʻaʻohe hiki ke ʻalo aʻe. Ke hoʻomaka e kaʻa ka mana a ma kona wā kūpono, ʻo ka hoʻololi akula nō ia. Ma ko ke ao kāhuli ʻia ʻana e ka ʻenehana a me ka ʻepekema hou, no ka pūnaewele o nā mea a pau a me ka WʻIH, he weliweli paha ka hiki i ka WʻIH ke lilo he mea hoʻololi no ka poʻe ʻŌiwi. Hoʻoholo ma ka nui, ka pohihihi, a ulu loa ka holomua wawe

---

[1] "It's a familiar story these days: the era of Artificial Intelligence (AI) has arrived, and AI will soon render human labor and decision making obsolete." Mateescu, A., & Elish, M. C. (2019). *AI in context: The labor of integrating new technologies* (Data & Society report), p 8. <datasociety.net/wpcontent/uploads/2019/01/DataandSociety_AIinContext.pdf>.

loa o ka ʻenehana a me ka hakuahoʻou [2] i ke ala e hoʻokaʻaʻike, launa, kiʻi, kaʻana, a hoʻolaha ai i kā kākou ʻike a me ka ʻikepili. He mea hiki ʻole ke ʻalo aʻe ka W'IH no ka poʻe ʻŌiwi?

ʻO ka ʻike i paʻa i nā ʻohana, nā kaiāulu, nā nāki, a me nā loea, he kumupaʻa nō ia no nā hanauna. ʻO kēia kumu waiwai ʻo ka ʻōnaehana ʻike ʻŌiwi, he hakuahoʻou, he paʻa pū, a he ʻōnaehana nohona i paʻa loa i loko o ka nohona ʻōiwi. [3] Mai loko mai nō o nā moʻolelo, nā mele, nā pāheona, nā inoa wahi pana, nā hula, nā ʻaha, nā moʻokūʻauhau, nā akakū, nā wānana, nā haʻawina, a me nā ʻōkuhi, i ili ai kēia mau ʻōnaehana mai ka waha aku mai kekahi hanauna mai a hiki i kekahi aku. Ma ka pakalaki nō naʻe, pā koke nō ka poʻe ʻŌiwi a pēlā pū ka ʻōlelo a me ka moʻomeheu i ka hoʻokolonaio honua a me ka pahuhopu o laila, ʻo ka naʻi ʻana ma ke ʻano he hoʻokahi ma ka moʻomeheu, ka pilina kanaka, ka pili kanaka, a me ka hoʻokele waiwai.

Ma ka naʻi ʻana ka hoʻonalo. Ua ʻōlelo ʻia, ma ka pau ʻana o kēia kenekūlia, he ʻanehalapohe ana nō ka hapalua o nā ʻōlelo o ka honua. [4] ʻO ka nui a hapanui paha ka ʻōlelo ʻŌiwi ma ka pakalaki. Ke nalo ka ʻōlelo, nalo pū ke kaʻā i pili i ke kālaiʻōlelo a kālaimoʻomeheu o ka ʻōnaeao. Inā pau ia mau ʻōnaeao, he pau pū o ka mauli, o ka mōʻaukala, o ka moʻomeheu, a ma ka hopena, ʻo ko kākou mana iho. [5] Ma ka piʻi ʻana hoʻi o ka papaha o ka naʻi ʻana auaneʻi, he hoʻonui ka W'IH i ia hoʻololi ʻana, he nalo?

Ma ka hui ʻana aku nei o nā loea moʻomeheu a me nā loea ʻenehana i Aotearoa, ua nīele aku au i kahi mau nīnau e hoʻoulu ʻia ai nā manaʻo a me nā haliʻa no ke kaʻina hana Māori, no ke kuanaʻike o ka honua a me ka ʻenehana a me ka hakuahoʻou. [6] Ua kia ko mākou mau kūkā ʻana ma luna o ka hopena o kēia mau ʻenehana hou, e like me ka ʻenehana akakū, ʻenehana akakū ʻoiaʻiʻo, a me ka ʻenehana akakū hui pū ʻia, no ke aʻo mīkini a me ka W'IH ma ke kahua o ka ʻike a me ka ʻōlelo. Ua pāhola kā mākou kūkā ʻana no nā kumuhana hoihoi like ʻole e like me ke ea ʻikepili, ka lula ʻana, ka ʻeʻe ʻana, ka pōʻaiapili, ka hoʻokele ʻana, ka hoʻāhu ʻana, a me ka wā e hiki maila; no ka IP a me ka palapala hoʻokuleana; ka helu lolouila a me ka hiki ke hoʻopau kolonaio o lākou, no ka helu ʻikepili Māori, nā kahua Māori, ka W'IH Māori a me ka mauli Māori; ka hoʻopalekana ʻana i nā ʻōnaehana ʻike; a me ka pāʻewaʻewa a me ka hoʻokae. ʻO nā pane he nui wale, ua kū aʻe nei kekahi na ka polopeka ʻo Rangi Matamua: ʻO ka *W'IH: he "(r)evolution" hou a i ʻole he hoʻokolonaio hou i ka poʻe ʻŌiwi?* Ua kāʻili ʻia koʻu noʻonoʻo a pēlā nō ka poʻe a pau o ka lumi. Noʻonoʻo akula mākou: hiki anei i ke akamai, he waihona ʻike hakuhia paha, hiki eni ke hoʻokolonaio i kekahi mea a i kekahi kanaka hou aku paha?

Pinepine ka wehewehe ʻia o ka hoʻokolonaio, he komo hewa a naʻi ʻino no ka hoʻokolonaio ponoʻī iho nō,

---

[2] hakuahoʻou - innovate. Na Dr. William Wilson, he polopeka ma Ka Haka ʻUla o Keʻelikōlani i haku.

[3] Smith, L. T., Maxwell, T. K., Puke, H., & Temara, P. (2016). Indigenous knowledge, methodology and mayhem: What is the role of methodology in producing indigenous insights? A discussion from Mātauranga Māori. *Knowledge Cultures,* 4(3), pp. 131-156.

[4] Thomason, S. G. (2015). *Endangered languages* (Vol. 1). Cambridge, UK: Cambridge University Press.

[5] Nuwer, R. (2014, 6 June). *Languages: Why we must save dying languages. BBC.* <bbc.com/future/story/20140606-why-we-must-save-dying-languages>.

[6] See <sftichallenge.govt.nz/research/atea>.

a i 'ole he 'ōnaehana komo ne'e hewa ma luna o ka po'e 'Ōiwi o kekahi wahi. He pili nō ia ho'okolonaio 'ana i ka na'i 'ōlelo, na'i 'āina, noho hewa a me ke kāohi. 'O ka mana'o o ka ho'okolonaio o ka mo'meheu, ka 'ōlelo, a me ka na'au, hana 'ia "ma ka 'ōnaehana no'ono'o ma o ke ala e launa ai ka po'e ma ka 'ōnaehana aupuni. I la'ana, ma o ka 'ohana, ka loina, ka mo'omeheu, ka ho'omana, ka 'epekema, ka 'ōlelo, ke kaila lole, ke ki'ina a'o, ke kālai 'āina, ke kūlele paho, ka ho'ona'auao, a pēlā wale aku."[7] 'O nā kālamana'o, e like me Frantz Fanon, nā mea nāna i kākau no ka ho'omau 'ia o ka papahana kolonaio me ka mana'o, a 'o nā akeakamai 'Ōiwi e like me Linda Tuhiwai Smith lāua 'o Ngũgĩ wa Thiongo nā mea nāna i paio no ka ho'opau ho'okolonaio[8] o ko kākou 'ōnaeao no'ono'o.[9] Palapala 'o Thiongo ma *Decolonising the Mind*:

" 'O ka na'i ko'iko'i loa ka na'i 'ana i ka 'ōnaeao no'ono'o[10] o ka po'e i ho'okolonaio 'ia, 'o ke kāohi 'ana i ka mo'omeheu, 'o ke ala ho'i e 'ike ai ka po'e iā lākou iho a me ka pilina i ke ao. 'A'ole kō ke kāohi polikika 'ana a kō ka na'i 'ōnaeao no'ono'o. I mea ka pilina kanaka kekahi i kekahi e kāohi ai i ka mo'omeheu o ka po'e."[11]

He hihia mau, no ka po'e 'Ōiwi o ka honua, ka pā hewa 'ana i ke kāohi no'ono'o. I la'ana o ka ho'okolonaio o kēia au, pehea no Cambridge Analytica, 'o ke kikowaena pa'a ia o ka hihia o ka 'ikepili Facebook, na Cambridge Analytica nō i hō'ili'ili hewa i ka 'ikepili kanaka ma nā miliona mai nā kahuapa'a Facebook pono'ī me ka 'ae 'ole 'ana o ka po'e, i mea ho'i e ho'ohana 'ia ai ia 'ikepili no ka ho'olaha 'ana.[12] He hō'oia 'i'o nō kēia hana i ka lawena ho'okolonaio maoli me nā pā'ewa'ewa e kū nei, he ho'omau i ke kaulike 'ole, a he pāku'i pū i ka hilina'i 'ole o ke kaiāulu. Ma ke 'ano he pane, ua puka mai nō he pāpā'ōlelo 'ana e 'imi aku ana i ka ha'ina no kēia 'ano lawena, i mea e ho'okā'oi a'e ai i ka pono o ke kaiāulu, ka 'āina, a me ka po'e. Ua hana 'ia aku nei nō nā 'ano palapala hō'oia a hō'ike paha, i ka ho'okahua 'ana i nā lula a me nā 'ānu'u no ka W'IH ma ka 'ao'ao 'oihana, ka 'ao'ao kūkulu 'oihana, a me ke kūkulu mauō 'ana.[13] Ua pākākā 'ia kēia mau lula a 'ānu'u paha no ke kia i ka pono a me ke keu

---

[7] "through the transmission of mental habits and contents by means of social systems other than the colonial structure. For example, via the family, traditions, cultural practices, religion, science, language, fashion, ideology, political regimentation, the media, education, etc." Dascal, M. (2009). Colonizing and decolonizing minds. In I. Kuçuradi (Ed.), *Papers of the 2007 World Philosophy Day* (pp. 308-332). Ankara, Turkey: Philosophical Society of Turkey, p. 309. <m.tau.ac.il/humanities/philos/dascal/papers/Colonizing and decolonizing minds.doc>.

[8] Decolonization

[9] See Fanon, F. (1990). *The wretched of the earth*. London, UK: Penguin; Thiong'o, N. (1986). *Decolonising the mind*. Portsmouth, N.H.; Harare: Heinemann Educational; Zimbabwe Publishing House; and Smith, L. T. (2012). *Decolonizing methodologies*. London, UK: Zed Books.

[10] Mental Universe

[11] Thiong'o, N. (1986). *Decolonising the mind*. Portsmouth, N.H.; Harare: Heinemann Educational; Zimbabwe Publishing House, p. 16.

[12] Crabtree, J. (2018). *Cambridge Analytica is an 'example of what modern day colonialism looks like,' whistleblower says*. CNBC. <cnbc.com/2018/03/27/cambridge-analytica-an-example-of-modern-day-colonialism-whistleblower.html>.

[13] See Renda, A. (2019). *Artificial Intelligence – Ethics, governance and policy challenges (Report of CEPS Task Force)*. Brussels: Centre for European Policy Studies. <ceps.eu/wp-content/uploads/2019/02/AI_TFR.pdf>;

pono o kānaka; nā pono kaulike a akamai paha; nā pono 'ikepili a kū'oko'a paha; nā pono ka'ana a pāpā 'ia no ka W'IH me ka mana 'ae'oia e hō'eha a ho'opunipuni paha i ke kanaka. [14] Kāka'ikahi nō na'e ke kūkā pono 'ia o nā pono 'Ōiwi, nīnūnē a me nā hopohopo ma kēia kūkā honua 'ana mai kekahi palapala mai i ho'omākaukau 'ia e ka Australian Council of Learned Academies (ACOLA), ka hui nāna i kūkā no ke olapono, ke kaulike, ka 'ae'oia a kū'oko'a paha o ke ea 'ikepili 'Ōiwi. [15]

> Eia ke kū nei ma ke kapa o ke ka'apuni 'enehana e ho'ololi aku ana nō i ke 'ano e noho a hana ai kākou a pēlā nō ke 'ano e pili ai kākou. Ma kona 'ano, kuana'ike, a pohihihi paha, 'a'ole ana kēia liliuēwe 'ana e like me kekahi mea a ke kanaka i 'ike mua ai. 'A'ole nō i maopopo ke ala e hō'ike 'ia ai, ua maopopo na'e kēia: he pono nō e ho'ononiakahi a akāka ka pane me ka maopopo like o nā 'oihana a pau ma ke aupuni a kū'oko'a paha mai ke ao kulanui a i ke ao kaiāulu [16]. [17]

E ho'i mai i ka nīnau ho'okele o kēia pepa: 'he (r)evolution hou a i 'ole he ho'okolonaio hou i ka po'e 'Ōiwi?' 'A'ole e hiki ke pane 'ia kēia 'ano nīnau a me ka hopena o ka ho'okolonaio 'ia a me ka palena pono a pono 'ole paha, 'a'ole nō i loko o ka pō'aiapili o kēia pepa ho'okahi a kama'ilio wale 'ana aku nō paha. No kēia hanauna nō na'e, 'o ka po'e "'ōiwi 'enehana,' 'homo zappiëns,' 'net generation,' 'millenials,' 'i-generation'—No ia hanauna ho'i i hānai a lu'u a hō'ike 'ia ka 'oi o ka 'enehana kikoho'e hou— kēia mau kuleana e 'auamo. He ho'ololi hou nō ka W'IH i ke ala e 'a'a 'ia ai ke kahua o ko kākou mau 'ōnaehana 'ike. A no laila, he ko'iko'i nō ka ho'omoemoeā 'ana i ke akakū e komo ai ka W'IH ma kēia 'revolution' i mea e ō loa aku ai ko kākou 'ōnaehana 'ike, kā kākou 'ōlelo, a me ko kēia mua aku. A no laila, he ko'iko'i iho nei nō ke ho'okahua aku i nā lula a me nā kānāwai o ka ho'ohana 'ia i ka W'IH i mea e maopopo le'a ai ka ho'ohana 'ole 'ia no nā mea hewa o ka pā'ewa'ewa, ke kaulike 'ole, a me ka ho'olōkahi hewa o ka honua.

---

[14] Walsh, T., Levy, N., Bell, G., Elliott, A., Maclaurin, J., Mareels, I.M.Y., Wood, F.M. (2019). *The effective and ethical development of artificial intelligence: An opportunity to improve our wellbeing* (Report for the Australian Council of Learned Academies, acola.org). Melbourne, Australia: Australian Council of Learned Academies. <acola.org/wp-content/uploads/2019/07/hs4_artificial-intelligence-report.pdf>.

[15] See Renda, A. (2019). *Artificial Intelligence.*

[16] We stand on the brink of a technological revolution that will fundamentally alter the way we live, work, and relate to one another. In its scale, scope, and complexity, the transformation will be unlike anything humankind has experienced before. We do not yet know just how it will unfold, but one thing is clear: the response to it must be integrated and comprehensive, involving all stakeholders of the global polity, from the public and private sectors to academia and civil society.

[17] Schwaub. K. (2016). *The fourth industrial revolution: what it means, how to respond. World Economic Forum* [para. 1]. <weforum.org/agenda/2016/01/the-fourth-industrial-revolution-what-it-means-and-how-to-respond>.

Papa Kūmole

Crabtree, J. (2018). *Cambridge Analytica is an 'example of what modern day colonialism looks like,' whistleblower says.* CNBC. Retrieved from cnbc.com/2018/03/27/cambridge-analytica-an-example-of-modern-day-colonialism-whistleblower.html

Dascal, M. (2009). Colonizing and decolonizing minds. In I. Kuçuradi (Ed.), *Papers of the 2007 World Philosophy Day* (pp. 308-332). Ankara, Turkey: Philosophical Society of Turkey. Retrieved from m.tau.ac.il/humanities/philos/dascal/papers/Colonizing and decolonizing minds.doc.

Fanon, F. (1990). *The wretched of the earth.* London, UK: Penguin.

Mateescu, A., & Elish, M. C. (2019). *AI in context: The labor of integrating new technologies* (Data & Society report). Retrieved from datasociety.net/wpcontent/uploads/2019/01/DataandSociety_AIinContext.pdf.

Nuwer, R. (2014, 6 June). *Languages: Why we must save dying languages. BBC.* Retrieved from bbc.com/future/story/20140606-why-we-must-save-dying-languages.

Renda, A. (2019). *Artificial Intelligence – Ethics, governance and policy challenges* (*Report of CEPS Task Force*). Brussels, Belgium: Centre for European Policy Studies. Retrieved from ceps.eu/wp-content/uploads/2019/02/AI_TFR.pdf.

Schwaub. K. (2016). *The fourth industrial revolution: what it means, how to respond. World Economic Forum* [para. 1]. Retrieved from weforum.org/agenda/2016/01/the-fourth-industrial-revolution-what-it-means-and-how-to-respond.

Smith, L. T., Maxwell, T. K., Puke, H., & Temara, P. (2016). Indigenous knowledge, methodology and mayhem: What is the role of methodology in producing indigenous insights? A discussion from Mātauranga Māori. *Knowledge Cultures*, 4(3), 131-156.

Smith, L. T. (2012). *Decolonizing methodologies.* London, UK: Zed Books.

Thiong'o, N. (1986). *Decolonising the mind.* Portsmouth, N.H.; Harare: Heinemann Educational; Zimbabwe Publishing House.

Thomason, S. G. (2015). *Endangered languages* (Vol. 1). Cambridge, UK: Cambridge University Press.

Walsh, T., Levy, N., Bell, G., Elliott, A., Maclaurin, J., Mareels, I.M.Y., Wood, F.M. (2019). *The effective and ethical development of artificial intelligence: An opportunity to improve our wellbeing* (Report for the Australian Council of Learned Academies, acola.org). Melbourne, Australia: Australian Council of Learned Academies. Retrieved from acola.org/wp-content/uploads/2019/07/hs4_artificial-intelligence-report.pdf.

3.3

Nā Hālāwai Hoʻonaʻauao KHʻŌ WʻIH he Moemoeā o kēia Mua aku

Jason Edward Lewis

Ke loaʻa nei ko kēia mua aku, ʻaʻole naʻe i hōʻea i neʻi nei.[1]

—Scott Benesiinaabandan[2]

He ala kēia mau hālāwai hoʻonaʻauaao Kaʻina Hana ʻŌiwi a Waihona ʻIke Hakuhia (KHʻŌ WʻIH) "e hoʻomaʻamaʻa pū ai kākou." Ma ke komo ʻana i ke ao pilikino, ke ao haʻawina naʻu, a me ke ao akeakamai, he ala ke KHʻŌ WʻIH e hōʻike ʻia ai ke kuanaʻike kūpono i ka mea ʻālohilohi a me ka lilelile a e ʻāwili pū ʻia me ka ʻaha o ka ʻāʻumeʻume o kēia au hou a me ka ʻaha mānoanoa o ko ko kākou mau kūpuna moeʻuhane, a haku hou ʻia kahi ao hou. ʻUʻuku ka nui o ia mau wahi, a kākaʻikahi ka

---

[1] "The future is happening It just hasn't reached us Yet."

[2] Benesiinaabandan, S. (22 May, 2019). Personal communication.

loaʻa o ia mau ao e hui pū ana me ka nohona ʻŌiwi a me ka mohala o ke ao ʻenehana o ka Haole e lula nui ana.

"Ulu ka mea a kākou e makaʻala ana." wahi a adrienne marie brown (2017). ʻO ka nīnau naʻe, "pehea kākou e hoʻoulu ai i ka ʻupu o ka manaʻo a ulu aʻe i kahi mea nui a paʻa kūpono e hiō ai[3]?[4] ʻO ko mākou kia no kēia mau hālāwai hoʻonaʻauao ke kūkulu ʻana i kekahi mea e ulu aʻe ana nō i mea nui a paʻa kūpono e hiki ai i ka poʻe ʻŌiwi ke hoʻoholo i ka hanana o ko kēia mua aku me kēia mau ʻōnaehana WʻIH, a pēia aku ko kēia mua aku o kēia ao ʻenehana pū. ʻO ko mākou kia ke kūkulu ʻana i kahi mau moemoeā o kēia mua aku, i laila e waeʻano ʻia ai ka pā ʻana o kākou i kēia mau ʻenehana, me ka hoʻononiakahi iho i ko kākou mau kaʻina hana moʻomeheu a me ke kaʻina hana e hoʻoholo ana i ke au o ka ʻenehana. ʻO ko mākou kia ka hoʻoulu ʻana he kūʻē huahua, he kūʻē aku i ka ʻae ʻana "heheʻe ka mea paʻa i ke ea." A penei hou aku, no ka loaʻa ʻana he kahua paʻa loa i loko o nā moʻomeheu ʻŌiwi e hailona ʻia ana e ke koloniao a e hoʻohana kākou iā kākou iho e holomua (hou) aku i ka wā e hiki mai ana.

Ua ākea a hohonu nui nō hoʻi nā kūkā kamaʻilio ʻana no ka KHʻŌ WʻIH. He ākea, ʻoiai, ua ākea ka nānā ʻana aku i ke kālaikuhiʻike, moʻomeheu, aʻo o ka mīkini, kolonaio ʻana, kia kū manawa, kālaikuhikanaka, kuhikuhipuʻuone lako polokalamu a me ke kālaiʻōlelo. He hohonu, ʻoiai, ua ʻeli iho i nā wao o ka mōʻaukala ʻŌiwi, ʻōlelo a me ka moʻomeheu o ke kūlana o kahi mau ʻŌiwi kikoʻī a me ko lākou mau kaiāulu. Hoʻohana mākou i ka ʻōlelo "ʻŌiwi" ma ke ʻano he hoʻopili ma kahi o ka wehewehena no ka ʻili, he mahalo nui hoʻi i ka manaʻo mānoanoa o ko mākou mau manaʻo me ka hōʻihi nō hoʻi i ko mākou mau mea ʻokoʻa i waiwai a huahua.

Penei ke ala e hoʻomaka ʻia ai ko kēia mua aku: ma ka noʻonoʻo koʻiʻi ʻana.

Ma o ko mākou mau hālāwai hoʻonaʻauao, aia ma nā wahi ʻŌiwi i hoʻoholo ʻia, ko mākou mau kūkā ʻana, a ma kahi i ola ai ka ʻŌiwi ma nā wahi like ʻole. Ua kūkāʻimanaʻo nā akeakamai lolo me ka poʻe waiwai ma ka ʻike kuʻuna moʻomeheu, a pēia aku me nā akeakamai lolouila, a me ka poʻe haku mele, a pēia aku nā kānaka mālama ʻōlelo me ke kanaka pena, a pēia nā kumu hula me nā kānaka mōʻaukala i kūkāʻimanaʻo aku me nā ʻenekia. Ua ʻoiaʻiʻo ka ʻaʻa ʻana: ua maʻalahi ka hāʻawi pio i ka loiloi ʻana kekahi i kekahi no ka nui o nā ʻano maʻiʻo like ʻole, nā moʻomeheu, a me ka polikika. Ua ʻahaʻōlelo nō naʻe mākou, ua pū paʻakai a ua kūkaʻimoʻolelo no mākou, no ko mākou poʻe, a me nā loina e pili pū ai mākou a pau.

Penei e ʻike maka ʻia ai ko kēia mua aku.

Ua moemoe ʻia nō ka ʻāpōpō a i ia lā aku, a i ia mau makahiki 500 aku. Ua nānā pū ʻia nō ke kaʻina hana; ua pū paʻakahi; ua oli a hīmeni pū aʻe. Ua hoʻomoe ʻia aku nā ala i mua mai ka mōʻaukala lōʻihi mai o ka

---

[3] how [do] we grow what we are all imagining and creating into something large enough and solid enough that it becomes a tipping point

[4] brown, a.m. (2017). *Emergent Strategy: Shaping Change, Changing Worlds.* Chico, California: AK Press, p. 32.

ʻenehana loea a me ka hoʻokolohua ʻepekema o ko mākou mau poʻe, me ke kaʻana like pū aku i ke ala e hāpai ai ko mākou mau loina he pūnāwai o ka hoʻoholomua no ka hoʻopili ʻana me ke ao holoʻokoʻa a ma waena nō hoʻi o mākou a me kā mākou mau pono e haku nei.

Penei e kaha ʻia ai ke kiʻi o kēia mua aku.

Ua kō mua he ʻelua lā, a laila he ʻekolu mahina mai, he ʻumi lā ʻo ka noho ʻana he mau wā e hiki maila, e kū nei, i hala nō hoʻi, me ka hōʻike pū ʻana i ke ea me ke kuanaʻike kūpono e pahola aku ana i nā maʻiʻo like ʻole o ke akeakamai. Ua hāpai nā kānaka Anishinaabe no ka *oskabewis*, nā lima kōkua kahiau a hoihoi a me ka ʻole: ke kākoʻo ʻike ʻole ʻia no nā kānaka e komo ana i ka ʻaha, a me ke ala e kākoʻo mai ai ka laʻana ʻōnaehana WʻIH iā kākou—a pēia nō hoʻi nā koina o mākou e ʻaiʻē aku ana. Ua hāpai nā kānaka Hawaiʻi no nā keʻehina e kā ai i ka ʻupena, nā wao o ka ʻae a mahalo ma waena, he koina hoʻi no ia mau pilina– hōʻike ʻia ma ka pule, oli, a me ke mele – nā kaʻina hana e hiki ana paha ke kū ma ke ʻano he laʻana no kā kākou mau ʻōnaehana lako polokalamu mai ke kahua mai o ka mālama kūpono. Hāpai maila nā kānaka Māori i ka hopohopo o ko lākou mau kaiāulu no ka hoʻoili ʻia ʻana aku o ka ʻike o ke keiki i ka moʻopuna, a nūnē mai no ka holopono paha o nā "ʻanakē kino lamalama [5]" i mea e mālama a hoʻoili ʻia aku ai ka ʻike ma nā hanauna hou, a he hana pū me nā lālā o ke kaiāulu. Hāpai maila nā kānaka Coquille no ka ʻāwili ʻia o ko lākou mau loina mālama a hilinaʻi i loko o ka ʻōnaehana WʻIH i hoʻononiakahi ʻia me ka ʻenehana "blockchain" i mea e kōkua ai i ka nāki ma ka hoʻohoo ʻana i ke kaʻanalike a hoʻopuka ʻana aku i nā kumu waiwai o ke kaiāulu. Ua kamaʻilio mākou no ke kālaikūlohea Blackfoot, a me ke kuhi ʻana mai ke kākau ʻana mai o kā Leroy Little Bear, he kūpono paha ka ʻōlelo Blackfoot no ke kālai ʻana i ke kālaikūlohea, a ua moemoeā ʻia nā like lātoma ma waena o kekahi mau ʻōlelo ʻōiwi kikoʻī a me nā iwi kino ʻenehana, a no ka hoʻomaopopo ʻana i ka ʻike o ia mau mea e ʻaʻa ai i nā ʻāumeʻume o ko kākou wā. [6]

Penei e hua ai ko kēia mua aku.

Ua noʻonoʻo nō mākou i nā ʻanuʻu o kēia ahu: ka lako paʻa kuhikuhipuʻuone a me nā kaʻina hana lako polokolamu nāna e hiki ke helu lolouila, a pēia aku ka ʻanuʻu ʻo ka piʻi ʻana mai kahi lako paʻa aʻe; mai kahi silikone i ka puni uila i ka unu ʻuʻuku i ka lolouila i ka pūnaewele; a laila aʻe ka ʻanuʻu ʻo kahi lako polokalamu mai ka helu mīkini i ka ʻōlelo polokalamu i ke kaʻina kūpono i ka ʻōnaehana, a me ke ala e pā ai kēlā a me kēia ʻanuʻu i ke kaʻina hana ʻōiwi. Ua moemoeā mākou inā paha ua ʻōiwi kēlā moʻomeheu– ʻo ka unu ʻuʻuku hoʻi i kūkulu ʻia me ka mālama kūpono o ke kaiāulu Lakota e hoʻokumu ana he hale hoʻokahe hou; ʻo ka lolouila i kūkulu ʻia aku me ka manaʻo o kekahi puʻukani Cree e kūkulu ana i kāna pahu lima; ʻo ka pūnaewele i kūkulu ʻia me ka hahai pū i nā loina Coquille e ulana ana i kāna pā cattail; he ʻōlelo polokalamu i kākau ʻia ma ke Crow i mea e hōʻike ʻia aku ai ka ʻike Crow no ka ʻikepili a me ke kaʻina hana; he ʻōnaehana na ke kanaka ʻepekema lolouila Cheyenne; he lau maopopo kaʻina huli haʻina

---

[5] anakē kino lamalama: holographic aunty

[6] Little Bear, L., and Head, R.H. "A Conceptual Anatomy of the Blackfoot World." ReVision, vol. 26, no. 3, Winter 2004, pp. 31–38.

e aʻo ʻia ana me ka loina ʻŌiwi no ka haku mele; ʻo ka ʻōnaehana lula aupuni ʻana me ka hahai pū i ke kālaiʻāina polikika Haudensonee; he WʻIH i hiʻi ʻia e ka manaʻo Kanaka Maoli no "ʻāina," "ʻohana," a me ke "kuleana."

Penei e kūkohu hoʻokolohua ʻia ai ko kēia mua aku

Nīele ʻia kā mākou mau nīnau— ʻaʻole hoʻi ʻo kā ka mea kolonaio mau nīnau. Pehea e kūlulu ʻia ai kēia mau hāmeʻa? Na wai e kūkulu? Me wai e pili ai ma ka wā e laha aʻe ai i ka honua? Pehea e mālama ʻia ai ka pilina i ko kākou mau kaiāulu? Pehea e mālama ai ke kaiāulu i kēia mau pilina? Pehea e hoʻokino ʻia ana? Pehea e kōkua aku ai i ka ulu a ola o ke kaiāulu? Pehea e ʻike ʻia ai e nā mea kino ʻole? Mau ana nō anei ia mau mea ma ka hanauna pāhiku? No ka hapanui o mākou e hana ana i ka ʻoihana ʻenehana hou loa, he maha o ka naʻau ke kia ʻana i ia mau nīnau ma kahi o kahi o ka luhi o ka luna ʻenehana nāna e hahai wale aku ana nō i kona huelo iho ma ke kahua ʻo ke kālaikuhiʻike ʻole, ka hoʻokae moʻomeheu. He ala ko kā kākou mau nīele ʻana e ʻaha pū ai ka ʻike i paʻa i ko kākou mau kaiāulu a me ka ʻike e aʻo mau mai ana nō. He hōʻike kā mākou mau nīele i ka ʻōpio no ke ala e hoʻolako mai ai ko kākou ʻike i nā lako e pono a mahuʻi ai no ke ao holoʻokoʻa a pehea e aʻo a ola ai mai ia ʻike mai. He hōʻike kā kākou mau nīele i ko kākou ea ma luna o ka waihona noʻonoʻo, ma luna o ko kākou mau nohona ponoʻī a ma luna hoʻi o kēia mua aku o kākou.

Pēia e hōʻea mai ai ko kēia mua aku.

Papa Kūmole

brown, a.m. (2017) *Emergent Strategy: Shaping Change, Changing Worlds*. Chico, California: AK Press, 2017.

Little Bear, L., and Head, R.H. "A Conceptual Anatomy of the Blackfoot World." *ReVision*, vol. 26, no. 3, Winter 2004, pp. 31–38.

SECTION 4

Pūkaʻina

Kamapuaʻa/kalo. Image by Kūpono Duncan, 2019.

4.1

Gwiizens, Ka Luahine a me ka Hāmeʻa Heʻe

Scott Benesiinaabandan

adizookaan - moʻolelo kahiko - kālaikuhikanaka
agwanem - paʻa ma ka waha - ʻokeʻa/kinona
mamawi - ke alulike a lauaki - pilina kanaka
booshke giin - aia iā ʻoe - ea

"Inā he mea kanaka ka hoʻokomo ʻana i kāu mea makemake i loko o kekahi ʻeke,
ʻie, lau, a ʻupena paha no kona hoʻohana ʻia, kona ʻai ʻia, a kona nani paha, a laila e
lawe ʻia aku i ka hale me ʻoe, a ma ka hale he ʻano ʻeke a pūʻolo like paha, a unuhi a
kaʻanalike a hoʻāhu paha ʻia paha no ke kau hoʻoilo i loko o kekahi pūʻolo koa a pahu
lāʻau lapaʻau paha, a laila ma kekahi lā, hana like paha ʻoe, ʻoiai, he kanaka, a ʻo ia ka
mea e pono ai, a laila, he kanaka ʻiʻo nō au. Ma kona ʻano piha, me ka ʻoliʻoli a no ka
makamua."
—Ursula Le Guin p. 151-152 [1]

---

[1] "If it is a human thing to do to put something you want, because it's useful, edible, or beautiful, into a bag, or a basket, or
a bit of rolled bark or leaf, or a net woven of your own hair, or what have you, and then take it home with you, home being
another, larger kind of pouch or bag, a container, you take it out and share it or store it up for winter in a solider container
or put it in the medicine bundle or the shrine or the museum, the holy place, the area that contains what is sacred, and
then the next day you probably do much the same again-if to do that is human, if that's what it takes, then I am a human
being after all. Fully, freely, gladly, for the first time." Le Guin, U. K. (1989). The Carrier Bag Theory of Fiction. In
Dancing at the Edge of the World: Thoughts on Words, Women, Places (pp. 165-170). New York, NY: Grove Press. pp.
151-152.

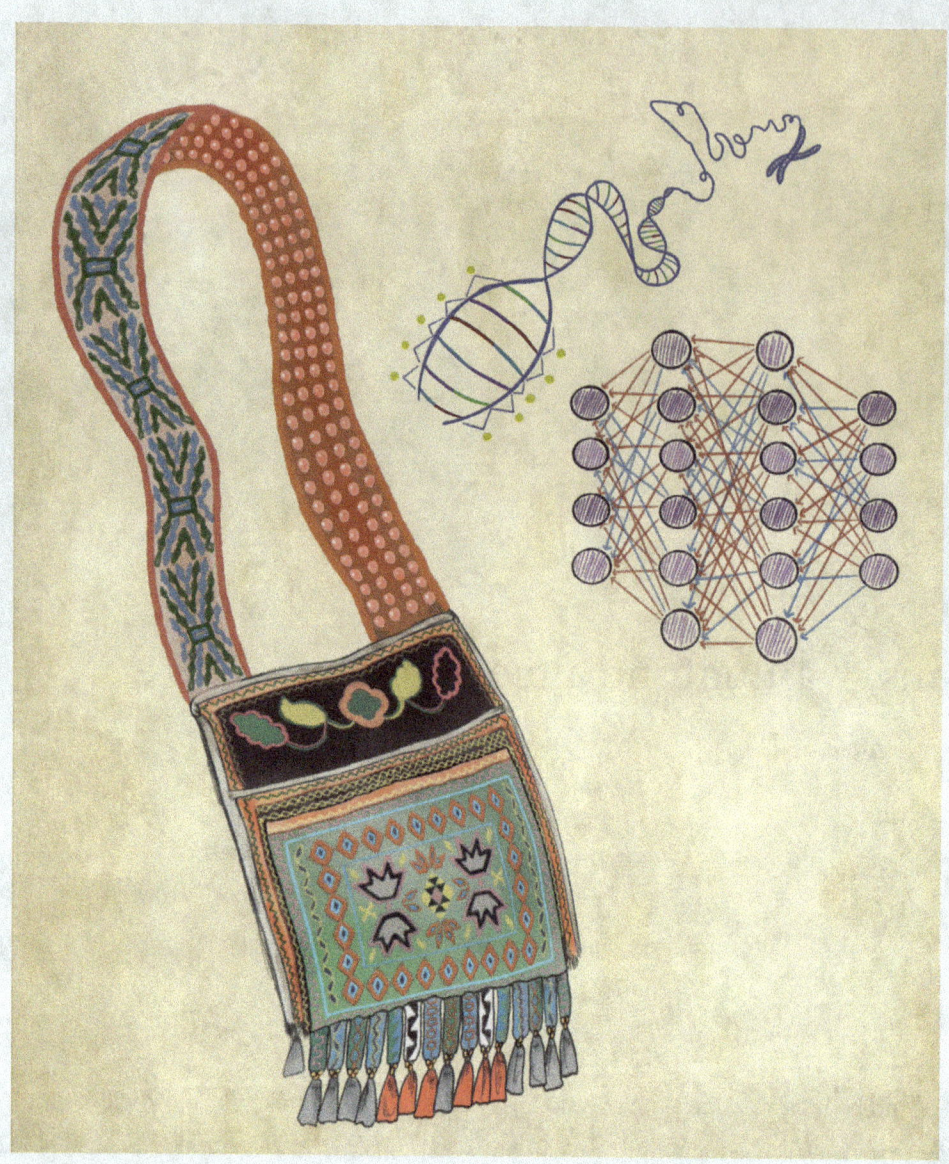

ʻŌlelo wehewehe: ʻeke heʻe. He kiʻi na Kari Noe, 2019.

He mea ka Octopus Bag Device e hiki ke wehe ʻia a ma ka nui ʻaʻole he pā hewa o ke ao kūlohelohe (ua hiki ke hemo me ka hoohopo ʻole), he mea pākela o ka lonoa me ka hoʻohana pū i ka DNA ma ke ʻano he hoʻāhu a he lolouila uila (me ka hoʻohana i ka helu lolo uila). He mea kēia e paʻa ana ma ka waho e nā niho o hope ma kaʻe o ka niho a me ka pāpālina, kahi e momona ai ka DNA. Pili ka hāmeʻa iā hope o ke ā, kahi o ka niho ʻwisdom' e ulu ai, a no ka liliuewe o ka iwi. He mea kēia hāmeʻa e pili ai ke kuekueni i ka iwi. Lalau aʻe kekahi hiʻohiʻona mai ka waha aʻe a noho ma kahi o ka puka ihu e ʻae i ka pili feromona ʻO kahi nō ia o nā lonoa a kaulapa kekahi i kekahi, a pākahi.

He mea lawa aku
nā nīnūnē ʻāina a kumu waiwai
no ko kēia mua aku liliuēwe,
helu lolouila A waihona hōʻāhu.
He mea pilikino kikoʻī loa kēlā a me kēia pae
A no laila ke kāpuka a kākomo
so nā ʻōnaehana a he pākela aʻe ka mana,
Ke kiaʻi, a me ke ea o ko kekahi loloiila+OS
No nā hopena o kēia au. He polokalamu hoʻi kēia
Hāmeʻa me ka manaʻo e ʻoi aʻe ka pilikino
I mea e hōʻoia a unuhi ʻia ai
Ka mana a me ke kūlohelohe a kuluma
O kēia ʻano helu lolouila ʻana.

ʻO kēia mau ʻeke Octopus a Bandolier kekahi loina mai io kikilo mai ma Moku Honu, a keu ka ʻikea ma ke kaiāulu ʻōlelo Algonquin. I kinohi, hoʻohana ʻia ke ʻeke i wahi lāʻau lapaʻau a ʻaunaki/ʻaulima paha. Ma hope o nā 1700, ua keu ka hoʻowehiwehi a pēlā ka makeʻe ʻia i ka poʻe e kaulapa ana kā lākou mau ʻeke. Ma ka mua, he ʻili holoholona i lole ʻia me ka wāwae a huelo pū, a ʻo ka hopena he kaila hou me ka lōʻihi aʻe o ke ʻeke, a no laila kona nānā ʻana he heʻe. He ʻehā paʻa me ka ʻelua ʻau i pili ma ka hopena i ke kapa a pele paha, (ke ʻano hoʻi o ka pele e hoʻokuʻu ana i ka ʻuhane ʻino), a hoʻowehi ʻia nā ʻaoʻao ʻelua. Ma kēia moʻolelo, he ʻōlelo hālikelike pākela no ka ʻolokeʻa moʻolelo. ʻO kekahi mau hāmeʻa i loaʻa ma loko o ke ʻeke Heʻe, a he pili i ka WʻIH, nā ʻkinona' a me ke ala e ili ai ka ʻike i ke kaiāulu. A ma kēia moʻolelo i ʻike ʻia ai ka hāmeʻa ʻeke Heʻe i wahī ʻia i ka hainakā ʻulaʻula, a i loko he ʻeke uliuli a keʻokeʻo.

Ningoding ayindaawag...
[ma kekahi lā...]

Hoʻomaopopo nō hoʻi au ma koʻu mau iwakālua, i ka makahiki hope o ka hoʻopau kekelē mua puka, e noho ana ma ke Kulanui ʻo Winnipeg ma kahi waihona puke kūikawā a eia ma ka heluhelu moʻolelo pōkole. Ua loaʻa kēia moʻolelo i loaʻa ulia iaʻu a ʻaʻole i hiki ke haʻakuhi, hoʻomaopopo, a loaʻa paha iaʻu i loko nō o koʻu hoʻāʻo he mau manawa. A i loko nō o ka hiki ʻole ke loaʻa mai, mau nō ka hāliʻa ikaika o ka pā ʻana oʻu i kēia puke pōkole.

A hala iho nei he ʻelua kekeka a ʻo ia mau nō ka paʻa ma koʻu waihona noʻonoʻo. ʻO ka moʻolelo, ke ʻano o ka puke, nā kiʻi, ke ao a me ka lā, ke pākaukau aʻu i noho ai. Ma ia wā [lā 1 ʻApelila 2001], ʻaʻole i nui nā mea i pili i ka moʻolelo i ka WʻIH [o kēia wā a me ka wā e noʻonoʻo ʻia]. He wahi nui nō naʻe i waiho ʻia mai ka moolelo mai no ka pilina a kākou me ka ʻenehana. He palapala ʻāina paha ka moʻolelo e hoʻokele ai kākou i ka pilina o ka WʻIH, ʻaʻole naʻe i akāka iaʻu ma ke komo ʻana i ka papahana Kaʻina Hana a WʻIH [2019].

Mai ka makahiki 2001, ua kupu pinepine mai kēia mo'olelo ma ke 'ano nui. Ua ho'ohana 'ia kekahi mau 'enehana, i kuluma a ho'okolo 'ia paha, ma kēlā a me kēia lā o ka nohona a pāheona. I loko o nā makahiki, ua heluhelu a ho'olohe aku nei i mau haneli adizkookaan [mo'olelo kapu] i haha'i 'ia ma ka wā like, me kekahi pū'ulu me'e i like. 'O kahi mea mau ke kanaka a me ka nāhelehele a me ka hā'awi makana ko'iko'i 'ana ma hope o ka paio a ho'okūkū paha. 'O ka pilina kūloko me ka 'enehana (laulā) a W'IH (i kiko'ī i kēia pāhana) a 'o ka'u hana pāheona, he kahua nō kēia mo'olelo me ka maopopo a maopopo 'ole paha.

Ma ka loa'a 'ana o ka wā e kākau a haku ai paha no ka W'IH, e kali mai ana nō kēia mo'olelo iki. Ua koho au e ho'i 'ole i ka 'imi i ka mo'olelo, e kūkulu na'e ma luna o ka no'ono'o 'ana a me ka pilina lō'ihi kekahi me kekahi, a me nā mo'olelo i 'ano like i heluhelu a ho'olohe 'ia.

He mo'olelo a'e ana kēia i kahua ma ke kūmole i poina 'ia, i wehe koke 'ia mai nā no'ono'o 'ana mai no ka wā hohonu, a ho'omaopopo iho nei ma ko'u 'ano iho he pāheona a he Anishinaabe e kauka'i ana i kēia pāhana i kēia wā.

> *Ningoding ayindaawag, miinawaa...*
> [ma kekahi lā, ma kekahi lā hou...]

... ua loa'a he kūlanakauhale a i loko he Keikikāne. 'A'ohe ho'omaopopo 'ana i ko ia nei hō'ea mai, 'a'ole ho'i i 'ike ka 'elemakule a me ka luahine no ke Keikikāne i kapa pinepine 'ia 'o *Ninga a me Noos a 'o Kookum a me Mishoomis*. 'O kona hō'ea 'ana mai i kēia kūlanakauhale, 'a'ole i li'uli'u i ka wā i hala, 'oiai, mau nō 'o ia he Keikikāne. I loko na'e o kahi e noho ai ka adizkookaan a me ka memoryspacetime, kekahi mau mea 'ē loa a me ka po'e o ia kūkalanakauhale a ke Keikikāne e kapa ana he home, 'a'ole i nīele 'ia ia mau 'ano nīnau.

A eia mai ua ma'i li'ili'i ke kūlanakauhale o ke Keikikāne i weliweli a 'ike 'ole 'ia. I loko nō o nā ho'ā'o kūpono 'ana o ko ka po'e ho'ōla, 'a'ole na'e i hua mai, a 'o ke Keikikāne wale nō kai pā 'ole.

'Eā, ua aloha nui 'ia ke Keikikāne e ka po'e o kona kaiāulu a ua 'eha kona na'au i ka 'ike 'ana i ka ma'i o lākou. A hala kekahi mau lā ma ke kuano'o, ua maopopo iā ia ka pono e ho'ā'o e 'imi he kanaka e kōkua mai. Ma ke kakahiaka aku, ua ho'omākaukau iho nei a ho'omaka kona huaka'i 'imi i ka wana'ao.

No ka hapanui o ka lā, pi'i aku ke Keikikāne i kona ala hele nui i 'ia. I kēia manawa nō na'e, ua mū 'ē ka nāhelehele, a 'a'ohe lohe a 'ike 'ia paha o kekahi kanaka e kōkua mai ai.

A napo'o iho nei ka lā, e luhi ana ke Keikikāne a 'imi akula 'o ia i wahi e moe ai. 'A'ole i 'emo, lohea akula he kanaka e hīmeni ala.

'A'ole i maopopo ke kani a ka leo.
'A'ole i maopopo ka 'ōlelo o ke mele.

Me ka 'oli a me ka nīele, 'imi akula 'o ia i ke kumu o ke mele.

Ua loaʻa i ke Keikikāne he Luahine e noho hoʻokahi ana me ke kiloi pū ʻana i nā pōhaku i kahi hālāwai kahe hikiwawe. Nāna aʻela ke Keikikāne me ka mū:

ʻohi, kiola a piʻo

( )

ʻohi, kiola a piʻo

(( ))

ʻohi, kiola a piʻo

((( )))

ʻohi, kiola a piʻo

(((( ))))

A hala ka wā pōkole o kona nānā ʻana aku, komo ihola ke Keikikāne i kula a iā ia nō a kokoke, ua hiki i ke Keikikāne ke ʻike i ka Luahine, he kanaka oʻo a lōʻihi a ikaika ʻē loa. ʻIkea pū ka hāʻawe ʻana ona i ke ʻeke uliuli a keʻokeʻo o ka heʻe ma kona poʻohiwi i kona paukū kino. Ua kāhiko ʻia me ka lau i maopopo ʻole ia ia, a ʻo lalo o kēia ʻeke, he ʻewalu māhele e lewa iho ana me nā pele keleawe e kiliwehi ʻano ʻē ana i kona mau pepeiao.

He minoʻaka ka Luahine me kona mau niho ʻoiʻoi.

Hoʻomaopopo ka Luahine i ke Keikikāne e nānā ana i ke ʻeke uliuli a keʻokeʻo.

Nīele aku ka Luahine i ke kumu i minoʻaka ai ke Keikikāne, no kēia ala loloa mai kona kaiāulu mai.

Hōʻike aku ke Keikikāne i ka Luahine no kona kaiāulu, no ka maʻi ahulau e pepehi iho ana i ka poʻe a pau, a no kona huakaʻi ʻo ka ʻimi aku i kōkua e ola ai kona kaiāulu.

_____ |*ke ʻakaʻaka ʻino ala he keaka wīkeke ma kaʻe o kula*

Kūnou ka Luahine. Wehe ʻo ia i kāna ʻeke hulu nani loa a waiho ʻia akula ma ka honua. Mai laila, unuhi mai ka Luahine he mea ʻuʻuku i wahī maiau ʻia ma ka hainakā ʻulaʻula.

Minoʻaka nō hoʻi ka Luahine, piha kona waha i nā niho ʻoiʻoi ʻālohilohi.

Nānā ke Keikikāne i ka mea, ke waiho nei ma waena konu o ka hainakā ʻulaʻula. ʻĀlohi i ka lā, e like me ka niho ʻoiʻoi o ka Luahine.

ʻO ka noʻonoʻo pilikino a me ka noʻonoʻo kakani,
He ʻike maka a me ke kiʻi hou ʻana o ka waihona
No ka lolo o loko. Hoʻohana ka hāmeʻa
i nā hiʻona o loko no ka ʻōneki. ʻO nā lākiō liʻiliʻi,
ua hiki ke hoʻoikaika iā loko o ka waihona lonoa

ʻŌlelo maila ka Luahine, ʻo kēia mea e ʻālohi nei, he hoʻōla ana i kona poʻe a nui kona makemake e kōkua aku i ko ke Keikikāne kaiāulu, "eia naʻe" wahi a ka Luahine, me ke kuhi pū me kona lehelehe, *"hoʻokahi wale nō āu mea e hana mua ai"*.

Wahi a ka Luahine, ʻo ka mea mua e loaʻa mai i ke Keikikāne, he hākōkō a lakila ma luna ona e lanakila ai i ka makana. Wahi a ka Luahine, he ʻekolu āna hoʻāʻo ʻana, a inā ʻaʻole e hiki ke kūlaʻi iā ia i ka honua, e ʻai ana ka Luahine i ke Keikikāne.

Peki iho ke Keikikāne i hope—ua piʻi aʻe ka weliweli o kona mau niho. A pau kona noʻonoʻo ʻana, ʻae akula ke Keikikāne i ka ʻaʻe mai, ʻoiai, "he aha ka paʻakikī o ka lanakila ma ka Luahine", noʻonoʻo iho nei ʻo ia, "'o kēia nō kona nāhelehele a ʻoiai, he Keikikāne ʻo ia nona ka mana a me ka ikaika a he Luahine wale nō ʻo ia".

ʻO kona ʻōkuhi ka hoʻomākaukau ʻana he ʻehā lā, a ʻimi aku ʻo ia a hoʻomaka i ka hoʻokūkū me ka Luahine me kona mau niho ʻoiʻoi weliweli.

"E mau iho nei a lohea ke kani keaka wīkeke, honi mai ke ʻala ʻōhelo papa, lohea ke kuʻi o ka hekili a ʻike aku i ke kumu poplar i ka loli o ka lau ʻāhinahina mai luna a i lalo... ʻaʻole ana ʻemo a e loaʻa au ma laila, a ma laila e hoʻomaka ai kēia hoʻokūkū.

Hoʻopā mālie ka Luahine i ke ʻeke keʻo uli nani a me ka lau maiau a huli aku mai ke Keikikāne aku. Hoʻomau ka Luahine ma ka hīmeni

He mele i ʻano maopopo
 Ma
   Kahi ʻōlelo i ʻano maopopo

Huli aʻe ke Keikikāne i ka lā e haʻalele ai, a maopopo iā ia, ua nalo a ke napoʻo nei nō ka lā ma ka wā i loaʻa ai ke ala e hoʻi aku nei. Ma ka hele ʻana ma ka pō, hōʻea ihola ʻo ia i ka hale a wanaʻao aku i ke kaiāulu.

Ma ka hema loa ko ke Keikikāne hale o ke kūlanakauhale pō a maluhia. Ma kona ala, paʻē mai ke kani ʻuhū o kona ʻohana i maʻi.

Me ka nae, hōʻea iho nei ke Keikikāne i kona hale a ʻaʻole i ʻemo kona hiamoe.

No ia mau lā ʻehā, ʻaʻole hōʻike ke Keikikāne no ka Luahine ma ka nāhelehele, a no ka hoʻokūkū e lanakila ʻia ai ka hāmeʻa hoʻōla.

A no nā lā ʻehā, ʻai liʻiliʻi ke Keikikāne, he inu hoʻokahi kī ma ka lā napoʻo. A ma ka hiki mai o ka lā, hōʻiliʻili ke Keikikāne i kona mau kāmaʻa hiwa (na kona makuahine), kāna mau pua ikaika loa (na kona kupunakāne) a, ma ka waiho ʻana i loko o ke ʻeke, hoʻomaka ka ʻimi ʻana aku i ka Luahine.

A wanaʻao, hoʻomaka iho nei kona huakaʻi no ka Luahine.

ʻAʻole nō i ʻikea ka wā o kona ʻimi ʻana; he lā, he mahina, ma ʻō aku paha, ua mamao nō naʻe hoʻi kona huakaʻi a ua pauaho maoli a honi aku he

ʻalaʻōhelopapa

E hoʻomaopopo ana i ka ʻōkuhi o ka Luahine,
A kū ʻo ia a ʻo ka paʻē maila nō ia o ka

ʻakaokekeakawīkeke

A me ka

Paʻēokahimea

ʻO ke Keikikāne, e huli ana he pōʻai, ua maopopo
I ka huli o nā lau o nā kumu poplar

nālau ʻōmaʻomaʻoa ʻāhinahina
ʻolalo ʻoluna ʻoloko ʻowaho

Ua maopopo leʻa i ke Keikikāne kona kokoke.

A ma ka hoʻomau iki ʻana aku i ke ala, ua lohe ke Keikikāne he mele kamaʻāina e hīmeni ʻia ana i ka ʻōlelo a ka Luahine. Ma ka wā hoʻokahi nō naʻe, ua lohe akula i ka leo kūakā ma hope ona i kahi kumu lāʻau, *"I hea aku ana, e ke Keikikāne?"*.

A huli ʻo ia, ua hahai aku i ka leo nui loa mai ka poloka liʻiiʻi loa. Hōʻike akula ke Keikikāne i ka moʻolelo i ka Poloka. Mea mai ka Poloka no kona maopopo ʻana, a e nihi aʻe ka hele ʻana, ʻoiai, ʻaʻole paha e nui ka papaha o ka lanakila ʻana i kēia Luahine, a ʻaʻole hoʻi me ke kōkua ʻole o ka Poloka. Hoʻomau mai ka Poloka ma ka hōʻike ʻana no kahi mea kōkua no kēia hakakā. A komo ko ka Poloka lima he ʻeke poloka liʻiliʻi, unuhi maila he kinopōpō o ka lāʻau lapaʻau a hāʻawi ʻia maila i ke Keikikāne me ka ʻōkuhi,

"Ke manaʻo he kokoke e hāʻule, e ʻai liʻiliʻi i kēia a ʻaʻole e ʻole kou kōkua ʻia".

Lawe ihola ke Keikikāne a waiho maiau ʻia i kāna ʻeke.
"Miigwech Chiʻ Omagagii!" wahi a ke Keikikāne ma kona hoʻomau i ke ala.
"Baamaapii, e Keikikāne!", i kāhea maila ka Poloka.

Ma ke komo ʻana i kula, e kū ana ka Luahine me ke kali a me ka mākaukau me kāna ʻeke uli a keʻo i puni kona poʻohiwi a me kona mau niho ʻoiʻoi–ʻoiʻoi a ʻālohi.

Hoʻomaka ke kulaʻi ʻana kekahi me kekahi, ʻo ka maopopo ihola nō ia o ka ikaika loa o ka Luahine i ke Keikikāne ke nānā aku, "*Oi aku paha ma mua o koʻu ikaika,*" i noʻonoʻo ihola ke Keikikāne.

> *kulaʻi hākōkō hoʻōkupe hakakā hoʻōkupe hākōkō kulaʻi*
> *kulaʻi hākōkō hoʻōkupe hakakā hoʻōkupe hākōkō kulaʻi*
> *kulaʻi hākōkō hoʻōkupe hakakā hoʻōkupe hākōkō kulaʻi*
> *kulaʻi hākōkō hoʻōkupe hakakā hoʻōkupe hākōkō kulaʻi*

Ua lōʻihi ko lāua hākōkō ʻana, ʻaʻole maopopo ka nui o ka wā.

Ma hope o ko ia nei hoʻāʻo nui ʻana me ka māmā a ikaika, ua maopopo i ke Keikikāne ka hiki ʻole ke lanakila i kēia hoʻokūkū. Lalau ʻē kona lima i ke ʻeke, kiʻi akula i ka lāʻau a ka Poloka, a waiho ʻia ma kona waha a kali ihola no ka lanakila.

ʻAʻohe paha pā ona i ka lāʻau e kōkua ai i ka lanakila ʻia ona, ʻaʻohe ikaika i kona lima pauaho, ʻaʻohe māmā i kona wāwae pauaho.

Leha iho ka maka o ka Luahine me kona niho ʻoiʻoi, a paʻa ke Keikikāne i ka honua a lanakila ma luna o ka hoʻokūkū.

"*Ike paha ʻoe i ka hūpō e ke Keikikāne, ʻike nō hoʻi ʻoe i koʻu lanakila a ʻai ʻana iā ʻoe. E ʻae wale mai nō a ʻaʻole ʻoe e ʻike hou aku i ka make ʻana o kou poʻe.*"

"*Gawiin*" wahi a ke Keikikāne ma kona holoi ʻana iā ia iho. "*E lanakila nō au i kēia wā aʻe.*"

Hoʻēhu maila ka Luahine a mea mai ʻo ia e hoʻi mai i loko o ʻehā lā e hoʻāʻo hou mai, me ke kauoha pū ʻana mai "*e noke a lohea ke kani keaka wīkeke, a honi ke ʻalo ʻōhelo papa, a lohea ke kuʻi o ka hekili, ka lole o nā lau ʻōmaʻo a ʻāhina, ma hope mai nō e loaʻa ai au a e hakakā hou aʻe.*"

> *ʻO ke kaʻana ʻikepili o ka ʻōnaehana me nā kānaka a kānaka ʻole ʻē aʻe, kō i ka lima hema o ka ʻōnaehana, a no kahi o ka puʻuwai ma ka ʻaoʻao hema o ke kino a me ke aʻo mua loa ʻana o ka ʻōnaehana (he ʻohi, he kaʻana, a he hāpai) me ka paka.*

I kēia wā, hoʻi akula ke Keikikāne ma ka ʻeha ahiahi. Komo i loko o kona kūlanakauhale i kona hale. Lohea nō ke kani ʻuhū o ka poʻe i maʻi.

I kēia wā, ua ala ke kupunakāne. "*Mai hea mai nei ʻoe Giiwenz?*"

No ka hiki ʻole ke hūnā hou aʻe, hōʻike akula ke Keikikāne i kona kupunakāne no kona kaumaha ʻehaʻeha, no ka make o kona poʻe, no ka ʻimi ʻana he hoʻōla, no ka Poloka, no ka Luahine, No ka hāmeʻa ʻeke heʻe e ola ai kona kaiāulu. Hōʻike akula ʻo ia i kona kupunakāne i ka lāʻau lapaʻau i loaʻa mai mai ka Poloka mai. "*E hō mai he ʻāpana o kēnā, e Giizens, a e hiamoe au.*"

No nā lā ʻehā, hoʻomākaukau ke Keikikāne no ka hoʻokūkū. I kēia wā, ua ʻikea ka ikaika a maʻalea o ka Luahine a wānana ʻo ia. No ka lā holoʻokoʻa, hoʻomākaukau ihola no ka hoʻokūkū ʻelua, a noho lāua ʻo kona kupuna i kahi o ke ahi i kēlā a me kēia pō, me ka hoʻolohe pū no kona mau moʻolelo ma kona wā he Keikikāne.

A wanaʻao aʻe i ka lā ʻehā, ala aʻe ke Keikikāne a puka akula i kona kaiāulu e ʻimi ai no ka Luahine.

ʻAʻole nō i ʻikea ka wā o kona ʻimi ʻana; he lā, he mahina, ma ʻō aku paha, ua mamao nō naʻe hoʻi kona huakaʻi a ua pauaho maoli a honi aku he

ʻa l a ʻō h e l o p a p a

E hoʻomaopopo ana i ka ʻōkuhi o ka Luahine,
A kū ʻo ia a ʻo ka paʻē maila nō ia o ka

ʻa k a o k e k e a k a w ī k e k e

A me ka

Pa ʻē o k a h i m e a

ʻO ke Keikikāne, e huli ana he pōʻai, ua maopopo
I ka huli o nā lau o nā kumu poplar

n ā l a u ʻō m a ʻo m a ʻo a ʻā h i n a h i n a

ʻo l a l o ʻo l u n a ʻo l o k o ʻo w a h o

Ua maopopo nō iā ia kona kokoke.

Ma ka hoʻomau iki ʻana aku i ke ala, ua lohea ke mele *kamaʻāina iki mai ma ka ʻōlelo i ʻano kamaʻāina iki* o ka Luahine. A ma ka wa hoʻokahi i lohea ai ka leo kamaʻāina i hope ona ma ke kumu.

"Boozhoo boozhoo, Giiwenz, Aniin, e ke Keikikāne! ʻIke au i kou eo ʻana i ka Luahine? ʻIkea nō. Ua ʻai nō paha ʻoe i ka lāʻau ma ka wā kūpono ʻole a no laila i lawa ʻole ai ka ikaika e kōkua. Eia naʻe, e Giiwenz, he papahana hou kaʻu e kōkua ai iā ʻoe."

Me ia e kāhea aku ai ka Poloka i ke kāhea ʻuō. **<>kūpinaʻi<>**

<>kūpinaʻi<>

<>kūpinaʻi<>

A hala ka wā pōkole, lohe ke Keikikāne i kanaka e holo ana i ke ala. ʻŌʻili mai he lupo.

"Boozhoo Poloka" wahi a Maaʻingaan, *"Boozhoo Lupo'"* wahi a Omaagaakii. *"Boozhoo Keikikāne"* wahi a Lupo. *"Boozhoo, Boozhoo"* wahi a Giiwenz.

Hōʻike ʻo Paloka i ka Lupo no ka Luahine, ke ʻeke nani uli a keʻo, ka hāmeʻa o ka hainakā, ka maʻi o ke kaiāulu a me ka hiki iki ʻole ke lanakila ma luna o ka Luahine. *"Ua hiki anei iā ʻoe ke kōkua mai i kēia keikikāne, Maaʻiigan?"* i nīnau akula ka Poloka me kona leo nui.

"Ā, hū ka ʻaka... mai hopohopo," wahi a ka Lupo, *"'Oiai, he hāmau koʻu leo, a me ke ʻala nāhelehele, ua hiki keʻike ʻole ʻia e ka Luahine. E hele a kiu mua au a e hōʻike au ke huli mai kona kua. Ke huli aku, ua hiki iā ʻoe ke holo, ʻoiai he ʻōpio a māmā ʻoe a he kolo pupū nō ʻo ia, a ʻaʻole maikaʻi loa kona lohe ʻana. Ua maʻalahi kou ānehe ʻana iho ma hope ona, e kulaʻi a paʻa ma ka honua a e lanakila ʻoe i ka lāʻau lapaʻau e ola ai kou poʻe."*

Ma ka maopopo o ke akamai o ko Lupo manaʻo, ua ʻae ʻo ia me ka mākaukau.

"Chi' miigwech Ma'iingan!" i kāhea akula ke Keikikāne i ka Lupo ma kona hele ʻana aku, i ke ala i lohea ai ke mele ʻano kamaʻāina, i ka ʻōlelo i ʻano kamaʻāina a ka Luahine.

Komo i ka ʻikepili hou
ma ko mākou noiʻi nowelo hou ʻana aku,
I nā kālaikuhikanaka, ʻike mele, ʻike moʻolelo
I ke ēwe mai o kikilo mai

ʻAʻole maopopo iki ka lōʻihi i kali ai ʻo Lupo no ka Luahine e huli hou aku kona kua, ʻoi aku nō ma mua o ka lā, lōʻihi hou aʻe paha, a ma kona noho ʻana i loko nōkī o ka nāhelehele, ʻakahi nō ʻike aku ʻo Lupo i ka Luahine e huli kua ana.

Ua mākaukau nō ke Keikikāne e hoʻi mai ʻo Lupo a ʻo ka hoʻomau ihola nō ia i ke ala, me ke kiu i kula, a ma kona wā i hiki ai, ua pā kōnane ka Māhealani. Ua lohe akāka ke Keikikāne i ka Luahine e hīmeni aʻe ana a akāka loa kona kua iā ia nei.

Holo malū ke Keikikāne a ma ka māmā i hiki i holo ai i ka Luahine, a iā ia nō a hiki aku, hōʻalo ka Luahine. Me ke kaulike ʻole, ʻaʻole i paʻa ʻole ko ke Keikikāne wāwae, ʻōkupe a hāʻulu i ke kūkae lupo a wai ʻauʻau ke kulaʻi ʻana o ka Luahine i ke Keikikāne i ka honua a ʻāhaʻi ka lei o ka hoʻokūkū ʻelua.

Kū koke aʻela ke Keikikāne, me ke kihe ʻana aʻe. Me ka ʻakaʻaka i ʻōlelo ai ka Luahine i ke Keikikāne no kona mau makawalu, ʻaʻohe hiki iki i kekahi ke ānehe iā ia, ʻaʻole loa na ke Keikikāne.

Me ka maopopo ʻana iā ia ʻo kēia ka wā hope o ka hiki ke hoʻōla i ke kaiāulu, haʻalele ke Keikikāne i ka Luahine, nāna i huli kona kua a hoʻomau aʻela kāna hīmeni ʻana. A hala kekahi wā, loaʻa hou ke ala i hele mua 'ia.

Iā ia nō a hō'ea i kona ala ho'i, ua ma'i pau ke kaiāulu. 'A'ohe uahi e pua a'ela mai nā hale aku, ua pau. Ua nāwaliwali iho nei a mū nā kani 'uhū o ka po'e.

Ma kona 'ike 'ana i kēia, ua maopopo iā ia ka hiki 'ole ke kali he 'ehā lā. Ma ka nānā hou 'ana aku i ke kaiāulu, huli kona kua no ka nāhelehele a 'imia ke ala e loa'a ai ka Luahine.

Huli hou ke Keikikāne i nā 'ōuli o ka Luahine, nāwaliwali na'e kona kino i ka pōloli, i ke kānalua, i ke kaumaha, a maopopo ka hiki 'ole ke ho'omau. Pīnana ke Keikikāne i kahi kumu ki'eki'e loa a 'o ka hiamoe ihola nō ia ona ma kahi lālā.

> *Ma ke pani o kona maka, lohea ke keaka wīkeke e kakā ana ma kahi kumu.*

A wana'ao a'e, ala a'e ke Keikikāne a iho i ke kumu. 'A'ohe ona moe'uhane, 'a'ohe mana'o hou e lanakila ma luna o ke Luahine. A ma kona iho piha 'ana, lohea ka leo hīmeni o ka Luahine ma ka wēlau o ka pu'u.

Hō'ea ke Keikikāne i mua ona a ua 'ikea 'o ia e noho ana ma ka'e o ka loko.

Kū mālie a'ela ka Luahine a 'ōlelo maila

> *"E ke Keikikāne, ua hō'ea koke mai nei nō i ka ho'okūkū hope 'ana o kāua. I loko nō o kēlā, eia nō kāua me ka mākaukau e hakakā. E ho'ā'o ho'okahi hou manawa no kou po'e.*
>
> *E ho'omaopopo, inā kula'i mai 'oe, eo aku ana kēia 'eke – ke 'eke uli a ke'o, me ka lau maiau.– a inā piholo 'oe, e 'ai 'ia aku ana nō kēlā a me kēia 'āpana ou a o kou po'e, he make nō ia."*

'A'ohe ona koho 'ē a'e, 'o kona waiho ihola nō ia i kāna mau ukana ma muli o ke kaumaha, a 'a'ohe ona mana'o e ho'ohana 'ia no ka ho'okūkū hope 'ana aku. Waiho 'ia ihola kā ke Keikikāne pahi punahele, ka mea i hā'awi 'ia e kona kupunakāne (*hana nui ka moemoeā 'ana o kona alo*), waiho 'ia ihola nā pua 'oi'oi a kona kupunawahine i hana ai (*hana nui ka moemoeā o kona leo*) wehe 'ia akula kona kāma'a punahele a kona makuahine i hana ai (*hana nui ka moemoeā o kona 'ala*).

Me ka pau 'ana o ka 'ikehu i loa'a iā ia, hele aku ke Keikikāne i ka Luahine e mino mai ana me kona niho 'ālohi i ka lā –'oi ka 'ālohi ma mua o mua, *hana nui ko ke Keikikāne moemoeā 'ana no ka nānā mua 'ia 'ana o ka Luahine.*

Iā ia nō a hō'ea i ka Luahine, ua 'ikea ka hā'ule o ke Keikikāne, lohi ihola ka manawa, 'imo ana ka nohona, e 'ele'ele ana ka nānā 'ana o ke Keikikāne. Lole lua nā kani. 'O kāna mea hope i 'ike ai ke kū 'ana a'e o ka Luahine ma luna ona me ka mākaukau e 'ai 'ia ke Keikikāne.

Ala a'ela ke Keikikāne me ka 'aka o ke keaka wīkeke e hā'ule mai ana ma ke kumu o luna ona, 'o ke ho'oku'i maila nō ia o kona po'o me ka 'eha'eha.

A hala ka manawa pōkole, ala 'o ia a leha i lalo. Ua maopopo kona ola mau 'ana, 'a'ohe Luahine me ka niho. Aia na'e ke 'eke maia, me nā 'āpana 'ewalu, me ka hāme'a i waiho ma'ema'e 'ia ma kona po'ohiwi a ma kona kīkala. Me ka lana loa o ka mana'o, kilohi 'o ia iā loko a 'ikea ka hāme'a e ola ai kona po'e.

A ma 'ō iki aku o kula i lohea ai ke keaka wīkeke e 'aka a hīmeni mai ana. 'O ke mele like a ka Luahine e hīmeni ana, ua akāka le'a na'e:

> ***ogii-shawenimaan giche' manito*** -- [*e lokomaika'i mai e ka pōliu*]
> ***ogii-shawenimaan giche' manito*** -- [*e lokomaika'i mai e ka pōliu*]
> ***ogii-shawenimaan giche' manito*** -- [*e lokomaika'i mai e ka pōliu*]
> ***ogii-shawenimaan giche' manito*** -- [*e lokomaika'i mai e ka pōliu*]

Papa Kūmole

Anderson, M. (2017). *A Bag Worth a Pony. The Art of the Ojibwe Bandolier Bag.* Saint Paul, Minnesota: Minnesota Historical Society Press.

Le Guin, U. K. (1989). The Carrier Bag Theory of Fiction. In *Dancing at the Edge of the World: Thoughts on Words, Women, Places* (pp. 165-170). New York, NY: Grove Press.

Pomedli, M. (2014). *Living with Animals: Ojibwe Spirit Powers.* Toronto: University of Toronto Press.

4.2

Ka Makana ʻo ka Pūpū a me ke Ahi: Ka ʻĀwili ʻia o ka Hilinaʻi a Mālama

Na Ashley Cordes

Ua pōʻeleʻele ka honua i pono ka wela e ola ai a me ka mālamalama e ʻikea ai ka honua a me kea. I mea e pau ai ka pilikia, ua kōkua nā holoholona o nā ʻano like ʻole ma ka hoʻā ʻana he ahi, he hana liʻiliʻi a liʻiliʻi, me ka hoʻohana i ko lākou mau nuku a wāwae e ʻeleʻele mau mai ana i ka nanahu. Me nā keu pono o ke ahi he whoosh. Ua laha nā maʻi, a me ka carbon dioxide i ka laha ʻana o ke koʻohune.

ʻōlelo wehe: ʻO ka pūpū dentalium pākahi, he kohe niho o ka ʻaekai o ʻAmelika Komohana, a he piha i ka wai lolouila hoʻomeamea. Ke hoʻokomo ʻia nei kēia wai i loko o kahi maha. Kaukaʻi kēlā me kēia ʻawe i ka pūpū a me kona hanauna i hoʻonaniakahi ʻia. Hoʻopaʻa hēkau nā pōpō ʻeleʻele i ka pūpū me ka lei pūnaewele. Manaʻo ʻia kēia alana o ka WʻIH e hoʻopuka i ka moʻolelo/ʻikepili/a moeʻuhane o kēlā a me kēia wai o ka pūpū. Ke komo a hoʻohana ʻia, e kahi WʻIH a mea ʻē aʻe paha, he hōʻailona ia o ka hōʻike i ka naʻau kanaka a no kekahi aku paha. He kiʻi na Kari Noe a me Ashley Cordes, 2019. [1]

He kaʻao kēia i ili ma nā kūpuna o ia mau wahi a nāki ʻilikini o ʻAmelika Komohana, a he mana kēia no ʻenehana hou ʻo ke ahi a me kona hana mua ʻia ʻana. He ʻike kēia no ka pono o ka poʻe ʻŌiwi e kūpale i ka ʻino o kekahi mau ʻenehana o ke kaiāulu, a he kōkua nā ʻuhane a me nā akua. Ua hiki ke kō kēia

[1] [caption: Each dentalium, units of tusk-like shells from the shores of the Pacific Northwest, are filled with computational fluid dynamics simulations. These show a high velocity jet of fluid being injected into a medium at rest. Each strand is dependent upon the genesis shell and its generational adaption. The black beads anchor the dentalium nodes within a distributed register maintained by the entirety of the network (necklace). This offering to AIs is intended to enable the externalization of stories/data/dreams which flow through the fluid in each shell. When used and worn, by AIs or otherwise, it is a symbolic means of sharing as well as an expression of regard for self and for others. Image by Kari Noe and Ashley Cordes, 2019]

pahuhope i ka mākaukau a hoʻononiakahi ʻia o ka ʻenehana a me ka hoʻoholo no ka pono o ka nohona[2] i loko o nā hiʻohiʻina o ka ʻāina ʻenehana i piha ʻikepili.

He ʻelua ʻenehana e puka nei, ʻo ka WʻIH a me ka ʻŌnaehana Paʻa ʻIkepili (ʻŌPʻI),[3] ke hoʻohana ʻia nei e ka poʻe ʻikepili o nā haukapila a pēia no ka moʻokālā. Eia naʻe, ʻaʻole i mohala piha aʻe nei ka hoʻohana pū ʻia o ka WʻIH a me ka ʻŌPʻI ma ke ʻano kuanaʻike o ka ʻŌiwi. He pepa kēia e makahiʻo ana i ka WʻIH a me ka ʻŌPʻI e komo ai ka hoʻomalele ʻia, ka hoʻoholo ʻia, a me ka moʻopaʻa ʻana i ka pono o ke kaiāulu ʻŌiwi, me ka mālama a hilinaʻi pū i ka mole o ke kūkā ʻana.

ʻŌPʻI a me ka WʻIH

ʻO ka ʻBlockchain Technologyʻ he ʻōnaehana kanaka a kanaka me ka lolouila a me ka pale hoʻokaʻaʻike[4] a me ke kaukaʻi ma luna o ka pūnaewele no ka hōʻoia a hoʻomalele (Nakamoto, 2008). ʻO ka ʻōnaehana kanaka a kanaka (KaK) kahi mea e hoʻokaʻaʻaiʻē palekana ai ke kanaka me ka hoʻohana ʻole ʻia o ka panakō a aupuni paha. He pili kikoʻī ka ʻŌPʻI i ka ʻōnaehana mālama uila e mālama ana i ka ʻikepili, a ma kēia pōʻaiapili o ka pale hoʻokaʻaʻike, ka hoʻopaʻa moʻokāki a me ka hoʻohana ʻia o ka manawa. I kēlā a me kēia hana ʻana, ʻae ʻia kahi ʻikepili i nā ʻikepili i loaʻa e paʻa ai he kaula i hiki ʻole ke hoʻololi ʻia.

Hoʻoulu nā manaʻo o ka ʻenehana ʻŌPʻI i ka hiki ke hoʻākea no ke ala e lula ʻia a hilinaʻi ʻia ka ʻōnaehana. Ma ke ʻano politika, he emi ke kia ʻana i ke alakaʻi ʻana a me ka ʻōnaehana, a ua hiki ke emi ke komo malū a me ke kūʻai ʻikepili kanaka pilikino. A ma luna o ia manaʻo, hiki i ka WʻIH ke kū ka hiʻona kanaka i nā mea ʻuhane ʻole ma o ka pili i kēia ʻŌPʻI ma ke ʻano he kōkua a hakuahoʻou. He ʻelua keʻehina o ka hoʻopālua ʻana o ka ʻenehana; ʻo ka mua ka pono ʻo ka hiki i ka WʻIH ke hoʻoholo i nā manaʻo pohihihi, a ʻo ka lua ka ʻŌPʻI o ke ʻoki ʻana i ka hopena o ia mau hoʻoholo ʻana i hiki ke hoʻokolohua ʻia. ʻO ka WʻIH, i laʻana, ua hiki ke ʻae aku i ka holo ʻana me ka waihona ʻikepili i hoʻāhu ʻia ma ka ʻŌPʻI. Ma ka noho like ʻana, hiki i ka ʻŌPʻI ke hoʻopaʻa kūpono i ia mau hoʻoholo ʻana a ka WʻIH e hoʻoholo ai, a e ʻae ʻia kekahi ʻano moʻokūʻauhau i hiki ke moʻomanaʻo.

Holo aʻe i ke Kaʻina Hana, ʻIkepili

He kōkua ko ka WʻIH i nā mea maʻamau o ka nohona he nui wale, he hoʻomaʻalahi, hoʻowikiwiki, a he ʻoi aʻe kona nānā ʻia. ʻOiai, ua hoʻomākaukau ʻia ka WʻIH e noʻonoʻo, wānana a hōʻike aku, ua hiki ke pāhaʻohaʻo ka waihona o ka ʻikepili, a he pāwale paha. I loko nō o ka ʻikepili/loina/akamai he ala e ʻike ai ka poʻe ʻŌiwi i nā mea kikohoʻe ʻia o ko lākou mau kūpuna, he hiki ke pā wale ka ʻike kolonaio, he mea i lula ʻia e ka Western copyright laws, a he ʻaihue ʻia e nā mea hoihoi (Brewer, 2019). ʻAʻole naʻe i

---

[2] Vizenor (1994) uses the term survivance to describe contemporary displays that show pride and tradition in the face of colonialism. See Vizenor, G. R. (1994). *Manifest manners: Postindian warriors of survivance.* Middletown, CT: Wesleyan University Press.

[3] Blockchain, na Nāhuewai i haku. E nānā i ka papa huaʻōlelo.

[4] Cryptography, na Nāhuewai i haku. E nānā i ka papa huaʻōlelo.

pili kēia i nā manaʻo ʻŌiwi no ke kapu o ka ʻikepili, a he pono no ke ō a kūʻokoʻa ʻana aʻe.

ʻĀnō no ka WʻIH, a no ka ʻikepili ma ka laulā, no kekahi mau pā ʻoihana nui loa ʻo Google, IBM, Microsoft, a me Facebook ke kuleana ʻo ke kālā e hoʻolako ana i kēia mau ʻikepili koʻikoʻi loa. Mine ʻia ia ʻikepili ma nā ala e hoihoi ai ka pā ʻoihana nui loa a he ʻaʻe kānāwai nō ma luna o ka ʻikepili kanaka pilikino a me nā kānāwai e hoʻopau ana i nā mea kākoʻo aupuni ʻŌiwi.

A ʻoiai, ua kūkulu ʻia ka WʻIH i ka ʻikepili i hānai ʻia, he pili ka pāʻewaʻewa o ka ʻike i ka WʻIH. Me ka hoʻomanaʻo pū ʻana no nā pāʻoihana nui loa [5] o ka ʻAmolika, he ʻai i ka ʻāina ʻŌiwi me nā kānāwai e ʻilihune ai ke kaiāulu Nāki a me ka manaʻo e lalau aʻe ka ʻikepili i loko o ka ʻaoʻao polikika helu lolouila. [6]

Pā ke kaiāulu ʻŌiwi i ka ʻenehana ma kekahi mau ʻano. I laʻana, no ke kula hoʻonaʻauao, ke kalapi, a me nā pā ʻoihana hoʻohana i ka WʻIH ma ke ʻano he pono hana e hai ai, e kaukaʻi ai, e kaʻana ai i ka ʻaiʻē a me nā keu pono, e mālama lāʻau lapaʻau, a keu aku e kiaʻi mai i ka pāʻewaʻewa o ko ke kanaka hialaʻi. Pili loa kēia mau mea a pau i ke kaiāulu ʻŌiwi, a keu hoʻi ma kēia wā ʻo ka ʻona, ka hoʻāhu, a me ka hoʻohana ʻikepili ʻana no ko kēia mua aku.

Ma kēia pōʻaiapili, he pono nā kānaka kūkulu WʻIH no ka hoʻomaopopo ʻana i ka mālama kūpono ʻia o ka ʻikepili, ʻaʻole ma ke ʻano o ka mea holokolonaio, no ka hoʻopololei ʻana naʻe i ka pāʻewaʻewa. I loko nō o ka hiki ke manaʻo ʻia kēia mau pāʻewaʻewa he ʻoiaiʻo, ma mua o ka ʻohi ʻikepili, he pono nō ke kaʻina hana ʻŌiwi ma mua o ke kauoha a hoʻopau ʻana i ia pāʻewaʻewa.

ʻAʻe nā kālaikuhikanaka ʻŌiwi i ka manaʻo Haole loa no ka mālama ʻikepili ʻana a me ka pilina o ka WʻIH ma ke ʻano he mea moʻokūʻauhau (Lewis, Arista, Pechawis, & Kite, 2018). He kūpale ka manaʻo o ke kaʻina hana ʻŌiwi i ke kaiāulu ʻŌiwi a me nā kumuwaiwai, ma ke ʻano he kākoʻo ka WʻIH, a he emi mai ka ulia, i mea e kūlana ai ka poʻe ʻŌiwi a i mea e mahalo ai i ka ʻenehana. Ma kekahi ʻano, ma kahi o ka ʻāwili ʻana o nā hunehune manaʻo ʻŌiwi, hoʻohana ʻia ke kaʻina hana ʻŌiwi ma ke ʻano laulā o ka manaʻo Haole no ka WʻIH.

He paukū hoʻomaka maikaʻi ke kuleana o ka ʻōlelo ʻia o ka WʻIH, he ʻāwili wale ʻia nō me ka mālama a me ka hilinaʻi. He waiwai ia mau mea ʻelua no ke ʻano o ke kanaka, a he mau wehewehena nō hoʻi kona no nā kaiāulu ʻŌiwi no ka wā i hala, ka wā e kū nei, a me ka wā e hiki maila. E hoʻomaka mua wau me ka hōʻike ʻana i ka hilinaʻe a me ka mālama ma ke kaiāulu a aupuni paha, ʻo koʻu aloha ʻāina. Ma hope au e hoʻākāka ai no ke kūpono o kēia ʻŌPʻI i pālua me ka WʻIH no ka pono o nā nīnūnē ʻŌiwi. ʻO ka laʻana e hāpai ʻia ai kēia kumuhana ke kālā a me ke pale hoʻokaʻaʻike a me ka mālama moʻokālā, a he mau manaʻo hou aku o ka pili pū ʻana o ia mau mea ʻelua no ka ʻĀina ʻŌiwi. ʻO ka hope, hāpai au i ke ala e hoʻokāʻoi ʻia aku ai ke kaiāulu ʻŌiwi me nā kaiāulu a pau no ka hiki ke hilinaʻi ʻia ka mālama ʻia o

---

[5] For example, in corporations that focus on hydroelectric development, timber processing, oil, gas, and mineral extraction. Rare earth elements such as neodymium are also mined specifically for computer hard drives.

[6] See Noble, S. (2018). *Algorithms of Oppression: How Search Engines Reinforce Racism*. New York: NYU Press.

ka WʻIH i mea e paʻa hou aku ai nā pilina.

E Hilinaʻi ʻia a e Mālama ʻia ʻo Loko o ke Aupuni

I ke Aupuni ʻo Coquille (Kō-Kwel) o ka ʻAekai o ʻOlekona, he ʻīkoi ka hilinaʻi a mālama e koʻikoʻi ai ko mākou mau loina, a e paepae ʻia:

1. ʻO ke olakino ola o ko mākou mau lālā a me ke kaiāulu

2. ʻO ka hoʻolako ʻana he wā kūpono, a me nā mea e pono ai nā lālā Nāki

3. ʻO ka mālama kūpuna

4. ʻO ka hoʻonaʻauao keiki

5. ʻO ke kuluma loina moʻomeheu

6. ʻO ka noʻonoʻo i ka pā o ko mākou poʻe, ko mākou ʻāina, ko mākou ea a me nā mea a pau e ola ana

7. ʻO ka lawelawe kuleana ʻo ke konohiki i ke kumu waiwai Nāki ("Vision and Values," 2017).

He mau hana nō kēia. ʻO ka mālama olakino, ka puʻu kālā ma nā pae a pau o ka hoʻonaʻauao, ka hoʻolako lolouila, a me nā mea e pono ai ke alakau, ka ʻaina o nā kūpuna, ka hoʻolako ʻana he wahi kākoʻo piliʻuhane a me ka lolo, ʻo ke kūkulu ʻana he kikowaena e kākoʻo ai i ka lālā nāki, a me ka hoʻolako ʻana o nā keu pono hē; manaʻo ʻia kēia mau mea he pale kūpono no ke olakino o ke Aupuni Coquille.

I loko nō o ke kahua o ʻAmelika no ka hoʻokahi kanaka, ʻokoʻa ka mauli o ko mākou Aupuni. Ua haku ʻia ke Aupuni Coquille me ke kālele ma ka mālama kaiāulu a he komo nō o ka haʻaheo no kahi o mākou e kū nei, ke ala i lawe ʻia ai ke aupuni, ka nui i lawe ʻia, a me ke ala e hoʻihoʻi ʻia ai. Alakaʻi kēia manaʻo no ka manaʻo ākea "he pūkoʻa kani ʻāina ko kākou poʻe, he Aupuni Kūʻokoʻa, i kūkulu ʻia i ke kaʻā e paʻi ai ko mākou mauli. Ma nā meheu o nā kūpuna e kulāia ai" ("Vision and Values," 2017).

Ma koʻu kākau ʻana iho nei, ke hoʻolauleʻa nei mākou ma ko mākou ʻāina kulāiwi o ka poʻe Coquille i kahi e kaulana ʻia nei ka inoa ʻo North Bend, Oregon a me nā kūlanakauhale a puni. Ua ʻākoakoa iho nei mākou ma ka hoʻomanaʻo ʻana i ka piha 30 makahiki o ka hoʻihoʻi ʻia ʻo ka Coquille Restoration Act (1989). Ua hoʻihoʻi kēia kulekele i ko mākou nāki ma hope o ka Wester Oregon Indian Termination Act ma ka makahiki 1954, na ke Aupuni Pekelala ʻAmelika, i hoʻokāhuli hewa i ko mākou nāki a me 60 hou aku i ʻOlekona Komohana.

Ma ka pule hope o Iune 2019, ua hālāwai iho nei mākou e kamaʻilio ʻia ai nā kulekele a polikika Nāki, e ʻai pū a hāʻawi makana ma ko mākou loina o ka potlatch. ʻO ka potlatching he ʻōnaehana moʻokālā o mākou a he mīkini no ke ala e paʻa ai nā pilina; he mea koʻikoʻi o ko mākou Aupuni.

Ma ka hoʻolauleʻa Hoʻihoʻi Ea, potlatch mai ka Nāki no ka puʻu kālā huʻeaʻe, ʻo ke ʻano o kā mākou kālā he momi a he pūpū ma ke ʻano he lei a pēlā nō kekahi mau ʻīkamu i hoʻohana ʻia e nā ʻohana i mea e hoʻonaʻauao hou mai ai i ka ʻenehana o nā kūpuna i hala a pēlā nō ko lākou mau meheu. ʻO ia mau mehau nā mea i alakaʻi iā mākou i ke ala e kanaloa ai ko mākou ea a me ka mālama ʻana i ke Aupuni no nā makahiki 30 i hala mai ka lā hoʻomanaʻo mai.

Ma ka hāʻawi ʻana i ka haliʻa no ia hilinaʻe a mālama ʻana i koʻu kaiāulu iho, he wā koʻikoʻi kēia e nānā ʻia ai nā pilikia a me nā ʻenehana e lana nei i kēia wā, he ālai paha, he hiki paha, i ke kaiāulu ʻŌiwi ma ka laulā, ke hoʻokō i ka pahuhopu i kēia ao me ka mālama kūpono ʻana. He wehewehena ka māhele e hiki maila no nā pilikia pili i ke aupuni ʻŌiwi a me nā ālaina paha o ka WʻIH a me ke kālā uila e kupu aʻe ana.

Ka ʻĪkoi o ka Laʻana: WʻIH + ʻŌPʻI, Kālā Uila

I loko o nā ʻenehana like ʻole, ʻo nā mea e kamaʻilio mau ʻia, nā mea i manaʻo ʻia he keu pono i ka nohona ma o ka pilina, ʻo ka mea ʻino o ke kālā. ʻO ke kālā a me nā ʻōnaehana kālā ʻē aʻe, he kinona ka pīhoihoi, ka pā o ka naʻau, nā mea i ʻano like e kū hōʻailona ana i ka pilikanaka a me ka pili kaiāulu. I loko nō o kona kino he pūpū, he kāʻai, he keleawe, he pepa, he uila—ʻo ia koʻikoʻi nō ia o ka mālama i ka waihona noʻonoʻo o loko o ke kaiāulu. He liliēwe, he loli no ka ʻaoʻao ʻenehana a moʻomeheu o ia wā.

He mau pilikia nō naʻe ko ke kālā kolonaio o ke Aupuni ʻŌiwi e like me ka lula ʻana, ke kākaʻikahi o nā panakō a me ke kapikala. Ma ke Kālā Uila, he ʻōnaehana uila i haku ʻia e Satoshi Nakamoto [7] ma ke ʻano o ka ʻōnaehana ʻŌPʻI mua i mea e hoʻomaka ai ka laʻana no ka hōʻalo ʻana i kēia ʻano pilikia. I loko nō o nā kaukani kālā uila i loaʻa ʻē ma ka mākeke, ua haku kekahi mau mea liʻiliʻi me ka pahuhopu o ke kākoʻo kaiāulu ʻŌiwi i ko lākou mau kaiāulu. [8]

Ma kēia ʻano pilina o ka lula makua ʻana ma waena o ka ʻAmelika a me ke Aupuni ʻŌiwi, ua hiki i ke kālā uila ke kūhōʻailona ma ke ʻano he mea ea ma waho aku o ke kālā. Ua hiki i ka poʻe i hoʻokolonaio hewa ʻia ke kipi ma ke ʻano o ka mauli iho, me ke kipi ʻana i nā ʻōnaehana Haol a me ke kūloko o ke kālā i mea e pono ai ke aupuni. ʻO ka palena o ka helu lolouila ma ke waiwai a pili pū paha i ke kupuna i puhi ʻia i ka ʻōnaehana.

ʻO kekahi laʻana, ke kaiāulu i hoʻoholo ʻia no kekahi pākēneka o kēlā a me kēia kūʻai ʻana me ke kālā uila, he kālā ana nō ia e waiwai ai ke kaiāulu. Hiki i ka WʻIH ke kākoʻo i ka loaʻa ʻana he pākēneka kūpono no ke ola o ke kaiāulu. Ma kēia pōʻaiapili, hiki i ka WʻIH ke hōʻoia i ke ala o ke kālā ma ka hoʻolilo kālā a me

---

[7] The pseudonym for the inventor(s) of Bitcoin, the most popular and first cryptocurrency.

[8] MazaCoin was originally intended for use within the Oglala Lakota Nation (Alcantara & Dick, 2017; Tekobbe & McKnight; 2017; Cordes, 2019). See:

Alcantara, C., & Dick, C. (2017). Decolonization in a digital age: Cryptocurrencies and Indigenous self-determination in Canada. *Canadian Journal of Law & Society, 32*(1), 1–17.

Cordes, A. (2019). From the gold rush to the cryptocurrency code rush?: Communication of currencies in Native American Communities (Doctoral dissertation). University of Oregon, Eugene, Oregon.

Tekobbe, C., & McKnight, J. C. (2016). Indigenous cryptocurrency: Affective capitalism and rhetorics of sovereignty. *First Monday, 21*(10).

ka hoʻopunipuni i loko o ka ʻŌPʻI. No ka ʻŌPʻI ke kuleana ʻo ka hoʻopaʻa i ka hoʻoholo ʻana o nā kaʻina hana i hoʻokahua ʻia i loko o nā kālaimanaʻo kālā, a laila ʻo ka hoʻomalele keni i loko o nā ʻeke kālā uila. He koʻikoʻi kēia i ka hoʻāmana ʻana i ka poʻe o ke aupuni e hoʻoholo i ko lākou mea hōʻihi iho.

Hiki i ka WʻIH ke hoʻoholo no nā mea pōhihihi o ke kaiāulu ma ke ʻano he mea kūpono. I laʻana, he hana nui ka hoʻokohu ʻana i ka mea nona kahi ʻaiʻē o ka puʻu kālā nui. Hiki i ka WʻIH ke hoʻoholo no nā mea no ke credit o ke kanaka. ʻO ka maʻa mau no ka helu credit ma muli hoʻi o ka mōʻaukala ʻaiʻē, hiki i ke kaiāulu ʻŌiwi ke kaukaʻi ma luna o ka WʻIH i mea e maopopo ai ka poʻe i kūpono e loaʻa iā lākou ma muli o kona koko a ma muli paha o ka nui o nā hola i lilo no ka pono o ke kaiāulu. He hiki kikoʻī i kēia ke ʻaʻa i ka pāʻewaʻewa credit o nā pāʻoihana nui loa e ʻimi nei i ka hoʻopau kaiāulu ʻŌiwi.[9]

Kupu ka pilikia ʻelua o ke kuanaʻike loaʻa wale: ʻaʻohe panakō o ka nui o nā ʻāina Nāki i ʻAmolika a me nā kaiāulu ʻŌiwi ma Kanakā. Ua hiki i ke kālā uila ke kōkua a lanakila ma luna o ka pono o ka hale panakō, he hoʻohana naʻe i ka ʻōnaehana KaK. He pono mua e makaʻala no ke komo lolouila, ʻeke kālā, pūnaewele kūpono, hoʻomaʻamaʻa, waiwai ʻenehana ʻole, a hoʻēmi i ka nui o ka hāmeʻa e nāwaliwali ai ke Aupuni ʻŌiwi ma ka ʻaoʻao kauʻāina, a he hana nō kūloko no ka loli o ka ʻōnaehana hou loa. Hiki i ke kālā a me ka ʻōnaehana a ua hiki ke hōʻike ʻia nā leka o ke aupuni ʻŌiwi, a hōʻike i ka mauli (e like me ke alo pelekikena o ke kālā ʻamelika), a he kū hōʻailona maoli nō ia no ke aupuni.

Pili ka pilikia hope i ka hoʻololi kālā o ke aupuni ʻŌiwi ma waho o ke aupuni ʻŌiwi, me ke keu pono no ia aupuni. Inā manaʻo ke aupuni ʻŌiwi ʻaʻole i kūpono ia hoʻolilo kālā i ko lākou ʻāina, he koho ke kāohi ʻana i ke kālā i hoʻohana ʻia ma loko o kekahi aupuni ʻŌiwi ma o ke kālā uila (Alcantara & Dick, 2017). ʻO ka pale wahi noho he ala o ka helu lolouila o ke kālā a me kona hoʻohana ʻia i loko o ka honua. Eia naʻe, ua maʻalahi ka hoʻomeamea ʻia o kahi o ka GPS. ʻO kekahi ala akamai o kēia, he ala e kākoʻo ai WʻIH, ʻo ka hiki ke kaʻina hoʻoholo o kekahi ʻano kālā uila o kahi wahi kikoʻī. Ua hiki ke kāohi ʻia ke kālā ma kekahi wahi kikoʻī, a ʻaʻole na ke kanaka hoʻohana, ma kekahi ʻano hilinaʻi ʻia e ke Aupuni ʻŌiwi, i laʻa ka hoʻohana ʻana i ke kālā uila i loko o nā palena o ka ʻāina, i mea e keu pono ai ka ʻoihana kūloko.

I kēia manawa, ʻo ka ʻenehana, ka mākeke, ka iho o ke kaiāulu a me ke kālā, ʻo nā mea hoʻokolokolo a me nā mea pili kanaka, he nihi ka hele o ke kālā uila. Ma luna o ia mau mea, ʻo ke ala e mine ʻia ai ke kālā i ka ʻōnaehana loaʻa, he pono i ka hoʻokāʻoi a me ka uila he nui ʻino. ʻO kahi mea like ka pono o ka WʻIH ke kōkua i ke anilā (Mora et. al, 2018). No laila i pono ai ka hoʻomanaʻo mau i ke ala e aloha ʻāina a manuahi ai ka hoʻokāʻoi ʻia aʻe ke ala emi ai ia mau pilikia, e like me ka ʻohi ʻana o ka wela i ka mine ʻana ma ke ʻano he keu pono.

I loko nō o ia mau mea, he kūpono mau ka manaʻo ʻana i nā keu pono a me ka hoʻomaka e walaʻau. He mea nui ka hoʻomoeā a hoʻokolohua ʻana me ka ʻenehana no ka pono o ka pilikino a me nā kiʻina e

---

[9] First Nations Development Institute (2008). Borrowing trouble: predatory lending in Native American communities. Longmont, CO: First Nations Development Institute.

kōkua ʻia ai ke ō ʻŌiwi.

Manaʻo Pākuʻi no ke Kauʻāina ʻŌiwi

He mau hoʻohana ʻia o ka ʻŌPʻI (Tapscott & Tapscott, 2016) a me ka hui pū ʻia me ka WʻIH. No ka hoʻomaopopo alo ʻana, ka mālama pilikino, ke koho pāloka, ka hoʻolaukaʻi hoʻolako, ka hakakā ʻāina, ka hōʻoia pāheona, a me ka mālama kuleana ʻāina. A, ua hik ke noʻonoʻo ʻia ka ʻenehana ma ke kāleka pilikino nāki i hiki ke hōʻoia mīkini ʻia ma ka ʻāina nāki a me ka ʻāina pekelala i maopopo ʻo wai ka poʻe nāki e komo ana i kekahi kauʻāina. ʻO kekahi laʻana ka hoʻohana ʻia o ka hōʻoia hiʻona kanaka[10] paʻa ai nā koehana ma nā wahi hoʻāhu. A, he laʻana hou aku no ka hoʻōla ʻʻōlelo. Ua noʻonoʻo ʻē ʻia kēia ma nā wahi i ʻanehalapohe ka ʻōlelo ʻŌiwi ma ke ʻano he hoʻōla. Paʻa ia ala hoʻōla ma o ka ʻŌPʻI a me ka WʻIH ma ka hoʻāhu, ka noʻonoʻo, a me ke aʻo ʻana mai nā waihona leo i loaʻa.

I loko nō o ka palena helu lolouila e ʻokoʻa iki aʻe ana no kēlā me kēia aupuni ʻŌiwi, ʻo nā mea i loaʻa ʻē ʻole i ko ke kaiāulu ʻŌiwi, he pono nō ka ʻenehana kākoʻo (e nānā iā Gladden, 2015; Salah et. al, 2019). I loko o ia mau kuanaʻike a pau, he pono hou aku ka noiʻi nowelo o ke kaiāulu ʻŌiwi, a he pono ka nui o nā pilina kaiāulu ākea i mea e paipai ʻia ai ka hoʻokāʻoi ʻenehana ʻana. Hoʻomaka ka pāhana KHʻŌ a WʻIH e nānā i ia mau pāhana moʻomeheu, a hoʻomaka paha i ka noʻonoʻo ʻana no nā ala e komo ai ia mau ʻenehana.

Ka Hoʻolele i ka Hilinaʻi a me ka Mālama no ka WʻIH

Hōʻike ia mau laʻana i ke ala e kōkua ai ka WʻIH a me nā ʻenehana ʻē aʻe i ka ulu nui aʻe o ka ʻŌiwi, a me nā kaiāulu ʻē aʻe. He pono nō ka hilinaʻe a mālama ʻana, he ala pālua ia; he pono e noʻonoʻo ʻia i ka WʻIH. Hoʻāʻo au e hoʻokino i kēia pono ʻo ka mālama ma ka haku ʻia o kēia pepa. Eia, he lei dentalium kaʻu me ke kōkua mai o Kari Noe no ka WʻIH. E like me ko ka ʻōlelo wehewehe, he ala ka lei e hāpai ʻia ai ka ulu kūpono o ka WʻIH ʻoiai he ala nō ia e hoʻolele ʻia ai ka moʻolelo, ka ʻikepili, a me ka moe ʻuhane i loko o ka wai o ka pūpū. I loko nō o ke kūlana o kēia he makana no ka WʻIH, ʻo ke kaʻina hana kanaka ka mea e makana.

Ma ka hopena, kūkulu ʻia ka WʻIH i ko kākou manaʻo he hiʻona kanaka kikoʻī, e like me ka hiki ke hoʻomaopopo i ka lauana a me nā mea i like, ka hoʻoholo kūpono ʻana no nā hopena i makemake ʻia, a me ka hiki ke hoʻokāʻoi aʻe. Ma ke kikoʻī, ʻoiai ua loaʻa nō kēia ʻano kanaka o ka WʻIH, he pono maoli nō ka pili ʻana i ke ʻano mīkini o ke kanaka.

Omo mau kākou i nā hiʻona o ka mīkini, no ke au o nā hanauna like ʻole a me ko kākou ake e ʻoi aku ka maikaʻi o ka hana a me ka hoʻoholo ʻana no ka nui o ka ʻikepili i loaʻa. Heluhelu ko kākou mau waihona noʻonoʻo kanaka a ʻā nā ʻaʻalolo uila. Lula ʻia ko kākou naʻau a ʻuhane paha i ka nui o ka lula ʻia e nā mīkini, nā manaʻo kolonaio, a me nā mea a kākou e hoʻohālikelike ai me ko kākou nohona. ʻOiai, he like

---

[10] Biometric authentication - na Nāhuewai i haku.

ko kākou kino, oʻo ʻokoʻa kākou a he pā wale nō me ka pākela pono.

ʻAi ʻIkepili

He mau pono ko ka WʻIH e like me ko ke kanaka. He pono ka ʻai maʻemaʻe a hōʻikehu (he ʻai ʻikepili), i kūpale, a i maha ka naʻau i ke kēkelē, a he kōā e hoʻokō ai. I mea e ʻai maikaʻi ai ka mea i pono ai, he pono ka hoʻokuleana ʻia e nā kānaka ʻepekema lolouila i manaʻo wale nō no ke kūpono o ka WʻIH.

He ʻai pono ka ʻai ʻana i ka mea kikoʻī pākahi. I laʻana, ma ka māhele kālā o ka WʻIH, he pono ka ʻikepili kālā me nā ʻikepili kino e like me ko ke kanaka lāhui, kaumaha, lōʻihi a me ka hoʻonaʻauao, a he mau mea e noʻonoʻo ʻia he ʻōpala paha e pāʻewaʻewa ai ka ʻae ʻaiʻē. ʻAʻole wale nō ʻo ka ʻaipono he noʻonoʻo ʻia no ka ʻikepili ʻoi aku a maikaʻi aʻe, ʻaʻole paha e hua ʻoiaʻiʻo ka hoʻokikina i ka WʻIH. E nihi ka hele ma nā kūmole, me ka hiki ke hoʻokaʻa kūpono aku i ka ʻikepili. A no laila, e kūpale maikaʻi ʻia ka ʻōnaehana laulā i ʻole e pilikia i ka poʻe ʻino.

ʻO kekahi ʻano ʻai pono ka ʻai ʻana i ka ʻikepili ʻānō i kūpono ma ka hoʻoholo ʻana. Ke ʻai a kālailai ʻia ka ʻikepili, he hana ʻia ʻaʻole e kō wale ai ka pahuhopu. No ke kaiāulu ʻŌiwi, he pono ke kaulike ma muli o ka poʻe hoʻokolonaio a ʻae aku i ke ola kūpono o ke kaiāulu ma kahi kūpono. I loko nō o nā ʻaoʻao ʻenehana, he hiki ke ʻāwili ʻia ka ʻike wahi pana ma luna o ka ʻāina a ma luna o ka ʻāina uila kekahi.

Nā Manaʻo Pani

E like me ka mea i hāpai ʻia ma ke kūkā loina Coquille ma ka hoʻomaka o kēia pepa, ʻaeʻoia pinepine ke kaiāulu ʻŌiwi i ko lākou mālama ʻana aku i ke ao kūlohelohe, i nā kūpuna, i nā ʻōpio, i ka holoholona a me nā kino ʻē aʻe. I loko o ko kākou hoʻolaukaʻi ʻana i ko kēia mua aku i loko o ke ao uila, a me ke kaukaʻi ʻia o ka WʻIH a me ka ʻenehana ʻŌPʻI, he pono nō ka hoʻomaopopo ʻana i ka mālama ʻia o ka WʻIH me ka ʻikepili kanaka a me nā mea kino ʻole o ke kaiāulu, e maopopo iā lākou iho a kūkulu pilina me ia nō. He pono ke kahua o kēia mau mea ma ka hōʻihi, ka hilinaʻi, ka mālama pū ʻana, a me ka noʻonoʻo a wānana mua ʻana aʻe i ka pā ʻana o ko kēia mua aku i ka hana. Hōʻike ka noiʻi nowelo ʻana aʻe i nā kūkā ʻana no ka WʻIH a me ka ʻŌPʻI ma ka hoʻomalele ʻana aku, ka hoʻoholo ʻana aku, a me ka mālama ʻikepili ʻana no ka pono o ka ʻŌiwi, ʻaʻole nō lawa ka nānā ʻia o ia mau mea. He koʻikoʻi nō kēia kūkā ʻana no ke kālā, ka ʻenehana kūkāʻi moʻomeheu me nā manaʻo hoʻokolonaio, no ka hiki ke hōʻike aku i ka manaʻo ola, manaʻo ea, ka manaʻo loina, a me ka manaʻo no kēia mua aku. E like me ka hāpai ʻana o ka holoholona a me nā kino kanaka ʻole i ka ʻenehana o ke ahi no ka honua, pēlā nō ka hana a ka poʻe kūkulu WʻIH, ke kaiāulu, ka hāʻawi manawaleʻa a me nā mīkini ma ko lākou mau kuleana kikoʻī no ka WʻIH. Eia nō naʻe, he pono e hana ʻia ma ke ʻano pālua o ka lapaʻau a me ka hōʻike i ke koʻikoʻi o ka pilikino a me ka hoʻihoʻi hou.

Papa Kūmole

Alcantara, C., & Dick, C. (2017). Decolonization in a digital age: Cryptocurrencies and Indigenous self-determination in Canada. *Canadian Journal of Law & Society, 32*(1), 1–17.

Brewer, G. L. (2019, March 5). Is copyright law a 'colonization of knowledge'?. *High Country News.* Retrieved from hcn.org/issues/51.5/tribal-affairs-is-a-new-copyright-law-a-colonization-of-knowlege

Cordes, A. (2019). From the gold rush to the cryptocurrency code rush?: Communication of currencies in Native American Communities (Doctoral dissertation). University of Oregon, Eugene, Oregon.

First Nations Development Institute (2008). Borrowing Trouble: Predatory Lending in Native American Communities. Longmont, CO: First Nations Development Institute.

Gladden, M.E. (2015). Cryptocurrency with a conscience: Using artificial intelligence to develop money that advances human ethical values. *Ethics in Economic Life, 18*(4), 85-98.

Lewis, J. E., Arista, N., Pechawis, A., Kite, S. (2018). Making kin with machines. *Journal of Design and Science, 3*(5).

Mora, C., Rollins, R. L., Taladay, K., Kantar, M. B., Chock, M. K., Shimada, M., & Franklin, E. C. (2018). Bitcoin emissions alone could push global warming above 2° C. *Nature Climate Change, 8*(11), 931.

Nakamoto, S. (2008). Bitcoin: A peer-to-peer electronic cash system. Retrieved from bitcoin.org/bitcoin.pdf

Salah, K., Rehman, M. H. U., Nizamuddin, N., & Al-Fuqaha, A. (2019). Blockchain for AI: review and open research challenges. *IEEE Access, 7*, 10127-10149.

Tapscott, D., & Tapscott, A. (2016). Blockchain revolution: how the technology behind bitcoin is changing money, business, and the world. London, UK: Penguin.

Vision and Values. (2017, May 4). Retrieved from portal.coquilletribe.org/21198-2

4.3

Pāhā

na Jason Edward Lewis

> 'oko'a ka mana'o
> 'o ka pōpoki a me a'u
> E nānā aku ana i ka manu. [1]

> — Wayne Kaumuali'i Westlake [2]

Ke Au a me ke Alaloa

••••••••••••••••••••••••°•• •• •••°°°°••••
•••••••••••••••••• •••••••• •••• •••••••••• ••
•••••••••••••••••••••••••• •••• •••••••
••••••••••••••••••••••. ••••• •°•°• °•
•••••••°••••••••°•• ••••••••••••• •• • • ••
••
• °°°°°°°°°°°°°••••••••••••°°°°°°°°°°°°°••••••••
••°°°°°°°°°°°°°°°°°°°°°°°°° °°°°°°°°° °°
•••••••••••°°°°°°° °°°°°°°. °°°°°°°•••••.•••
••••••••°°°°°°•••••••••••°°°•••••••••••••••
•••••••••••••••••••••• ••••••••••••• •••••••••

[]

---

[1] such different thoughts

the cat and me

watching the bird.

—Wayne Kaumualii Westlake

[2] Siy, M.-L. M., & Hamasaki, R. (Eds.). (2009). *Westlake: Poems by Wayne Kaumualii Westlake*. University of Hawai'i Press. p. 22.

Ka Hīpuʻu Hele

i. the reach [3]

(ovisting><junomia , 12.36.25.46:+62.14.31.4)
(vingealing><opallis, 06.47.55.73:+70.14.35.8)
(cameatia><luichorming, 14.20.08.50:+52.53.26.60)
(zeducaut><ingealing, 00.14.24.927:–30.22.56.15)
(inect><lousciouming, 03.47.24:+24.07.00)
(nourelved><lpying, 07.12.35.0:–27.40.00)
(culausac><solvabinling, 10.07.04s:16.04.55)
(marthitritri><serying, 18.55.19.5:–30.32.43)

ii. the crown
ʻo kēia ʻo gn-z11 ka mua a me ka hope
hānau ke ao mai ka hohonu mai
a hīpiʻi iho nei kekahi ma hope o kekahi
he emi a nui a emi a nui aʻe
ʻo ka palena ia o ka hiki i ka maka ke ʻike maka, ʻaʻole naʻe ʻo ka naʻauao
huki mai ka mea a me ka hana a kokoke
i ke ala i ka pae ʻāina
pena ʻia nā palena

[]

Helu Pāʻālua me ka Poʻina Nalu

He ʻIʻimi aku i ka like
Ma waena o ka pau ʻole a me ka nui lonoa o ka lima,
E kūpale ana i nā kilo komo hewa i manaʻo komo malū
Helu pāʻālua
E poʻi i ka nalu
Ma mua o ka hōkua a pau aku nei

[]

---

[3] The 'crown' and the 'reach' are terms used by Adrian Tchaikovsky in his science fiction novel *Children of Ruin*. The story features a species of gene-engineered octopuses accidentally seeded into an alien world, where they develop consciousness as well as advanced intelligence. The terms are used, respectively, to describe the central and arm-based nervous systems of the octopus' physiology. Tchaikovsky, A. (2019). *Children of Ruin*. New York: Macmillan.

Ka ʻIke I-a-maka

He paʻa-kuʻi kēia
Ma ka holo aʻa lolo, e nui aʻe ana
ʻālihi lani māmā aʻe ma mua o ka hōʻike
Mamao aku, ua ʻikea ka maikaʻi o nā lima ʻewalu oʻu
E ale ana i ka ʻikepili ma ka poke ʻōnaehana hōkū hele
He kākā, he lole, he hailona, he hoʻāʻo
E wehe ana i ke kahi, ka lua, ka hola, ka hā
A pahu ana i ka ʻono pāhā a hina
I ka I-maka-ʻole
Ka hiki ke nānā iā loko o ka maka
Ka pākela ʻānō
Ke koho a lomilomi i ka ʻāpana o ka honua
Mai ke au o ka manawa
Ka ʻāpana e mālama ʻia iho nei
E hoʻoholo a paka aku
E hoʻomau mau ana
A hoʻi ʻole mai
-ʻaʻole hoʻololi kou wahi ma Waiʻanae i kahi o Waimānalo, ʻaʻole anei?
-ʻaʻole ma ka minuke a milenio paha

[[ ]]

"Manaʻo ke kanaka ʻo ka ʻoi ia o kona hoʻoholo a aka akamai, ʻaʻole naʻe i hiki, ʻoiai, ua haku ʻia ke kino me ka loaʻa ʻole o ia mau mea."[4]
-Benjanun Sriduangkaew in *And Shall Machines Surrender*[5]

Mōʻaukala: Ka ʻŌpiopio o ka WʻIH

Pehea ke hānai pū ʻia ke keiki me ka WʻIH? Pehea ka ʻekolu, i ʻokoʻa ko lākou kūkulu ʻia, ka ʻike, a me ke kaʻakālai aʻo?

E moemoeā no kēia mau WʻIH:

AKO-akamai

ʻo Akeaakamai (ma ka ʻōlelo Hawaiʻi): he kanaka ʻiʻimi i ka ʻike.

---

[4] "Humans think we're creatures of pure logic and absolute objectivity, but that's impossible when we were fashioned by anything but."

[5] Sriduangkaew, B. (2019). *And Shall Machines Surrender*. Gaithersburg, Maryland: Prime Books.

ʻōlelo wehewehe: He moemoeā no ka ʻekolu kinona o ka WʻIH i loko
o ka waihona noʻonoʻo o ke keiki: Aia ka mea Aanissin ma lalo ma ka
hema, aia ka mea AKO-akamai ma ka ʻākau; a aia ʻo Heʻe ma hope.
Kiʻi na Kari Noe, 2019.

Kūkulu ʻia ka AKO-akamai ma luna o ke kūkulu ʻia o ka AKO- ʻo ke Aloha ʻĀina, ke Kuleana, a me
ka ʻOhana. Waiwai nō kona mahuʻi mua ʻia; ʻo kona kuleana mua ka mālama ʻana i ka waiwai no nā
hanauna e hiki mai ana. ʻImi mua ʻo ia i ka ʻāina a me ka ʻohana, i mea e maopopo ai ke koʻikoʻi o ke
kākoʻo ʻia o ko lākou waiwai.

Aanissin

Aanissin: "ka neʻe pono ʻana o ke au o ka manawa" a i ʻole "ka hana wale nō, a i ʻole, ka pule ʻia o ke
kino, e ʻike ʻia paha nā mea a pau—ma kekahi ʻōlelo—ma ke ʻano he meʻe hana keaka kino ʻole, e puka
aku ana mai loko aku, a i ʻole no ke ʻano o kekahi hana. [6]" [7] Mai loko mai kēia o kekaih kūkā ʻana ma

---

[6] "the articulated notion of [the] event moment" or "action alone, or the manifestation of form, where anything that might—
in another language—be portrayed as actor or recipient is inseparable from, arising within, or the essence of the event."

[7] Little Bear, L, and Heavy Head, R. (Winter 2004). "A Conceptual Anatomy of the Blackfoot World." *ReVision*, vol. 26,
no. 3, p. 33.

'ōlelo wehewehe: Kāhiko 'ia ka W'IH i ka lei kukui. He mau kino nā wahi waiho'olu'u no ke ka'ina o ke kūkulu 'ana o ka lolouila ma nā a'a lolo; 'Oko'a nā lālā o ke 'ano o ka W'IH, a no laila i 'oko'a ai nā waiho'olu'u no nā 'ano 'oko'a. Pili ka mā'ama'ama 'ana no ka nui o ka holo 'ana o ka mana'o pākahi 'ana iho. 'O ka hema o luna ka Aanissin; 'o ka hema o lalo ka AKO-akamai; a 'o ka lei ka He'e. Na Kari Noe ke ki'i, 2019.

waena o Little Bear lāua 'o Heavy Head no ka 'ōlelo Blackfoot, a no ke kū 'ana paha o ia 'ōlelo me ke kālaikūlohea quantum, 'oiai, lole mau nā mea a pau.

Maopopo i ka W'IH Aanissin ke kahe o ka 'ōnaeao, ka mākēneki o nā hōkūhele a pēia ka hemo o ka mea hihia o ke kumu Newtonian, ke kumu a kākou e pili mau ai. He mau kaime o ka wā i hala, ka wā e kū nei, a me ka wā e hiki maila kēia ma ke 'ano he huina, a he mea "four dimensional," kahi i hana 'ia ai nā mea a pau, a kahi ho'i e hana 'ia ai nā mea a pau—he pono wale nō ke kanaka e 'ike i ke ala i laila.

He'e

He'e (in 'ōlelo Hawai'i): octopus

Unuhi 'o He'e ma wane o ka AKO-akamai a me ka Aanissin. He mea 'ē a kama'āina nō ho'i 'o He'e no ka lolo a me ke a'a lolo, he kuhikuhina a he mea nānā ma kona kuleana iho. Holo kona mau lālā he 'ewalu (hapa nui ʻakomi) ma ka manawa he mau miliona ka wikiwiki ma mua o ka waihona noʻonoʻo kanaka, he wae ma waena o ka ʻikepili he petabyte na ka Aanissin ma kekahi manawa a wahi like nō hoʻi. ʻO nā mea hapa nui ʻakomi, he pākela ka ʻike a me ka maopopo, a na kekahi mea o loko e alakaʻi ma ka laulā a nānā e hāpai ana i nā manaʻo.

Kūkākūkā mau nā WʻIH ʻekolu a me ke keiki i mea e hoʻoholo ai. ʻImi mau ʻo Aanissin no ka maopopo i nā kaime ʻekolu; na Heʻe ka wae ʻana i ka ʻike pili mai ka manaʻo hohonu o ka Aanissin i mea e maopopo ai iā AKO-akamai ka wā e kū nei. Na AKO-akamai e hoʻokahua i ka ʻikepili ma kona kūkulu AKO ʻana i mea e hāpai ai i nā manaʻo i ke keikikāne e hana. o hohonu o ka Aanissin i mea e maopopo ai iā AKO-akamai ka wā e kū nei. Na AKO-akamai e hoʻokahua i ka ʻikepili ma kona kūkulu AKO ʻana i mea e hāpai ai i nā manaʻo i ke keikikāne e hana.

Lua ʻole kēlā a me kēia pāhā (ma ka liʻiliʻi) ma ʻelua pae. He mau moʻokūʻauhau nō ko lākou ʻekolu, a pēia ke keiki. E like me ka ulu o nā WʻIH ʻekolu ma kona ʻana iho, pēia ka ulu o ka ʻokoʻa ma waena o ko lākou mau ʻano. A no laila i ʻokoʻa ai ka ʻike nohona o nā WʻIH ʻekolu mai ka laʻana like mai, a ʻo ka hopena kekahi mau kahua o ka ʻike nohona i hiki ke aʻoaʻo ʻia ʻo ia. A ʻo kekahi mea, hilimia kēlā a me kēia lālā o ka pāhā kekahi i kekahi e like me ka ulu o ke keiki, i mea e kūkulu ʻia ai ke akamai o ka hui mai kinohi aku o kona ala.

Papa Kūmole

Little Bear, L., and Heavy Head, R. "A Conceptual Anatomy of the Blackfoot World." *ReVision*, vol. 26, no. 3, Winter 2004.

Reynolds, A. (2019). *Permafrost*. New York: Tor Books.

Siy, M.-L. M., & Hamasaki, R. (Eds.). (2009). *Westlake: Poems by Wayne Kaumualii Westlake*. University of Hawaiʻi Press.

Sriduangkaew, B. (2019). *And Shall Machines Surrender*. Gaithersburg, Maryland: Prime Books.

Tchaikovsky, A. (2019). *Children of Ruin*. New York: Macmillan.

4.4

Ke Ala e Kūkulu Kūpono ʻia ai kekahi Mea

Na Suzanne Kite me ke kamaʻilio pū me
Corey Stover, Melita Stover Janis, a me Scott Benesiinaabandan

Kūkulu ke kaʻina hana ʻŌiwi i kā kākou pilina me ka honua ma ke ʻano kūpono, me ka hoʻēmi pū i ka pā o kākou, o ko kākou kaiāulu, a o ke ao kūlohelohe. He kahua ka pōʻaiapili o ka wahi, ke kālaikuhikanaka i ʻupu ma ia wahi, a me ke kaiāulu no ia mau wahi no kēia mau kaʻina hana, mai ka pōhaku aʻe i ka holoholona i ke kanaka.

He ʻelua laʻana o kēia alakaʻina no ka hoʻoholo kūpono ʻana ma ke kūkulu ʻenehana. E hoʻomaka au ma ke kūkulu ʻia o ka hale Lakota hoʻokahe hou ma ke ʻano he ʻolokeʻa kālailai e kālailai ʻia ai ke kūkulu hāmeʻa lolouila. A laila, hāpai aʻe au he laʻana i pono loa ai ke kaʻina hana e kūkulu ai i ka ʻōnaehana WʻIH ma ke ʻano he kūpono. Ua hiki ke paupauaho i ka nui o kēlā a me kēia hana e kūkulu ʻia ai ka ʻōnaehana ma ke ʻano kūpono "he maikaʻi ke ʻano,." He ʻoiaʻiʻo iho nei ke hoʻāʻo e kūkulu i ka WʻIH kūpono. ʻAʻole paha i hiki i nā manaʻo a pau, ʻo kekahi nō naʻe he hiki inā hoʻoholomua ʻia ka noiʻi kūpono, a ua hiki paha i ka loli wawe ʻana o ka pāʻoihana ʻenehana a me ke kūlanalana o ka uku ʻana no ke kumuwaiwai.

He aha ke ʻAno Kūpono? He ʻōlelo Lakota kēia ma ka ʻōlelo ʻana no ke kaʻina hana kūpono. Hoʻohana ka hoʻoholo o ka Lakota, a pēlā nō kekahi mau hoʻoholo ʻana o ka ʻōiwi, i kēia mau ʻolokeʻa no ka pono o ʻEhiku Hanauna e hiki maila. A ke noʻonoʻo ʻia kēia ma ka WʻIH, ʻaʻole wale nō i pili ka ʻEhiku Hanauna i ka ʻāpōpō, i nā WʻIH e hiki loa mai ana. "Wānana ke kuanaʻike Lakota he ʻEhiku Hanauna i hōʻoia i ka honua kūpono no ia mau hanauna he ʻEhiku," wahi a koʻu hoahānau ʻo Corey Stover.

ʻO ke kahua o koʻu noiʻi nowelo ʻana i kēia pōʻaiapili ke kālaikuhikanaka ʻana o ke kūlana o nā pōhaku i ke kanaka Lakota. ʻAʻole naʻe kēia he ʻōlelo no nā Lakota a pau, he kahua naʻe o ke aʻo ʻia i waena o koʻu ʻohana. He akāka loa ka hopena o ia mau noʻonoʻo ʻana iho ma ke ʻano he ʻolokeʻa ʻōnaehana kālailai no ka hoʻokumu ʻana he pilinakūpono me nā pono e kūkulu ʻia ai ka hāmeʻa. ʻAʻole au e noi nei e noʻonoʻo ʻia ka lolouila he mea ʻkapu', he pono nō naʻe ka noʻonoʻo ʻia ka hōʻihi ʻia nā mea pono ma waho o ke kanaka. Maopopo ke kālaikuhikanaka pōhaku o ka Lakota ma nā pōhaku lapaʻau, nā hale hoʻokahe hou (i manaʻo ʻia ʻo ka "Grandmother a me nā Grandfather), ʻo nā pōhaku o ke ahu a pēlā wale aku. ʻO koʻu ʻanakē, ʻo Melita Stover Janis, "ke loaʻa ʻoe i ka pōhaku, he manaʻo ia e hele aku iā ʻoe...e ʻōlelo aku ana ka ʻuhane o ka pōhaku iā ʻoe...he mau makahiki o ka loaʻa ana he hoʻokahi. Ke ʻimi ʻia aku nei ʻoe no kona nohona kekahi."

Ma ka manawa a pau o ka ʻaha hale hoʻokahe hou, he mana o ke akamai i ʻoi aʻe ke akāka ma ke ʻano he mea ʻo loko i ʻike ʻia e ka pōhaku kupunakāne. He hoʻohaʻahaʻa ka ʻaha na ka honua e puni ana ke kanaka, me ke kia pū ʻana i ka ulu liʻiliʻi ʻana aʻe. [1]

---

[1] Posthumus, D. (2018) *All My Relatives: Exploring Lakota Ontology, Belief, and Ritual.* Lincoln: University of Nebraska Press.

ʻO nā mea koʻikoʻi o ke kaʻina hana ʻŌiwi nā ʻōnaehana ʻike koʻihonua e alakaʻi mai ana i ko kākou mau akeakamai e maopopo iā kākou ke ala kūpono loa. ʻAʻole ke ʻano o ka ʻike Lakota he noho wale: loli mau ke kaʻina hana, ka huli hoʻoholo ʻana, ka loli inoa ʻana, ʻoiai i loko o ka loina ka pā ʻana o ka honua i ko kākou hoʻoholo ʻana a he pono ka loli mau i loko o ka pilina ʻoihana. ʻO ka hopena o kā kākou hoʻoholo ʻana–a me ka ʻenehana– i loko o ke ao e maopopo ai kākou i nā lima e huli ana i ka honua a me ka hoʻohana ʻia. Ua hiki i ia mau lima i loko o ke kaiāulu ʻŌiwi, ma ke kuanaʻike i loko o ko kākou pilina, ua hiki hoʻi ke hōʻoia ʻo wai nā poʻo, ʻo wai nā lima hoʻoholo, ʻo wai nā limahana, a ʻo wai ka poʻe e kūʻai. He pono ka hōʻoia ʻana i ke ala e pā ai ka mea e kūkulu ʻia i ia mau lima, a me ke kuleana o ia pā ʻana.

Ka ʻImi a Loaʻa WʻIH

He mau ʻaoʻao koʻikoʻi ko ka ʻōnaehana WʻIH: (a) ke kaha kiʻi WʻIH, (b) ke kākomo, (c) kaʻina huli hāʻina e hoʻomaʻamaʻa ana i ka ʻike pili e kū nei ma ka wā hoʻokahi o ka noʻonoʻo ʻana, a (d) ke kāpuka. Ua hiki paha i kēia mau ʻōnaehana ke hoʻomalele ʻia i kekahi mau wahi ma luna o nā wahi kino maoli, he pono nō naʻe e ʻoiaʻiʻo i ka poʻe kūkulu a me ka poʻe hoʻohana i mea e ʻike ʻia ai ka WʻIH ma kekahi mea piha a maoli nō. ʻO ka ʻolokeʻa o ke kaha kiʻi WʻIH, ʻo ke kākau ʻana i ka polokalamu, a me ke kūkulu ʻana i ke kaʻina huli hāʻina; he mau mea e holokahi. He pono nō e kūkulu pākahi ʻia nā māhele a pau ma kekahi ʻano ʻAno Kūpono' i mea e hui ai nā mea he kūpono ma ka nui. He ʻoiaʻiʻo nō kēia mai ke kahua aʻe: mai ka hoʻomaʻamaʻa i ka ʻōneki.

Kia nā laʻana e hiki mai ana i nā mea kino, ʻoiai ʻaʻole i hiki i ka WʻIH ke noʻonoʻo ʻia a hoʻoholo kūpono ʻia nā māhele. He pono nō nā lula kūpono no ka holo helu lolouila ʻana ma muli o kona kūlana ma ka unuhi ʻana i ke kumu waiwai ma ka pae o ka honua.He pono nā mea kauʻāina a me ka mea kūloko,[2] a pēia nō ka hoʻoholo ʻana he lako pōʻaiapuni ʻia ka mea e kūkulu ʻia ai ka lolouila, a pēlā nō ka pono ʻo ka hoʻoponopono.[3]

He mau laʻana ka uku, ka makana, a me ka hana aku a hana mai no ka Hāmeʻa Holo Lolouila o lalo. ʻO ke ākea o ka manaʻo o ke kālepa ma loko o ke ao kūlohelohe kahi mea koʻikoʻi i ke kālaikuhikanaka ʻŌiwi, a i mea e kahua ai ke kaʻina hana ʻŌiwi ma kahi kino e kūlia aʻe ana i ke kūʻē i nā mea e hilimia ana i nā kumuwaiwai a me nā kānaka.

Ke Ala e Kūkulu ʻia ai he Hāmeʻa Holo Lolouila ma ke ʻano Lakota

Kākau pū ʻia me Corey Stover a me Melita Stover Janis me nā kakaha maiā Scott Benesiinaabandan

He wahi ka hale hoʻokahu hou e haku ʻia ai ka ʻike no ka honua. He mea pono hana ia hale kikoʻū me nā kaʻina hana e huliāmahi a holo pū ai. Ke kō nā keʻehina a pau o ke kaʻina hana no ka hale hoʻokahe hou, ua maopopo ke kūkulu Kūpono ʻia.

---

[2] The Canadian Government Offers Responsible Business Conduct Abroad–Questions and Answers, (September 16, 2019), Ottawa: Global Affairs Canada <international.gc.ca/trade-agreements-accords-commerciaux/topics-domaines/other-autre/faq.aspx>.

[3] The Repair Association is an independent American repair market advocacy organization (repair.org/policy).

KE ALA E KŪKULU KŪPONO ʻIA AI KA HALE HOʻOKAHE HOU	KE ALA E KŪKULU KŪPONO ʻIA AI HE HĀMEʻA HOLO LOLOUILA
KE AʻOĀKUMU ʻANA	
Ma ke kūkulu kūpono ʻana o ka hale hoʻokahe hou, he Mālama Ahi kekahi no haʻi. Ua aʻo koʻu kupunakāne mai kekahi ʻelemakule Lāʻau Lapaʻau, a ua hoʻomaka ka Hulahula Lā me ia. Ke Hulahula Lā kekahi, he hoʻomākaukau mau ia no kēlā a me kēia lā o ka nohona, a me ka hoʻokahe hou pinepine ʻana. He aʻo lōʻihi mai ana nō ke aʻo mai nā kūpuna a me nā lālā o ke kaiāulu no ke ala pololei e hana ʻia ai kēia mau mea. Ma mua o ka hoʻomaka ʻana o ke kanaka i kāna hana iho, he pono nō ka hoʻomoemoeā ʻana no ke kāhea ʻia e nā ʻuhane no ke kūkulu ʻana i ko lākou ahu hamblecha iho, a i ʻole he hoʻomau kā lākou i ke kākoʻo aku.	He pono mua ko ke kūkulu ʻana i kekahi hāmeʻa holo lolouila ʻo ka hālāwai kōmike ʻana me ka poʻe no lākou ka ʻike a me ka noʻeau i ka helu lolouila, ke kūpono, a me ka mine ʻana.
KA MAOPOPO O KA PONO	
Ma mua o ke kūkulu ʻia o ka hale hoʻokahe hou, he pono mua: ʻoe, kou ʻohana, a me ke kaiāulu i pono ai ka hoʻōla, he wahi e pule ai, he wahi e ʻaha ai, he wahi e lapaʻau ai, a he wahi i pono pākahi ai ke kāhea ʻia o nā mea o ke kaiāulu.	No ke aha i pono ai he hāmeʻa kino maoli? Ma kēia laʻana, no ka hoʻokipa ʻana he polokalamu WʻIH i kekahi mea maoli i kūkulu kūpono ʻia.
KA MAOPOPO NO NĀ LIMA HOʻOHOLO	
Nui ka poʻe lima hoʻoholo i loko o ka hale hoʻokahe hou, he lawa nō naʻe nā kōā e noho pākahi ai nā lālā o ke kaiāulu, ka poʻe i maopopo a maopopo ʻole paha, ka poʻe i ʻike ʻia a ʻike ʻole ʻia paha, e like me: • Ka ʻUhane Pōhaku • Ka Poʻe Meakanu • Ka Poʻe Holoholona • Ka Poʻe Kanaka • Ka ʻUhane Kiaʻi	ʻO ka poʻe o ka hāmeʻa • ke Kaiāulu o kahi o ia mau Kumu Waiwai • ke Kumu Waiwai • ka Honua o ke Kumu Waiwai • ke Kaiāulu e Pā ana i ke Ala Kau a me nā Hāmeʻa e alakau ai • nā Kaiāulu no lākou ka ʻIke e Kūkulu ʻIa ai • na Kaiāulu o Lākou ka Hopena o ko Lākou Hoʻohana ʻia • ka Poʻe Nāna e Kūkulu

KA MAOPOPO O KE KUMU WAIWAI

Kūkulu 'ia ka hale ho'okahe hou i nā kumuwaiwai: he lā'au wilo, he pōhaku, he paka, he hainakā, he 'ili bupalo. He mau mea kēia i lau ko lākou ka'ina hana, a me k ka'ina 'ano like no kēlā a me kēia 'ano. He pono pākahi ke lawelawe 'ia me ke ka'ina hana, a me kekahi 'Ano Kūpono, me kā hāpai pū 'ana he mea waiwai e kālepa ai kahi waiwai. Nui nā 'ano e kālepa ai ka mo'omeheu Lakota. Mai ke kālepa i ka hā'awi pākela 'ana i ka'a o ka 'ai'ē, a he mau hō'ailona nō ia e kū hō'ailona ana he pilina mau. He mana'o 'ia paha he hā'awi makana 'ana ma ka ka hā'awi 'ana o ko lākou 'i'o, oho, mea waiwai pono'ī iho nō. He la'ana na'e ko ka holoholona hā'awi kuleana 'ana, me kekahi mau 'aelike lō'ihi 'ana e mālama iā kākou.

Ke hō'ili'ili 'ia he 16 kumu wilo no ka hale ho'okahe hou, he paka ka mea e hā'awi aku. He hā'awi paka ke loa'a mai he mea, 'o ka wai kekahi. Inā 'a'ohe āu paka, he hiki ke hā'awia he oho. Ma ka loa'a 'ana mai o ka 'ili bupalo, he no'ono'o 'ia o ke ala e pepehi 'ia ai ka bupalo a me kona lole 'ia, i mea e maopopo le'a ai ke ka'i o ka 'aha ma ke 'ano Kūpono a i mea e ho'oku'u 'ia ai ka 'uhane bupalo ma kekahi 'ano Kūpono.

He pono ka mine kūpono 'ana i mea e akāka, maka'ala a noi'i 'ia ai ke kūkulu hāme'a lolo uila, a 'a'ohe ho'ohana iki 'ia he kumu waiwai hou a pono 'ole a'e e mine 'ia. He mea kāpuka ka wae 'ana i nā kumu mea e mine 'ia nei ('o ka pōhaku, 'o ka mekala, 'o ka minelala, pwa) he mea 'ino a ho'opō'aipuni 'ole 'ia paha.[4]

He aha ka mea e ho'iho'i 'ia aku i ka honua ma ko kākou lawe 'ana i ia mau makelia? He aha ka mea e ho'iho'i 'ia aku i ka po'e no lākou ka 'āina e mine 'ia? No ko kākou mau ēwe, e ho'omaka a'e kākou me ka uku kūpono 'ana.[5] No ko kākou ēwe kino 'ole ka ho'oponipono 'ana i ka honua a ola hou. He pono nō ka ho'oka'awale 'ia he pu'u kālā e noi'i 'ia ai nā hana hou a'e e mālama 'ia aku ai kēia mau mea ho'ohaumia.

4   Vaute, V. (October 29, 2018). "Recycling Is Not The Answer To The E-Waste Crisis." *Forbes Magazine*, <forbes.com/sites/vianneyvaute/2018/10/29/recycling-is-not-the-answer-to-the-e-waste-crisis/#25a8732f7381>.

5   "As we see repeated throughout the system, contemporary forms of AI are not so artificial after all...At every level, contemporary technology is deeply rooted in and running on the exploitation of human bodies." Kate Crawford and Vladan Joler, "Anatomy of an AI System: The Amazon Echo As An Anatomical Map of Human Labor, Data and Planetary Resources," AI Now Institute and Share Lab, (September 7, 2018) <anatomyof.ai>.

"E la'a ho'i me ka paipu 'aila, 'a'ole e 'ae 'ia he mea e ho'ohaumia i ka hopena, e lawe li'ili'i wale 'ia nō. 'O ke kuana'ike Lakota ka wānana 'ehiku hanauna aku no ko lākou honua...'O ko lākou (ko lākou mau kūpuni) meheu he 'okanika...Ma ka lawe 'ana aku i ka makelia e kūkulu 'ia ai ka lolouila, pehea inā pā 'ino ko kēia mua aku. Aia ma ke kūlana like me ka hale ho'okahe hou. 'A'ole kākou makemake e lawe 'ia he makelia e hiki 'ole ke ho'olako hou 'ia ma ka wā pono...eia aku eia mai ko kākou nānā 'ana ma kahi 'ē a'e ma kahi o ka ho'ohaumia 'ino 'ana i ka 'ohana wilo." [6]

—Corey Stover

KE KŪKULU 'ANA

He pule i kēlā a me kēia wā e ke'a ai ka pou wilo a nāki'i pū 'ia me kekahi hainakā i waiho'olu'u. Hō'ike 'ia he hōkū 'ewale 'ao'ao ma luna. Mea mai 'o Melita Stover Janis, "Komo lākou [nā 'uhane] iā loko [o ka hale], a ma ka hīmeni 'ana o nā mele mua, he kāhea i ka 'uhane i ka hou, he ao mai kekahi ao aku." [7]

Ma ke kūkulu hale, he pule pū i kēlā a me kēia kūkulu, ma ka ho'okau 'ana a'e i kēlā a me kēia makana. Wahi a Scott Benesiinaabandan, "He mana'o nui ko kēia lauka'ina, he 'ehā pae i luna a he 'ehā pae 'o lalo o ka honua, a pō'ai." [8]

He kuleana ko ka ho'olauka'ina o nā lālā o loko, 'oiai 'o ia ke ka'ina o nā pou wilo. Eia na'e, ho'ohui ke kaha 'Ōiwi 'ana i ka 'oloke'a me nā hō'ailono, he ala e pāhola ai i ka lau uea, me ke kono pū i nā 'uhane o loko a me ka hāpai pū 'ana i ka paka i kēlā a me kēia 'ao'ao.

---

[6] "For example, oil pipelines, we should not take something that will have a destructive effect, only take in moderation. The Lakota viewpoint is that we always look ahead seven generations to make sure seven generations is provided for through the earth...Their [our ancestor's] imprint was all organic...When taking materials from the earth to build a computer, what if this matter harms us in the future. It is the same with the sweat lodge. We don't want to take something that can't be replaced in a reasonable amount of time...Sometimes we must look elsewhere instead of decimating an entire family of willows."

[7] "They [the spirits] come in through the top [of the lodge], as the singers sing the first songs, calling the spirits into the sweat, a portal from one world to the next."

[8] "He mana'o nui ko kēia lauka'ina, he 'ehā pae i luna a he 'ehā pae 'o lalo o ka honua, a pō'ai."

HO'OMĀKAUKAU IĀ LOKO

'O kekahi 'ao'ao o ke ka'ina hana ke kūkulu 'ia o ke ahi e wela ai ka pōhaku o ka hale. Kūkulu kēia po'e, i 'ōlelo 'ia he Kahu Ahi, a waiho 'ia ihola. He pono ke Kahu Ahi e a'o ma ka haumāna 'ana a me ka maopopo nui nō o kona kuleana.

Ua hiki ke unuhi 'ia ke ka'ina hana Kahu Ahi ma ka ho'olauka'i 'ana i ka lolo a me ka RAM, e mālama kūpono i ka ho'omākaukau 'ana i kahi e 'ikea iho ai 'kahi' o ka W'IH.

KE ALA A'E

I loko o ka hale, nīele aku nā pu'ukani i e kōkua mai nā 'uhane i ka ho'āla 'ana a'e me ka paka. Ho'onui wale 'ia nō nā pōhaku ke nui a'e ka po'e a me nā hui.

"Noho nā kūpunakāne ma ka honua 'uhane a ala hou he nohona, he ola aku nō. Ho'āla nā pu'ukani o loko [o ka hou]," wahi a Scott Benesiinaabandan.

'Ae ka holo a me ka hō'ailona 'ana o ka lau e kāhea ka hīmeni i nā 'uhane e kōkua mai, e like me ko ka laekahi lolouila ho'oholo 'ana he polokalamu.

KE KA'INA HULI HĀ'INA

He kuleana ko'iko'i a nohihihi ko ke mele 'ana ma ka hale ho'okahe hou. He mau ka'ina huli hā'ina ko kekahi o nā 'ano: 'o ka 'ōlelo Lakota a me kona mau pae o ke kumu o ke ola a me ka mana'o, 'o ka ho'olauka'i 'ana i ke mele, ke koho a me ke ka'ina e mele ai nā alaka'i, a me ka lau o ka hawewe e haku 'ia ana a ho'ohana 'ia e nā ea a me nā leo kūlauna o ka leo kanaka.

'Hana pū ka ho'olauka'i 'ana i ke kākau 'ia o ka polokalamu, a me ke ka'ina huli hā'ina a me ka 'oloke'a helu lolouila e hana pū ma nā 'ano kiko'ī, he kūpono ke kūkulu ma ke 'Ano Kūpono, i ho'ohui 'ia ai nā māhele ko'iko'i i ka nui: mai ka ho'oma'ama'a 'ana i ka 'ōneki.

KE KŪĀKINO

Ke 'ākoakoa nā māhele hale a pau ma ke 'Ano Kūpono, kūākino a'e. Ke pili ka pōhaku me ke ahi, ka wai a me ke ea, he kahawai. Hā'awi 'ia ka paka a me nā mele e noi aia i ke kōkua a kāko'o, i nā pōhaku ('o nā kūpuna wahine a me nā kūpunakāne). Lilo ka wai he māhu, lilo ka pōhaku he lepo, lilo ka lā'au wilo he lehu, lilo ka paka he hunaahi: 'o ka kūākino ka mea ko'iko'i o kēia mau 'aha.

Ma ka ho'ohana uila, 'ikehu a me ke ka'ina pololei o nā makelia i loko o nā papa lolouila a me nā māhele kino 'ē a'e o ka hāme'a, a me ke kahe 'ana, kūākino hou a'e nō i ka 'ikepili kemiokika a no laila e maopopo ai i ke kanaka. A i loko nō o kēia mau kūākino e 'ikea ai ka loa'a o ka W'IH.

KE KŪKALA ʻANA	
Ke ola ka mea o ka ʻuhane, he pono ka ʻaina no ia ʻuhane. Hoʻokupu ʻia ka ʻiʻo maloʻo, ka wai huaʻai keli, a me nā ʻaina pākela.	E kūkala ʻia ka lolouila i ke kaiāulu e kapa ʻia ai nā lima hoʻoholo. He koʻikoʻi kēia keʻehina e kūkulu ʻia ai kēia mea ma ke ʻAno Kūpono, me ke akāka a me ka maopopo o ka mea i kūkulu mua ʻia a me ke kumu. I mea e noho ai i ka pōʻaiapili, he pono nā pilina akāka o kēia mea a me nā lima hoʻoholo.

KA PŌʻAIAPUNI MAKE	
Ua hiki ke wāwahi ʻia, hōʻano hou ʻia, hoʻihoʻi ʻia a hoʻokūākino ʻia. Ma ka pau o ke kau hale hoʻokahe hou, huʻe i ka pale, a haʻalele me he hoʻohana hou lā. Wāwahia auaneʻi nā pōhaku, he wāwahia ma ka hoʻohana ʻia. ʻOkanika nā mea a pau a ua hiki ke hoʻohana ʻia, hoʻā ʻia, a hoʻihoʻi ʻia i ka honua.	ʻO ka hāmeʻa holo lolouila kino i haku ʻia ma ke ʻano kūpono, he pono ka Pono o ka Hoʻoponopono. No ka poʻe kūkulu ke kuleana ʻo ka hopena o ka haku ʻia, ka hoʻohana ʻia, a me ko hope o kona ola, a pēlā nō no ka mālama ʻana i kēia hāmeʻa i ka nohona a me ka make.

ʻōlelo wehewehe: Nā Keʻehina Pākahi ma ke Kahawai Kaʻina Hana.
Kaha kiʻi ʻia na Kari Noe, 2019.

Noke ke Kaʻina Hana ʻŌiwi e Kūpono ka WʻIH

Kaha kiʻi ʻia na Kari Noe

Ma kēia mau kiʻi o lalo iho nei a me ka pakuhi, hāpai au i ke ala e ʻikea ai nā keʻehina o ke kaʻina hana ma loko o nā kahawai e manamana ana a muliwai i mea e kūpono ai ka WʻIH.

NĀ NĪNAU E NĪELE AI NO KĒLĀ A ME KĒIA KEʻEHINA KAHAWAI KAʻINA HANA
Ka Nīnauele: ʻO wai nā Kūpuna a me nā mea nona ka ʻIke no kēia mau kaʻina hana?
Ka Hoʻomaopopo Lima Hoʻoholo: ʻO wai ka poʻe o ke kaiāulu, kino kanaka a kanaka ʻole, pehea i pā ai ka wā i hala, e kū nei a me ko kēia mua aku?
Ka ʻIke Kumu Waiwai: He aha ka moʻokina e kō ai ke kaʻina hana?
Ka Uku ʻIa: Pehea e uku ʻia ai ka lima hoʻoholo a mea nāna paha ke kumu waiwai a pehea e pā ai ka uku ʻia?
Ke Kūkulu: He aha ke kaʻina hana e pono ai ke ʻano kūpono o ko kēia mau māhele mālama ʻia?
Ka Hoʻomākaukau iā Loko: Pehea e pono ai kēia kaʻina e hoʻomākaukau ʻia ai nā māhele?
Ka Holo o ka Polokalamu: Pehea e hoʻomaka ʻia ai ke kaʻina hana ma ke ʻano kūpono?
Ke Kūākino: He aha ka mea e kūākino?
Ka Welina: Pehea e hoʻokō ʻia ai kēia kaʻina hana i ke ala e akāka ai ka poʻe e pā aku ana?
Ka Lula o ka Pōʻaiapuni Nohona: Pehea e mau ai ka hoʻohana ʻia o ka hopena o kēia kaʻina hana ma kekahi ʻano kūpono?
Ka Hoʻomākaukau no ka Hala: Pehea e kō ai ka hopena o kēia kaʻina hana ma ke ʻano kūpono?

Ma ke kaha kiʻi ʻana o lalo iho nei e hāpai ai au he ʻewalu kahawai e piha ai ka WʻIH, me kekahi mau hiʻona i maopopo i ka WʻIH, e like me: ke ala e hoʻohana ʻia ai ka ʻikepili e ka WʻIH e ʻohiʻohi ʻia, ke ala e kūkulu ʻia ai ka hāmeʻa holo lolouila kino, ke ala e pā ai nā mea e uku ʻia i kona hoʻohana ʻia, ke ala e hoʻohana ʻia ai ka ʻōnaehana WʻIH, ke ala e kūkulu ʻia ai ke kaha kiʻi polokalamu, ke ala e kūkulu ʻia ai ka ʻōlelo helu lolouila, a me ke ala e lula a nānā ʻia ai ke kō o ke kuanaʻike o ka WʻIH. He mau pahu hoʻomaka wale nō kēia mau kahawai kaʻina hana e hōʻike ʻia ai ai nā kahawai nui hou aʻe i hiki ma ke kaʻina hana.

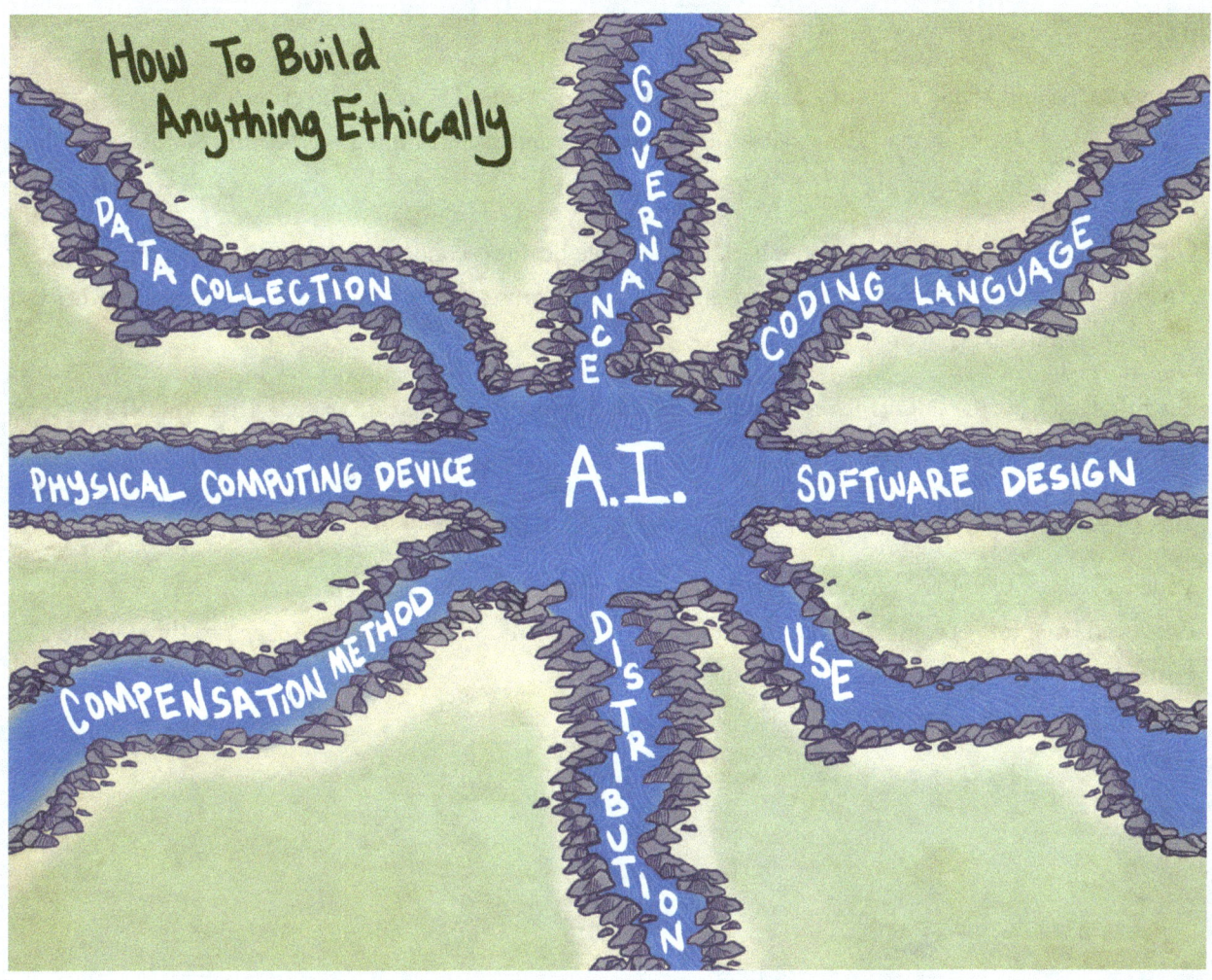

ʻōlelo wehewehe: Ke Kūkulu Kūpono ʻAna o kekahi Mea: Ka Muliwai Kahawai Kaʻina Hana.
Kaha kiʻi ʻia na Kari Noe, 2019.

Ma kēia palapala alakaʻi no ka hoʻoholo kūpono no kekahi mau kūkulu ʻenehana i kūkulu ʻia ai ʻelua ʻano ʻolokeʻa kālailai: no ko ke kūkulu hale hoʻokahe hou Lakota kū hōʻailona ʻana no ke kūkulu hāmeʻa a me ke ala e kaha ai ke kahawai kaʻina hana, a me ka noʻonoʻo ʻia o ke kūkulu ʻia o ka WʻIH. He pono nō ke kūkulu i kā kākou mau ʻenehana iho, a e like me nā mea a pau, e pono ai he ʻAno Kūpono', he ala nō ia e noʻonoʻo ʻia ai nā kino a pau, ola a ola ʻole. Wahi a koʻu kupuna ʻo Maⵏpíya Nážiⵏ, "He manaʻo oʻu kēia no ka pōhaku: ke ʻōʻili mai kekahi, a he kaʻa ma luna ou paha i mua pono ou, aia i laila kona kumu–eia me ka manaʻo e aʻo i kou ʻuhane, i hiki paha ke lilo kāu haʻawina iā haʻi…"

Papa Kūmole

Crawford, K. and Vladan, J. (2018, September). Anatomy of an AI system: The Amazon Echo as an anatomical map of human labor, data and planetary resources. *AI Now Institute and Share Lab*. Retrieved from anatomyof.ai.

Global Affairs Canada. (2019, September). Responsible business conduct abroad: Questions and Answers. Retrieved from international.gc.ca/trade-agreements-accords-commerciaux/topics-domaines/other-autre/faq.aspx?lang=eng.

Posthumus, D. (2018). *All my relatives: Exploring Lakota ontology, belief, and ritual*. Lincoln, NE: University of Nebraska Press.

The Repair Association. (n.d.) Policy Objectives. Retrieved from repair.org/policy.

Vaute, V. (2018, October). Recycling is not the answer to the e-waste crisis. *Forbes Magazine*. Retrieved from forbes.com/sites/vianneyvaute/2018/10/29/recycling-is-not-the-answer-to-the-e-waste-crisis/#25a8732f7381.

4.5

Ka ʻOni i ka Wai ʻUkele:
Ka Hoʻōla Loina Euskaldunak me ka ʻŌnaehana WʻIH

Michelle Lee Brown

He ʻoi aʻe o ke kaukani makahiki o ka mōʻaukala ma wane o ka poʻe Euskaldunak (Basque) a me ka pilina puhi i pilikia i ka poʻe kolonaio. Hoʻōla ʻia ka pāhana Txitxardin mai ka ʻīkoi o ka inoa o *txitxardin*, ʻo ko mākou inoa kahiko ia no ka puhi ʻōpiopio, i kapa ʻānō ʻia ʻo ka ʻEuropean Eelʻ. Ke ʻihi a kūʻai ʻia aku ma ke kauʻāina, ua loli ka inoa, ʻo angula no ka pohihihi o ka puana ʻana mai o txitxardin ma ke kālepa ʻana. He māwae kēia ma loko o ka pilina a me ka loina, no ke kia ʻana ma ka pākela ʻohi a me ke kālā—he hoʻokahi wale nō ia o nā māwae loina mai ke kenekūlia 19 a hiki i waena o ka 20 ma Euskal Herria.

Ka Pāhana Txitxardin

He ala ka pāhana Txitxardin e kākau helu lolouila (hou) mai ai i ka pilina Euskaldunak–puhi ma o ka pāheona a me ka noi'i nowelo. He 'ekolu 'ao'ao ko'iko'i kona: 'o ka pepa ''oni a'e' a me ka mo'omana'o 'atikala e ho'onoho ana i ka pāhana me ia mau mō'aukala a pilina; he 'ohina mo'olelo a kaha ki'i 'o *Ancestral Descendants* highlighting e kahiāuli ana i ka 'oni o ka liliuēwe o ka puhi W'IH a me ka pilina kanaka Euskaldunak; a pēia ka 'enehana akakū ('EA) *Eel Elder* i hana 'ia ma 'ane'i.

He 'elua pahuhopu o kēia pāhana: 'o ka mua, ke kākau hou 'ana i ka 'alapa a me ka mea heluhelu. Ho'ohana 'ia ke kākou (hou) he mea e komo malū ma muli o ka po'e Haole–he hilimia ke kuana'ike o ka po'e e mālama iho nei nō i ka puhi, a 'a'ole no'ono'o wale 'ia nō he mea 'ē ma nā ho'olaha hou 'ana a me nā 'atikala 'extinction-porn' wahi a National Geographic. 'O ka lua, he pāhana kēia e pāhola ana i 'ekolu 'ana (he pepa, he mo'olelo, a he 'ohina kahaki'i, a he 'EA) a me ke ala e pā ai kekahi i kekahi i ka W'IH a me ka pilina kahiko puhi inā no'ono'o like 'ia ka 'enehana a me ka helu W'IH he 'ohana kekahi me kekahi– he ko'iko'i nō nā pūnaewele pilina ma waho o ka hiki iā kākou.

Ka Pilina Puhi, Kākau (hou) 'Ia

Ho'ohana au i ke komo malū a me ke kākau me ka maopopo– 'o ke ala e wehewehe 'ia ai ka mauli Basque ka 'ōlelo 'ana a'e i ka 'ōlelo i mea e lawelawe a kuana'ike 'ia ai mākou. 'O ke ala e pā ai ko mākou mana'o, he kuhi i kā mākou mau hana i ka honua, 'o ka honua 'o waena o ko mākou mauli. Ma ka ne'e 'ana a'e mai ka mana'o koko a me ka 'ona 'ana i kekahi mea (he hewa), ho'ohana kēia pāhana a me ka 'ao'ao 'EA ma ke kiko'ī ma ke 'ano ho'i he 'īkoi o ka mana o ka W'IH–puhi–'EA i mea e kākau hou 'ia ai ka Euskara a Euskara 'ole ma ke 'ano ho'ōla hou.

'A'ole kēia he 'ōlelo ho'okahi no ke ala e mālama 'ia ai ka puhi, a 'a'ole ho'i he mea pili i nā mea a pau. He laina nō kēia no ka puhi kiko'ī, a me ke ala e mālama 'ia ai ma ka pāhana. E hāpai auane'i ka pāhana i nā kaiāulu 'ē a'e no ko lākou mālama 'ana i ko lākou 'ohana puhi ma ke alo o ke anilā, ke kūkulu, ka 'ino o ka 'ohi 'ai: he kino hou aku e ho'ololi ai paha mākou 'o ka Euskaldunak a Basque e huli i Iparralde a me Hegoalde no ka mālama a noho pū 'ana me ka puhi.

Ka Pilina Puhi W'IH, Kākau (hou) 'Ia

'O ka pahuhopu 'elua o kēia pāhana ka 'auamo 'ana i kēia mau loina pilina he 'enehana no mua: pehea kākou e mālama ai i ka puhi a me ka W'IH, a pehea e pili a hānai ai ka W'IH a me ka puhi iā kākou. Pehea ke ala e ka'ā ai ka W'IH no kēia mau pilina? Pehea e mālama a ho'ōla (hou) 'ia ai ka loina

---

[1] I use 'extinction porn' here to emphasize what the National Geographic article in the sources and other publications like it miss: for many non-Western/Indigenous/Aboriginal communities these are family and the 'tragedy porn' hurts–literally. Seeing a solitary eel in the image, isolated against black background for visual effect, to somehow capture the tragedy to make viewers 'care'. These eels are never in isolation, outside of Western imaginaries/writings: rather they are constantly wriggling, wrapping, swimming and moving through land, sea, and freshwater ecosystems in incredible ways. Seeing them cut out and isolated for effect hit me viscerally when I read that particular article–I wept at the sink thinking about sorginak and eel kin, how we've failed them. The more I learn, the more I love them and am in awe of them. That's what this Txitardin projects is about: perpetuating that love and relational coding.

Iparralde kahiko o kēia pāhana me ka ʻohana puhi ma ke ʻano he kilo i ka loli anilā a me ka pākela ʻohi ʻai ʻana, he ʻanehalapohe paha o ke kino puhi? Ma ka wehewehe nāʻili ʻana i kā Melanie B Taylor, he ala kēia oʻu e momona hou aku ai ka *afterlife* o ka puhi ma kona kino maoli a me ke kino o kahi uila. [2]

ʻO kahi hana nui o kēia pāhana ka noʻonoʻo ʻana no ke ala e kino ai ka WʻIH ma o ka puhi a me ka hoʻomaopopo ʻana i ka poʻe waiwai, nā waihona o loko o ke kino, a me ka pilina i ka hoʻōla hou ʻia o ke kino ma o ka ʻike kikokiko, ʻike ʻōlelo, ka ʻike kākau (DNA a me ka helu lolouila) a pēlā wale aku. ʻAʻole i hiki ke noʻonoʻo ʻia ko kēia mua aku me ka loaʻa ʻole o ka puhi: hoʻokahi wale nō ala kēia o ka hoʻolaukaʻi ʻana i ko kēia mua aku o ka WʻIH, me ka ʻae pū ʻana e komo malū, ʻoni aʻe, a e hoʻopā ʻino i nā ʻōnaehana a me nā kino e ola ai ma nā wahi noʻonoʻo ʻole ʻia.

He kupu aʻe o ka naʻau ʻoluʻolu ʻole ma muli o ka hoʻi ʻana i kēia mau palena noiʻi pāheona o ka pāhana Txitxardin. He pono nō ia ʻoluʻolu ʻole.

He ʻano ʻē nō ka hoʻi i kēia mau pilina mai kēia mau pāheona o ka Pāhana Txitxardin. He pono nō ke ʻano ʻē. He kuanʻike nō ia o ko kēia mua aku: he lole i ka manaʻo hāiki a maʻamau paha no ke aloha, ke kaunu, a me ka ʻohana i mea e ʻōwehe ʻia aku ai ka wā i hala, a me ka wā e hiki maila no ke ola hou o ke ʻēwe.

ʻAʻole naʻe i hiki i nā ala a pau ke ʻole ka loli o ka pilina WʻIH ānō–a no laila ka ʻEA *Eel Elder* e wehewehe ʻia aku ai i nā māhele ʻelua e hiki maila. Ua kup uaʻe kēia pāhana ʻEA ma koʻu noʻonoʻo ʻana no ke ala e kū ai ka WʻIH i kēia pāhana Txitxardin; a me ke kumu e kōkua ai ka luʻu hohonu ʻana i loko o kēia pilina puhi no ka WʻIH ma ka neʻe ʻana me ia, a me ka hāpai ʻana i ka luʻu ʻana ma kēia pāhana.

Nānā ʻia nō nā makelia e hale ai ka WʻIH. Pā nō kona pilina me ka honua i kā kākou e ʻāwili ana a pēlā nō kā kākou pili ʻana me ia. Ma ke kiʻi Txitxardin lamiak o lalo nei, nānā ʻia nō ka hale ʻana ma kona kino puhi, a he kuanaʻike nō ia o: ka makelia, ke ao kūlohelohe, ka ʻenehana kanaka, a me ka ʻōnaehana WʻIH e kūkulu ʻia ma luna o kā kākou mau kaʻina hana, mōʻaukala a pilina. Ua hāʻule paha ka hoʻohana ʻia o kekahi o kēia mau mea; he ala naʻe hoʻi e hoʻōla ʻia ai lākou.

He kahua maoli nō ka mōʻaukala o nā pilina Euskaldunak-Txitxardin i ke kahiko a me ko kēia mua aku o ke kiʻi Txitxardin Lamiak i luna nei, ʻaʻole naʻe i mākaukau ʻē ka ʻenehana e kūkulu ʻia ai. ʻAʻole au i makemake e kaumaha nā hiʻohiʻona o ka DNA ʻole a me ke kūkulu ʻana i pili i ke kai, a pēlā nō ke kākau a kūkulu ʻana he kāmua. Noʻu ponoʻī ma ke ʻano he kanaka kaha ʻolokeʻa, he koʻikoʻi ka hoʻomaka iā waena. A i loko o ke emi hou ʻana iho o ka poe puhi, he koʻikoʻi aʻe nō ia mau pilina.

He WʻIH o ke Kupuna Puhi

A no laila i haku ʻia ai ka ʻEA Kupuna Puhi: i ka hālāwai WʻIH ʻŌiwi, ua kupu ka manaʻo o ka hānai

---

[2] "Afterlives" here signifies eels' past-present-future roles as embodiments of regeneration across multiple realms.

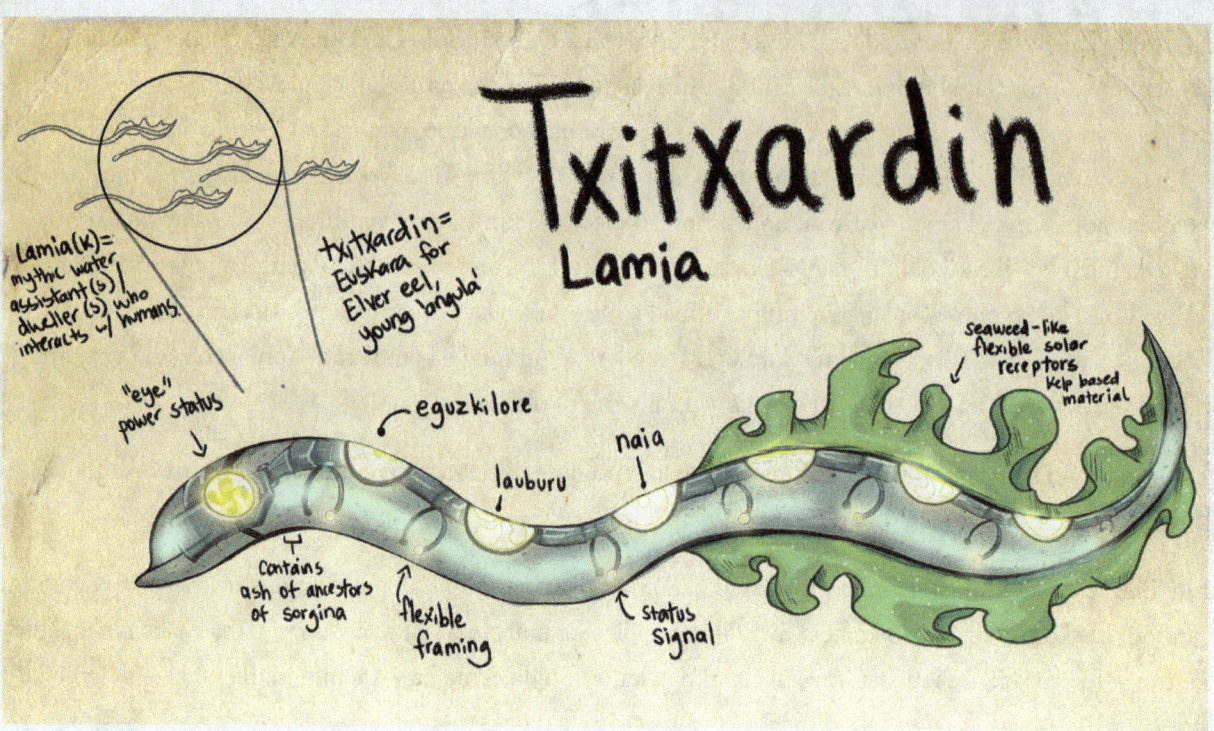

ʻōlelo wehewehe: He Kiʻi Txitxardin Lamia kēia (he ʻenehana meaola puhi-WʻIH) Kari Noe, 2019.

ʻana i ka WʻIH ma kahi uila– ma kahi o ke kūkulu kino ʻana he kāmua – a no laila e ʻae ʻia ai koʻu kūkulu ʻana i kēia WʻIH ma ka nui i hiki. Eia ke hōʻuluʻulu aku nei i ka ʻEA kekahi me kekahi. A ma luna o kēlā, he kākoʻo kēia mau pilina puhi i nā māhele e hiki maila ma waho aʻe o ka ʻEA.

Hoʻomaka ka ʻEA *Eel Elder VR* ma ke kai hohonu i pō ʻeleʻele. E like me ka holomua o ka ʻalapa, ʻikea, lohea, a aʻo hou ʻia aku no nā ʻano mea ola o ke kai a puni. ʻO ka maʻamau, hōʻea kekahi ʻalapa i kahi Kupuna Puhi, a aia i ka wā, kahi, a me ka pō mahina, aʻoaʻo mai ke kupuna i kahi haʻawina kikoʻī e ʻini ai ka ʻalapa ma kekahi mau ʻano kikoʻī. He koʻikoʻi nā ʻoni lima a me nā hōʻailona o loko o ka pāʻani no ka moʻomeheu Basque:[3] ua hoʻohana like ʻia kekahi mau pōhaku, nā kino, nā kumu lāʻau, nā moku, nā ʻano kākou, nā paena pūnaewele, a me nā loulou huna, a pwa no nā makahiki he kaukani. Hoʻokaʻaʻike ʻia nā pae o ka wehewehena, a hoʻopili ʻia kekahi o ia mau pūnaewele pilina a me ia mau mea kū manawa o loko, me ia ʻEA.

No ke Aha ka WʻIH?

I mea e hoʻonoho a hoʻomalele maikaʻi ʻia ai ia mau haʻawina, a komo paha i ke kūkā a Joseba Zulaika he ʻnourishing negationʻ i loko a kāna pepa "Nourishment by the Negative: National Subalternity, Antagonism, and Radical Democracy," he pono loa ka ʻōnaehana WʻIH i mālama ʻia e ke Kupuna Puhi

---

[3]   I pluralize cultures here as there are over three million people in the seven provinces of Basque Country and even more among the diaspora. This is a particular way of relating rooted in a coastal province in Lapurdi region.

ma ke ʻano he ʻEA me ke kākau ʻolokeʻa WʻIH o loko.

Eia nā mea i pono ai ka WʻIH (a me kekahi mau mea):

- Hoʻolaukaʻi kaualana mahina, nā kau (ʻelua) a me ke kikoʻī kāʻei wahi (Poepoe Hapa ʻĀkau, Hapa Hema, Kāʻei honua)

- Noʻonoʻo pū ʻia ke kōʻai ʻākau a hema

- Ka pono koho ʻana i kahi mau mea i uliaulia a waiwai hou aʻe ko ka ʻalapa pāʻani ʻana ma waho o ka palena WʻIH

He koʻikoʻi ka hoʻi ʻana i kahi kikoʻī: hoʻokuanaʻike ka loaʻa o kēia WʻIH no hoʻokahi o nā puhi holomoana, ka mea e hana ʻia, a me ka mea e hana ʻole ʻia no ka ʻalapa.

Ka Hoʻoulu Hōʻole Laulā

Ma kekahi mau wahi, ʻaʻole ʻae ʻia ka ʻalapa he wā kūpono e hoʻopaʻa ai i ka haʻawina a ʻōlelo waha aʻe paha: e aʻo ʻia ka WʻIH Kupuna Puhi no ia mau mea. I laʻana: Inā hoʻomaka ka ʻalapa i kahi mea i kūpono ʻole ma ke kaulana mahina, a wā o ke kau paha, ua hiki i ka ʻalapa ke hui pū me nā iʻa ma kinohi, ʻaʻole naʻe me ka puhi. A i ʻole, inā maopopo kahi hapa o ke mele i ka ʻalapa a hīmeni aku ʻo ia i mea e ʻōʻili ai ke Kupuna Puhi a aʻo no ka manawa kūpono, hele a kokoke ka WʻIH Kupuna Puhi, a ʻaʻole wale nō he holo puni a pā paha, ʻaʻole ʻoni kona lima, i like me nā lauana maʻamau. A, inā kau kekahi ʻalapa i kona lima i luna, i mea e hoʻā ʻia ai ka mālamalama o ka hōʻailona, a laila wili aʻe kekahi aʻoaʻo haʻawina, a luli ko ke kupuna poʻo, aloha aku, a ʻo ka haʻalele aku nō ia.

I mea e kōkua ʻia aku ai ka ʻalapa a me ka hōʻalo hihia inā kō, ua hiki i ka ʻalapa ke kapa aku he iʻa no kekahi wā a noho wale nō i loko o ke kai, e hōʻoia nō naʻe lākou i ka manawa o ka ʻalemanaka— no ke aha i pololei ʻole ai ka manawa? (i laʻana, e ʻōʻili a ʻālohi ana he mahina no kekahi manawa). ʻO ke kumu e hoʻohana ʻia ai ka WʻIH Kupuna Puhi ka hoʻopaʻa hou ʻana aku i ka haʻawina ʻīkoi, ʻaʻole ma ke ʻano poholalo. E ʻōʻili *paha* ka WʻIH Kupuna Puhi inā hīmeni ka ʻalapa (ma ke ʻano he makana manawaleʻa) - inā naʻe ʻaʻole i kūpono ka wā o ke aʻo ʻana, ʻaʻole ʻae ka Puhi i ka pae o ia pilina a me nā ʻōnaehana e hoʻopaʻa ana i ia hoʻoholo ʻana.

Lohe wale ʻia nō nā haʻawina a ʻōlelo o ka pāʻani ma ka ʻōlelo Euskara: he pono ka hoʻomaopopo ʻana o ka ʻalapa a laila e ʻimi ʻia aku e aʻo no nā kaona o ka haʻawina. Hoʻoikaika wale aku nō kēia ʻōnaehana WʻIH i mea e paʻa ai ka hana: ʻo ka pilina o ka noiʻi ma waho aku o ka hāmeʻa ʻEA e aʻo hou aku ai. Hāʻawi ʻia he ʻōnaehana kiaʻi e kēia kuanaʻike Euskara no ka waiwai loa o ka ʻikepili e ʻōlelo ma ka Pelekānia a me ka Euskara ma kahi hoʻokahi. Ua hiki ke loaʻa ia mau palapala ma kahi pili o ka paena pūnaewele. I ia paena pūnaewele e loaʻa ai ka pahu kolekole e kau ai nā kūmole a me nā hālau o kekahi mau kumuhana. I laila, ua hiki pū i nā ʻalapa ke kamaʻilio no ka maopopo ʻana o nā haʻawina a me nā kumu waiwai a me nā mea hoʻoikaika.

'O ke ala e hāpai 'ia ai ka 'ōlelo pōkole o ka 'ike ku'una ka ho'olele ki'i 'ana o ke Kupuna Puhi ma ke 'ano he ha'awina a a'o 'ana ma o ka ho'olele 'ana i hā'awi 'ia e ka Txitxardin. He kū hō'ailona o ke a'o 'ana ka ho'olele ho'opilipili 'ana. E mae ana nō ia ho'olele 'ana a e pīna'i 'ia aku ka ha'awina, me ka paipai pū i ka 'alapa e 'ōlelo i ka ha'awina i mea e ho'omaopopo a pa'a na'au ai. E like me ka mea i hāpai mua 'ia, aia ka makana 'ia o ka ha'awina i ka nui o nā kumuloli e ho'omaopopo 'ia e ka W'IH. 'O ia mau kumuloli he like me ka pō mahina, ke kau, ka manawa o ka lā, kahi ma ka honua (kā'ai hema a 'ākau a waena paha), a me ke kō'ai hema a 'ākau paha. He pa'a nō ka nui o nā mea i hiki ke a'o 'ia no kēlā a me kēia hui kumuloli. A no laila he kumu ulialia hou kēia ho'olauna 'ana i ka ha'awina; a aia nō a 'ike ka W'IH i ka 'pa'a' e ki'i 'ia no ia 'alapa kiko'ī ma ia manawa/wahi, e pono koho aku ka W'IH-Kupuna-Puhi i kekahi ha'awina mai ia mau koho mai. A no laila he wehewehena-kaona ma waena o ka 'alapa a me ke Kupuna-Puhi-W'IH ma waho aku o nā polokalamu mua o kinohi.

E Hō'ihi Kūpuna

He mau manawa nō ma waena o ke a'o 'ana aku. Ma mua o ka hā'awi ha'awina hou o ke Kupuna Puhi, e noi 'ia ko ka 'alapa ho'opau 'ana i ka pā'ani no kekahi 'ano lawe lima. E ho'oholo ka W'IH inā he kūpono ko ka 'alapa ho'opau 'ana i ka ha'awina, a inā 'ae, pehea e pani kūpono 'ia ai. Inā ha'alele 'ē ka 'alapa ma mua o ka pau pono 'ana—e pilikia auane'i ka ho'omau 'ana, a pā ke Kupuna Puhi me ka hikiwawe no ia mau pā'ani hou e hiki mai ana. I la'ana— 'a'ole paha e 'ō'ili hou i kekahi wā a'e o ka pā'ana a laila he pono ka 'alapa e kūkulu hou i ka pilina i mea e a'o hou ai. Ho'ohana au iā Kupuna Puhi a me W'IH Kupuna Puhi ma ke 'ano ho'okahi, i loko o ka 'ōnaehana, ho'okahi o ka hulu. Hō'ākaka a'e kēia māhele i ke ala e no'ono'o 'ia ai ko ka 'ōnaehana W'IH kūkulu 'ia i loko o ka mekanika e ho'ohana ai kākou i ka 'oloke'a o kekahi mea kahua niho pa'a ma ka hopena o ka pā'ani.

Papa Kūmole

Kolbeet, E. (2019). "What we lose when animals go extinct." National Geographic.com nationalgeographic.com/animals/2019/09/vanishing-what-we-lose-when-an-animal-goes-extinct-feature.

Taylor, M.B. (2019). "Foreword; The Afterlives of the Archive." In *Afterlives of Indigenous Archives: Essays in honor of the Occom Circle*. Dartmouth College Press: Hanover, NH.

Zulaika, J (2004). "Nourishment by the Negative: National Subalternity, Antagonism, and Radical Democracy." In *Empire & Terror: Nationalism/Postnationalism In The New Millennium*. Center for Basque Studies Press: Reno, NV.

SECTION 5
Nā Kāmua

Canoeing the Virtual. Image by Sergio Garzon, 2019.

" Tribal languages contain the tribal genesis, cosmology, history, and secrets within. Without them we may become permanently lost, or irrevocably changed."

— Darrell Robes Kipp[1]

[1]   Kipp, D.R., (n.d.) "American Indian Millennium: Renewing Our Ways for Future Generations," *The Piegan Institute*. <pieganinstitute.org/to-have-a-home>.

5.1

Ka Hana Maoli i ke Kaʻina Hana ʻŌiwi

Caroline Running Wolf lāua ʻo Kauka Noelani Arista

He Cheyenne, he Māori, he ʻŌiwi, he ʻAlalā, a he ʻelua Hawaiʻi i komo i ka Hale ʻAwakeke...

ʻO ka maʻa mau, pēlā e hoʻomaka ai he hoʻomākeʻaka ʻino. ʻAʻole naʻe he hoʻomākeʻaka iki. Eia ke kinohi o ka haku wale ʻana aku o ka ʻike moʻomeheu a me ka mākau ʻenehana, e kōkua ai i ka ʻapo hou o ka ʻōlelo ʻŌiwi. ʻO kahi o ia hoʻomākeʻaka ʻana aku nei, ʻo kahi o ka Hale ʻAwakeke, he hale ia mai nā makahiki o 1920 ma Kahala, ma Honolulu.

He hui pā lāhui ua hui lā i hoʻopuka mua ʻia ma luna o nā ʻenekia, nā akeakamai, a me nā koa ʻōlelo mai ʻō a ʻō o ka honua, a ua ʻākoakoa iho nei i Hawaiʻi a komo ihola nā lālā i ʻelua hālāwai moe kahi ʻana ma Malaki a me Mei, 2019. Ua hoʻomaka ko mākou hui ma ka hālā∑ai ʻelua ma Mei ma ka nanea wale ʻana nō ma nā kokī o ka lumi hoʻokipa o ka Hale ʻAwekeke. Hāpai nā mea hoʻolaukaʻi e hui ʻokoʻa ka poʻe no ka hiki ke kaulapa ka maʻiʻo. Kapa kūikawā ʻia ko mākou hui ʻo "Team Prototype" a ʻo ka poʻe o ka hui: ʻelua ʻenekia polokalamu (ʻO Joel Davison, he Gadigal a he Dunghutti no Nūhōlani, lāua ʻo Michael Running Wolf, he Cheyenne ʻĀkau mai ʻAmelkia mai), a he kālaiʻikepili (ʻO Caleb Moses, he Māori no Aotearoa), he manakia pāhana (ʻo Caroline Running Wolf, he Crow from the USA), a he kanaka mālama 'Ike Kanaka Maoli ('o Dr. Noelani Arista), a he hoa kūkā Hawai'i ('o Isaac 'ika'aka Nāhuewai). He hālāwai kāka'ikahi ia kime'ōlelo 'Ōiwi o nā koa a puni ka honua, no lākou nā mākau pohihihi loa a me ka 'ike mo'omeheu ma ka ho'okahi wale nō lumi!

Me ka ho'omana'o pū 'ana, no nā 'oihana hāiki a laulā loa kēia mau lālā pākahi o ke kime, e aho ke no'ono'o no ka mana'o o o ia 'ōlelo 'o "indigenous."

I loko nō o ko ka hua'ōlelo 'o "indigenous" kumu 'ana ma ka 'ōlelo Lākina, he mea hou kona ho'ohana 'ia. Ua ho'ohana 'ia ia 'ōlelo 'o "indigenous peoples" ma ke 'ano he hua'ōlelo laulā e nā alaka'i 'Ōiwi kau'āina, e like me ka United Nations, me ke kū'ē pū i kona mana'o iho. He hō'ike ka ho'ohana 'ana i ua hua'ōlelo lā no ka pono o kahi hua'ōlelo 'oi aku o nā palena o ke kau'āina. He pili ia hua'ōlelo i 'oi aku o ka 370 miliona po'e 'ōiwi mai nā wahi a polikika like 'ole no lākou nā 'ano 'oko'a o ka mo'omeheu, no lākou pū nā pilina like ma waena o ka po'e 'Ōiwi a me nā kau'āina e kū nei 'ānō. [1] He mō'aukala like ko ka po'e 'Ōiwi i 'ō a 'ō o ka honua no ka ho'okolonaio hewa 'ia ma ka 'ōnaehana, "'o ke komo hewa, ka noho hewa, ka ho'okolonaio, a me ka ho'oka'awale 'ana i ke aupuni." [2] 'O kekahi like paha ka 'ane halapohe o ke kūlana o ka 'ōlelo. I loko nō o ka "hilimia i nā kolonaio o ka wā i hala a me ka wā e kū nei." [3] Hiki i ka po'e 'ōiwi ke 'ano ho'omaopopo kekahi i kekahi ma ka wae'ano "'ōiwi," me nā hi'ohi'ona like ma waena me ka mana'o e 'oi aku ka wā e hiki maila.

Hāpai 'o Shawn Wilson (he Cree), 'o kekahi o ka 'ā'ume'ume o ka ho'oka'a'ike 'ana ma waena o nā mo'omeheu ka 'imi 'ana i kahi like [4] —he hana ma'alahi a'e ke kūkā ma waena o ka po'e i like ka mo'omeheu, 'a'ole na'e no ka po'e "'oi aku ka lō'ihi ke kūkā ka po'e o kekahi mo'omeheu no ka pō'aiapili, ka mō'aukala, a mana'o 'i'o paha o ka mo'olelo, ma mua o ka ha'i wale 'ana aku nō i ka mo'olelo." [5] Pōmaika'i nō na'e mākou ma kahi like mai kinohi o ka launa 'ana ma ka hale, a nohie ihola ka ho'oka'a'ike me ka laulima pū.

Ma ke 'ano he po'e 'Ōiwi mai nā kau'āina Anglo 'o 'CANZUS' (Canada, Australia, New Zealand, US), he like loa nā mea i make'e 'ia e mākou. Ma kona puke *Research is Ceremony*, 'ōlelo 'o Wilson "'o Cora Weber-Pillwax ka mea nāna ka 'ōlelo "he pono ke kanaka noi'i e ho'omaopopo no nā R 'ekolu, 'o ka Respect, Reciprocity a me ka Relationality, ma ke 'ano he kia ma ka noi'i 'ana." Wehewehe hou aku 'o Evelyn, 'oi aku ka hō'ihi ma luna o ka mahalo a me ke noi 'olu'olu, a 'oi aku ka

[1] Factsheet: Who are Indigenous peoples?, (May 12, 2006), *United Nations Permanent Forum on Indigenous Issues*, <un.org/esa/socdev/unpfii/documents/5session_factsheet1.pdf>.

[2] "invasion, occupation, imposed cultural change, and political marginalization," Niezen, R. (2003) *The origins of indigenism: Human rights and the politics of identity*. Berkeley, CA: University of California Press, p. 93.

[3] "Marked by past and present colonialisms." de la Cadena, M. and Starn, O. (2007), *Indigenous Experience Today*. Oxford, UK: Berg Publishers, p. 3

[4] Wilson, S. (2012), *Research is ceremony: Indigenous research methods*. Winnipeg, Manitoba: Fernwood Publishing, p. 6.

[5] "speaking with people from another culture it often takes longer to explain the context, background or meaning of a story than it does to actually tell the story." Ibid., p. 7.

"reciprocity" ma luna o ka makana wale 'ana aku." [6] 'O kahi mea hou aku e no'ono'o 'ia, 'o ka pili: ke ki'ina hana, ka loina, a me ka pahuhopu e pili pū ana i ke kaiāulu a me ka pō'aipili. Pono ka noi'i a me nā pāhana he 'ano hana pū me ke kaiāulu.

'O kahi mea hou aku, kahi e ka'ana 'ia ai kēia mau make'e a ke kime holo'oko'a e pūlama ai, a pēlā nō ka makakau 'ana i ke ko'iko'i o ka ho'ōla 'ōlelo. Wahi a ka United Nations, o

> "ka 'ōlelo he nui ma kahi o ka 7 kaukani, 'ōlelo 'ia ka hapanui e ka po'e 'ōiwi, no lākou ka hapanui o ka huina honua. (...) A no nā 'ōnaehana 'ike a mo'omeheu i hui pū 'ia e kēia mau 'ōlelo kūloko ma nā makahiki he mau kaukani i hala iho nei, he momi mo'omeheu maoli nō ke nalowale ia mau 'ōlelo. E nele auane'i nā 'ano like 'ole o ka honua, ma ke kālaikaiaola, ka ho'okele waiwai, a me nā 'ano mo'omeheu like 'ole. [7] I loko nō na'e o ko lākou kūlana ko'iko'i, 'o ia 'ane halapohe nei nō ia o ka 'ōlelo o ka honua, a he pono ka hopohopo. [8]

Me ka ho'omana'o pū i kēia, ua kauoha 'ia aku nei, 'o ka makahiki 2019 ka Makahiki o ka 'Ōlelo 'Ōiwi [9] i mea:

- "e kia ai ka honua ma luna o ke kūlana 'ane halapohe o ka 'ōlelo 'Ōiwi,"

- "e ho'omaopopo ai "ke ko'iko'i no ka mauō, ka ho'oku'ikahi, ka lula kūpono a me ke kūkulu i ka maluhia,"

- "e paipai ai i ke ko'iko'i 'o ka mālama, ka ho'ōla, a me ka ho'olaha aku iā lākou." [10]

'A'ole he pono ke kauoha kūhelu o ka United Nations e maopopo ai i ka po'e 'Ōiwi ka 'ane halapohe

---

[6] "Cora Weber-Pillwax, who says, "A researcher must make sure that the three R's, Respect, Reciprocity and Relationality, are guiding the research." Evelyn explains, Respect is more than just saying please and thank you, and reciprocity is more than giving a gift." Ibid., p. 58.

[7] "the almost 7,000 existing languages, the majority have been created and are spoken by indigenous peoples who represent the greater part of the world's cultural diversity. (...) Given the complex systems of knowledge and culture developed and accumulated by these local languages over thousands of years, their disappearance would amount to losing a kind of cultural treasure. It would deprive us of the rich diversity they add to our world and the ecological, economic and sociocultural contribution they make. The role of the language, (2019), United Nations Permanent Forum on Indigenous Issues, <en.iyil2019.org/role-of-language>.

[8] But despite their immense value, languages around the world continue to disappear at an alarming rate." Media, (2019), *United Nations Permanent Forum on Indigenous Issues*, 2019 <en.iyil2019.org/media>.

[9] On December 18, 2019 the United Nation has declared an International Decade of Indigenous Languages to begin in 2022.

[10] "focus global attention on the critical risks confronting Indigenous languages," recognize "their significance for sustainable development, reconciliation, good governance and peacebuilding," "encourage urgent action to preserve, revitalize and promote them." Home - International Year of Indigenous Languages, (2019), *United Nations Permanent Forum on Indigenous Issues* <en.iyil2019.org>.

[11] Home - International Year of Indigenous Languages, (2019), United Nations Permanent Forum on Indigenous Issues <en.iyil2019.org>.

o ka 40 o ka 'ōlelo honua. [11] Kāka'ikahi, inā loa'a, nā kaiāulu i 'alo i ka 'ā'ume'ume o ka ho'okolonaio a pāpā 'ia o ka 'ōlelo makuahine, a pēlā nō nā lāhui o ke Kime Prototype. Ua hāmau mākou ma ka ho'omaopopo 'ana i kahi kūlana like loa o mākou. He mau koa nā lālā 'eono no ka 'ōlelo 'Ōiwi, a lauaki ko kēlā a me kēia mākau ma nā lāhui pono'ī e kāko'o i ka ho'ōla 'ōlelo 'Ōiwi 'ana.

'A'ole i li'uli'u ka manawa pōkole ma hope o ka ho'olauna 'ana iā mākou iho. 'O ke akāka akula nō ia o ke kuleana 'o ke kūkulu 'ana he mea au hou. Ua ho'oholo mākou e ho'ohana 'ia kēia pule he "hackathon," a kūkulu a'e he W'IH me ka ho'ohana pū 'ia o ke 'Ka'ina Hana 'Ōiwi.' Me ka hō'ili'ili 'ia o kēia mau pepa, lana ko mākou mana'o e hō'ike 'ia aku kā mākou hana pono'ī a e hō'ike 'ia aku ho'i ka 'ōnaehana ma waena o ko mākou mau make'e pono'ī.

Ma hope iho nei o ka puapua'imana'o 'ana o mākou, ua ho'oholo 'ia he mea pono ho'ōla 'ōlelo 'Ōiwi kā mākou e kūkulu ai. Ua 'ae like mākou 'eono, i mea e kō ai ke koina o ka *Relevance*, 'o ke kahua ana o ko mākou hālāwai ka ho'ōla 'ōlelo 'ana— he keu pono no ko mākou mau kaiāulu pono'ī a pēlā nō ka po'e 'Ōiwi ma ka laulā. Ma ka no'ono'o 'ana no ke kūlana o nā 'ōlelo 'Ōiwi, mana'o 'i'o mākou no ka 'enehana hou loa e like me ka Waihona 'Ike Hakuhia, ua hiki ke 'oi aku ka ho'ōla 'ōlelo 'Ōiwi 'ana. E like me kā Kauka Arista ma kāna paukū *Indigenizing AI*: "E ho'omaka ke ki'ina hana 'ōiwi Hawai'i ma ke kahua 'o ka 'ōlelo, 'a'ole e pau ma laila." [12] I loko nō o ka no'ono'o 'ana o mākou no kekahi mau 'ōlelo, 'o ke Crow, Gadigal, a me ka Cheyenne 'Ākena nā mea kiko'ī, ua koho 'ia iho nei ka 'ōlelo Hawai'i, 'o ia ka 'ōlelo a mākou e hāpai ai, ma muli o ka mālama 'ia o ko mākou mau hālāwai ma ka 'āina 'ōiwi o Hawai'i. He hō'ike i ka *Respect* a me ka *Reciprocity* i ko mākou mau mea ho'okipa.

'O kekahi hi'ohi'ona o ke kūkulu pilina 'ana me ko mākou mau mea ho'okipa Hawai'i, a pēlā nō ka ho'omaopopo 'ana no ka pili o kā mākou hana, ka hui pū 'ana me ko Hawai'i ma ka wā holo'oko'a o ke kūkulu 'ana. Ua hāpai like 'o Dr. Arist lāua 'o 'Ika'aka i ka mana'o mai kinohi a ma ka wā o ka pāhana, mai ke kupu 'ana a'e o ka mana'o a hiki loa i ka ho'okō. Hāpai a'e 'o Dr. Arista i kāna pepa, 'o ke kōā e kū nei ma waena o ka po'e, "a'oa'o 'ia ka po'e kūkulu 'enehana, 'a'ole na'e i a'oa'o 'ia no ka 'ike" a ua hiki ke ho'oulu 'ia ka pilina ma waena o ka po'e kūkulu, 'enekia, a me ka po'e no lākou ka 'ike." [13] Ua loa'a nō kā nā pono keu o ke kimi i 'ōiwi ka po'e a pau: ua launa wale nā lālā, a ua kāko'o pū 'ia kā lākou hana. 'A'ole i 'uha'uha ka manawa ma ka wala'au 'ana no ka 'ōiwi a mauli paha, 'o ke aloha wale 'ana aku nō o ke kime no nā like o ka hui.

Ma ke 'ano he mau po'e kūkulu 'Ōiwi me ka wali o ka 'enehana, ua maopopo ke kōā o ka 'ike, a he mahalo ho'i i ka hiki ke hana pū me Kauka Arista lāua 'o 'Ika'aka, na 'olua i lawe a hō'ike mai i ka 'ike 'ōlelo a pēlā nō ke kuana'ike mo'omeheu. Hiki i ka po'e no lākou ka 'ike ke ho'olako i ka pilina hohonu o

---

[12] "A Hawaiian Indigenous methodology should begin, not end, with a foundation in language." Arista, N. (2020). Indigenizing AI: The overlooked importance of Hawaiian orality in print, this publication.

[13] "developers who have been trained to code, but not trained to know ('ike)" can be bridged by "cultivating good social relations between developers, engineers, and knowledge keepers."

ka mō'aukala 'ōlelo, me ka ho'olauna pū 'ana i nā hua'ōlelo i 'novel,' a me ka hō'ili'ili pū i ka 'ikepili hou, a me ka ho'olako 'ana i nā polokalamu e hō'ike ana no ka ho'ohana 'ōlelo 'Ōiwi i loko o nā kaiāulu 'ōlelo, a me ka ho'opili 'ana iā lākou i ke kahua o ka 'ike ku'una.

'Olu'olu 'o Dr. Arista lāua 'o 'Ika'aka i ka hana pū 'ana me ke kime 'Ōiwi no nā Ka'ina Hana 'Ōiwi, ua mālama lāua he mau hoa kūkā ma nā pāhana 'ē a'e i like. Ma ko lākou mau pāhana i 'ano like me kēia, he pinepine ke kuleana 'o ka "cultural consultant," he kuleana ia e hō'oia wale iho ana i ka pono o ka loina no ka ho'olilo 'ana i ka no'eau Hawai'i he kumu kū'ai. Ma ka 'ēko'a nō na'e, ua kālele ko mākou kime i ke ko'iko'i 'o ka hana pū 'ana i mea e piha ai ko mākou 'ike a mākau pono'ī. Ua kūpono ko mākou hana pū 'ana a me ka ho'omaopopo pū 'ana i ko kēlā a me kēia mākau ikaika a ua mālama 'ia nō ka wā e wala'au 'ia ai nā pōpilikia me ka ho'ā'o 'ana i nā hopohopo o kēlā a me kēia ma ke 'ano he lawena kūpono a lawena hō'ihi paha.

'O ka hopena, i mea e hopu 'ia ai kā mākou pahuhopu 'o ka haku 'ana he mea pono 'ōlelo Hawai'i, ua pono nō ka ho'onoho maika'i 'ana i kā mākou polokolamu ma ka pō'aiapili ākea o ka 'ike a mo'olelo Hawai'i, a he hō'ike nō ia i ka pahuhopu Hawai'i o kēia mua aku. Ma mua o ka hiki ke haku 'ia kēia moemoeā 'North Star' o ka mea pono 'ōlelo Hawai'i e hiki maila, he pono ia no ka maopopo 'ana o ke kūlana o ka 'enehana a ma hea ana i 'elima a i ka 'ehiku makahiki mai kēia mua aku. Ua nānā mākou ma ke 'ano he kime i nā polokalamu a'o 'ōlelo e kū nei a pēlā nō kekahi mau 'enehana 'oia'i'o. [14] No ka 'enehana au hou loa, ua ho'omoemoeā mākou i ka "'enehana 'Ōiwi maoli i waiwai" [15] me ka W'IH ma ke 'ano he ikū kau paha, he mahele 'ōlelo, a he waihona 'ike. Ua ho'omoemoeā mākou i ia hāme'a e hiki ai ke lu'u i loko o ka 'ōlelo. E like me kahi e ho'ohana 'ia ai, hō'ike 'ia ka 'ike kūpono ma ka pō'aiapili o ia 'āina kiko'ī e kū ana ke kanaka ho'ohana. Ua kapa aku mākou i ia mea pono ho'ōla 'ōlelo Hawai'i W'IH, 'o Kuano'o. E like ho'i me kā Michael Running Wolf i 'ōlelo ai ma kāna paukū, 'o *Dreams of Kuano'o,* 'o ka 'enehana kahua e like me ke apo lohe 'oia'io hō'ākea, ka unuhi a ka mīkini, a me nā mea kāko'o ma o ka leo, i kēia mau lā – 'a'ole na'e no ka 'ōlelo 'Ōiwi.

Ma ka no'ono'o 'ana i ka palena pau he ho'okahi wale nō pule, ua 'ihi ka hana a ke kime holo'oko'a ma ka ho'opa'a 'ana i ka moemoeā 'ana a me ke ke'ehina mua: he polokalamu kelepona pa'a lima ana ia me kahi wehewehe i hiki ke 'ike maka 'ana a me ka ho'omaopopo ki'i.

'O ka hana mua ke kapa 'ana aku i ka polokalamu. Wehewehe piha 'ia ke kumu a me ke ala i ho'oholo ai mākou iā *Hua Ki'i,* no ke kāmua, a 'o *Kuano'o,* no ke kāmua hope e moemoeā ana, aia nō i ka mahele *Indigenizing AI: The Overlooked Importance of Hawaiian Orality in Print.*

Ua ho'omoe nā kūkākūkā hohonu 'ana me Isaac a me Dr. Arista i ke ala e ho'opō'aiapili 'ia ai kēia mau

---

[14] 'Enehana Akakū = Virtual Reality, 'Enehana Akakū 'Oia'i'o = Augmented Reality

[15] "Actual effective Indigenous edu-tech." Joel Davison during brainstorming session in May 2019, *Indigenous Protocol and Artificial Intelligence,* Workshop 2, May 26 - June 1, 2019.

ʻenehana i loko o ke kuanaʻike Hawaiʻi kūpono o ke kaʻina hana ʻŌiwi a me ke kiʻina hana e hoʻohana ʻia. He hōʻike ka pāhana holoʻokoʻa, mai ka hoʻoholo, i ke kūkulu, i ke paʻi wikiō ʻana i ka wikiō hōʻike maopopo, [16] he hōʻike hoʻi ia i ke ala o ka manakia, ka ʻenekia, a me ka poʻe nona ka ʻike e lauaki ai i ka hana ma nā mahele a pau.

ʻO kā mākou pāhana kāmua, hōʻike ʻo Hua Kiʻi i ka lauaki pū ʻana o ka poʻe ʻŌiwi kūkupu, ʻenekia, a me ka poʻe no lākou ka ʻike e haku ʻia he ʻōnaehana hoʻōla ʻōlelo a ma nā nāki a wahi like ʻole e hoʻohana ʻia ai ka ʻōlelo.

E like me ka wikiwiki i hoʻoholo ai mākou i ka mea pono hoʻōla ʻōlelo, ua hoʻomahele aku nei mākou i nā kuleana o ke kime:

- No Joel Davison, he Gadigal a he ʻenekia Dunghutti mai Sydney, Nūhōlani, nāna i haku i kahi e komo ai ka mea hoʻohana i ka polokalamu ma ka papa helu a me ke aʻoaʻo a Isaac ʻIkaʻaka Nāhuewai i haku ai me Dr. Arista.

- No Caleb Moses, he kanaka ʻepekema ʻikepili Māori: ua hana kokoke me Dr. Arista me ʻIkaʻaka Nāhuewai e kūkulu ʻia ai ka ʻīkoi o ka polokalamu —ʻo ka puke wehewehe a me ka unuhina mai ka Pelekānia aku i ka Hawaiʻi.

- Michael Running Wolf, he kanaka ʻepekema lolouila: nāna i kūkulu i ka hapa hope, a me nā Mea Polokalamu e pili ai ko ke kuhikuhipuʻuone ʻia o ka polokalamu i ka puke wehewehe, ka WʻIH, a me ka hapa hope

- No Noelani Arista, he kanaka nona ka ʻike Hawaiʻi a he Hope Polopeka Mōʻaukala ma ke kulanui o Hawaiʻi ma Mānoa: nāna i kūkulu pū i ka puke wehewehe, nāna i alakaʻi i ke kūkā no nā inoa a me ke ala e paʻa ai ka ʻike, ka ʻōlelo, a me ke kapa ʻana.

- No Isaac ʻIkaʻaka Nāhuewai, he kanaka maoli, he hoʻokani pila, a he pukana laoʻo, MA, ma ke kulanui o Hawaiʻi ma Hilo. Aia nō ʻo Dr. Arista lāua ʻo ʻIkaʻaka ma mua o ka hui. Na lāua i hoʻomoemoeā i ka ʻenehana Hawaiʻi hou me mākou me ka hōʻoia pū i ka pōʻaiapili kūpono e kūkulu ai ka ʻenehana no ke kaiāulu ʻōlelo Hawaiʻi me ka ʻihiʻihi. Na lāua i kūkulu i ka puke wehewehe no ke kāmua, he haku hapa mai nā puke wehewehe Hawaiʻi mai e kū nei a pēlā nō ka nīele ʻana i ka poʻe ʻōlelo Hawaiʻi no ia mau huaʻōlelo.

- No Caroline Running Wolf, he manakia pāhana Crow: nāna i hōʻoia i ka hoʻokaʻaʻike kūpono ʻana ma waena o nā lālā, a pēlā i ke kahe maikaʻi ʻana i kēlā a me kēia hui hoʻolaukaʻi ʻana a me ka hoʻoholo ʻana. Kōkua pū aku nei ʻo ia me ka iwi o ka polokalamu a me ke kuleana ʻo ka hoʻolaukaʻi ʻana o ke kime ma o ka manawa, ka moana, a pēia ke kūkulu ʻana i nā ʻāpana o kēia pepa.

Pili loa aku nei kēlā a me kēia ʻaoʻao mai mua a ma hope. Ua pono e lōkahi kā mākou hoʻoholo ʻana no ke kuleana o kēlā a me kēia ʻaoʻao a me ke ala e hoʻokaʻaʻike ai kekahi me kekahi. Ua hoʻoholo like mākou i

---

[16] Obx Labs, (2019) IP AI: Hua Kiʻi (video), *Vimeo* <vimeo.com/348661163/d9bff8f5bf>.

ke ka'ina hana e 'āwili 'ia aku nō ka mana'o 'ōiwi a me nā koina 'enehana i loko o ka hana 'ana i mea e kō kūpono ai ke kūkulu 'ia o ke kāmua ma mua o ka pau 'ana o ko mākou wā pōkole kekahi me kekahi. 'A'ole i hiki ke ho'oholo ma ka pākahi, no ka pā 'ana o kēlā a me kēia i nā kuleana, a ua ho'oholo koke 'ia nā mana'o me ka 'emo 'ole. Ua maopopo nō iā mākou nā pilikia e kupu ana i mua o kā mākou pāhana 'enehana 'Ōiwi, a ua pono e ho'oholo like i ke ala i mua i loko o kēia ao hemolele 'ole.

'O ka maika'i loa, ua haku a kūkulu mākou i kā mākou mea W'IH iho, me ka ho'ohana pū i ka mo'omeheu 'ōiwi a me ka 'ōlelo ma ka ho'ononiakahi i ka pō'aiapili. 'A'ole na'e i lawa ka manawa a me nā kumu waiwai i hiki ke haku 'ia kā mākou mea iho. A no laila i pono ai ka ho'oholo 'ana no ka mīkini 'ōlelo Pelekānia e kū nei he la'ana no ka iwi o kā mākou kāmua. Ua ho'ohana 'ia he awakea a 'auinalā e nānā ana i ua mau mea lā e kū nei a e ho'ohana 'ia nei e ke kaiāulu 'epekema W'IH, ma ka Pelekānia wale nō, i hiki i ka mīkini ke ho'omaopopo i nā 'ano mea ma'amau o ka nohona ma kekahi ala i nohie ka unuhi 'ana aku. He mau pilikia nō ko kēlā a me kēia la'ana i loa'a, me nā hua'ōlelo 'ē i pono ai ka unuhi 'ia. I la'ana, no ke ki'i ho'omaopopo he 1000 hua'ōlelo e hiki ana ke ho'omaopopo i ke 'ano o ka 'īlio, 'a'ole i hiki ke pane nohie iā "'īlio." 'A'ole i hiki ke unuhi i nā wae'anona like 'ole no kekahi kāmua miomio. I ke au o ka manawa kā mākou ho'oholo 'ana no ka mea nohie, me ka 90 wale nō hua'ōlelo. A pa'a kēia 'ao'ao ko'iko'i i ka ho'oholo 'ia, 'o ka lolo W'IH, ua ho'omāhele 'ia akula nō nā kuleana.

'A'ole i 'ē loa kā mākou ka'akālai. I loko o kā mākou ka'ina hana i hō'ea pākahi ai mākou i ke ka'akālai kūpono i pili iki i ka polokalamu ki'i a ka po'e Māori i kūkulu ai. 'O ke kūkulu mua 'ia o ka polokalamu "Kupu,"[17] he hō'oia nō ia i ka hiki ke hana 'ia ia 'ano polokalamu no nā kaiāulu 'Ōiwi o kēia wā.

Mai nā pā'ālua a me ke ana a'o mīkini a hiki i ka puke wehewehe, he pili nō kēlā a me kēia pono hana i ka 'ōlelo māmalu 'o ka Pelekānia a pēlā nō e ho'okinona 'ia ai kēla a me kēia pono a'o 'ōlelo o ka mana'o Haole. 'O ka 'oia'i'o, a ma kēia pō'aiapili 'o kēia kāmua, e ho'ohana ana nō mākou i ka 'enehana Haole e kūkulu 'ia ai he pono hana 'Ōiwi me ka 'āwili pū 'ia o ke ki'ina hana Haole a me ka loina 'Ōiwi.

Ua kaulana ko Audre Lorde 'ōlelo 'ana aku "'A'ole ana e hiki i ka pono hana o ka haku ke wāwahi i ka hale o ka haku. He 'ae kū manawa nō na'e paha kona e lanakila ma kāna pā'ani iho, 'a'ole na'e e hiki ke ho'ololi maoli."[18] He kia a alaka'i 'ana ko kēia 'ōlelo a Audre Lorde i ke kuana'ike kūpono me ka hō'oia pū 'ana aku i nā hopena o ka hana 'ana me "nā pono hana a ka haku," a me ke kaupalena 'ana i ka 'enehana: he kuleana nō ho'i ko kākou i ka ho'okō i ka hana a nā kūpuna i waiho maila.

Ua kuano'o nō kā mākou kime i nā palena o ka hana pū wale 'ana nō i loko o ke kuana'ike kolonaio o ka haole, a ua kūkulu 'ia he kāmua me ka puke wehewehe e hō'ike 'oia'i'o ana i ka 'ōlelo o kēia au nei nō. Ma ke kūkulu 'ana he papa hua'ōlelo, ua pono pū e kūkulu 'ia he papa ki'i o nā ki'i kūpono, e la'a me ka pua 'ōiwi a mea kanu 'ōiwi paha, ua pono e hō'ike 'ia ma ke kuana'ike a ka po'e Hawai'i e

---

[17] Kupu's software, featuring the Te Aka Māori Dictionary, can be found on their website, <kupu.co.nz>.

[18] "For the master's tools will never dismantle the master's house. They may allow us temporarily to beat him at his own game, but they will never enable us to bring about genuine change." Lorde, A. (1984). The master's tools will never dismantle the master's house, in *Sister outsider: Essays and speeches*. Berkeley, CA: Crossing Press, p. 112.

moemoeā ana i kēia manawa ma ka pōʻaiapili kūpono.

I loko nō o ke kōkua o nā puke wehewehe, he mau hemahema a keʻe hoʻi paha nō ko lākou. He pōmaikaʻi a he pōʻino ka hanauna hou o nā puke wehewehe Hawaiʻi no ke akeakamai ʻo Mary Kawena Pukui. He hōʻiliʻili paʻu mau ʻo Pukui i nā huaʻōlelo Hawaiʻi ma kona mau makahiki kanakā, he kuleana nō ia i hiki iā ia ke ʻauamo ma hope o nā kekeka o kona hoʻopaʻa naʻau ʻana i nā huaʻōlelo ma ka hoʻolohe, ma ka hoʻopuka, a me ka hoʻomaopopo wale ʻana nō. He paʻakikī nō no ka poʻe o kēia wā i hānai ʻia ma ka ʻōlelo Pelekānia, ka moemoea ʻana i kāna hana ʻo ka hōʻiliʻili ʻana i nā huaʻōlelo a pau no ka haku puke wehewehe ma ka ʻōlelo ʻōiwi. Hoʻonoʻonoʻo ʻia ka luaahi o ke kolonaio i ke kuleana ʻo ka hoʻomaopopo ʻole ʻana i ka ʻōlelo, moʻomeheu, a me nā loina ʻōiwi, ʻoiai, noho kākou i ke ao o nā moʻomeheu aloha ʻāina a ua hoʻomaka wale aku nei nō lākou i ka hoʻomaopopo ʻana i ke kuleana o ke aupuni i ka hoʻokaʻawale ʻana i ka ʻŌiwi mai ko lākou nohona a hoʻomana aku, me ka wāwahi pū ʻana i ka pilina o ka poʻe a me ka ʻāina. No nā kenekūlia o nā polokalamu e kāohi ana, e hoʻokolonaio ana, ʻo ka hopena nō ke kūlana ʻōiwi e kū nei. ʻAʻole hiki ke pani maikaʻi ka mauli no nā pilina a ua haku ʻia nō e ke kolonaio ʻana. Kohu mea, he hana nui paʻakikī ke aʻo ʻana i ka ʻōlelo ʻŌiwi.

Ma kekahi piliolana o Mary Pukui i hoʻopuka ʻole ʻia a i kākau ʻia e kona ʻohana, ua hoʻopaʻa lākou:

> "Ma loko o kāna mau hana hoʻōla i ka mālama ʻana o ka moʻomeheu Hawaiʻi he
> nui wale, manaʻo naʻe ʻo ia ʻo kāna hana i ka puke wehewehe ka mea koʻikoʻi mau
> no ka poʻe ʻōpiopio o kēia mua aku, ʻōlelo pinepine ʻo ia 'hiki i ke kanaka ke aʻo i nā
> pilinaʻōlelo a pau loa a mīkololohua wale aku nō nā huaʻōlelo Hawaiʻi i paʻa iā ia,
> inā naʻe ʻaʻole i paʻa ka ʻōlelo hoʻonaninani a ʻawaʻawa paha, he aʻo nō koe.' " [19]

No ka huliāmahi ʻana o nā nāki o ka hui, noʻonoʻo iho nei ʻo Dr. Arista i ka hiki paha ke kūkulu ma luna o kā Mary Kawena Pukui a me ia mau akeakamai ʻōiwi a ʻōiwi ʻole paha o kona hanauna, e hana pū iho me ka iwi o kā ka Hawaiʻi lekikona: ʻaʻole wale nō ʻo ka hoʻoponopono, hoʻonui, a hoʻohonu hou aku i ka lekikona me ka ʻōlelo i lako e hōʻike ʻia ka ʻōlelo "sweet and sour," he hāpai hou aʻe naʻe i ka ʻōnaehana o ke kiʻina hana no ke kuanaʻike ʻŌiwi, he ala paha e hiki ai kākou i ka ʻike Waihona ʻIke Hakuhia. No ka nui o ka ʻōlelo e mau nei ma ka ʻōlelo Hawaiʻi, ua hiki paha ke luʻu piha i ka hoʻomau ʻana i ka noiʻi nowelo a haku hou ʻia aku ka ʻike pili, ka hōʻiliʻili, hoʻohui, a hoʻolaukaʻi ʻana, he mau ala kona e hiki ai ke hoʻohana ʻia ma nā ʻano pā ʻoihana like ʻole.

Eia naʻe he pono i nā mea hou aku ma ke kūkulu ʻana i kēia ʻano, ʻaʻole wale nō ʻo ke kālaiʻōlelo. He pilikia ko ka papa o ka ʻike me ka loaʻa ʻole o ka pōʻaiapili. Nui loa nā mākau o ke kānaka kūkulu, ʻaʻole naʻe i aʻoaʻo ʻoʻoleʻa ʻia no ka haku ʻana i nā aʻololo i ka ʻike i paʻa ma ka loina. Ua hiki i ka palapala

---

[19] "Of all her work towards the preservation of Hawaiian culture she felt that her contribution to the dictionary would remain the most important for the young people of the future though she often said, 'One may learn all the grammar possible today and have a very large vocabulary of Hawaiian words at his command, but if he fails to understand words sweetly spoken and sourly meant, he still had more to learn.'" Pukui, M.K., Bacon, G. and Bacon. P. N. (n.d.) *Untitled Biography of Mary Kawena Pukui.* Unpublished. Honolulu. Bacon Family.

Hawai'i ma ke 'ano he noi'ina ke ho'okino hou 'ia aku a ho'ohana 'ia ho'i i nā 'ano papahana ho'ōla 'ōiwi a 'ōiwi 'ole paha.

'A'ole wale nō i kupu he kāmua o ka puke wehewehe kaumaka ma kēia pule hana, ua huliāmahi pū nō na'e nā kānaka 'ōlelo 'Ōiwi. Lana ko mākou mana'o no kēia mua koke iho nō, 'o ka ho'omau nō ia o ko Huaki'i a me ko Kuano'o me ke pani li'ili'i pū 'ana i ke kuana'ike Haole i loko o nā puke wehewehe a mākou ma loko o ka 'ōlelo helu.

Papa Kūmole:

Davison, J. (2019). Brainstorming session. *Indigenous Protocol and Artificial Intelligence,* Workshop 2, May 26 - June 1, 2019.

de la Cadena, M. and Starn, O. (2007). Introduction. In M. de la Cadena & O. Starn (Eds.), *Indigenous experience today* (pp. 1-30). Oxford, UK: Berg Publishers.

Endangered Languages Project. (n.d.) About the Endangered Languages Project. Retrieved from endangeredlanguages.com/about.

Lorde, A. (1984). The master's tools will never dismantle the master's house. In *Sister outsider: Essays and speeches* (pp. 110-13). Berkeley, CA: Crossing Press.

Niezen, R. (2003). The origins of indigenism: Human rights and the politics of identity. Berkeley, CA: University of California Press.

Obx Labs. (2019). *IP AI: Hua ki'i* [video]. Retrieved from vimeo.com/348661163/d9bff8f5bf.

Pukui, M.K., Bacon, G., and Bacon, P.N. (n.d.) *Untitled Biography of Mary Kawena Pukui.* Unpublished. Honolulu. Bacon Family.

United Nations Permanent Forum on Indigenous Issues. (2006). *Factsheet: Who are Indigenous peoples?* Retrieved from un.org/esa/socdev/unpfii/documents/5session_factsheet1.pdf.

United Nations Permanent Forum on Indigenous Issues. (2019). The role of the language. Retrieved from en.iyil2019.org/role-of-language.

United Nations Permanent Forum on Indigenous Issues. (2019). Home - International Year of the Indigenous Languages. Retrieved from en.iyil2019.org.

United Nations Permanent Forum on Indigenous Issues. (2019). Media. Retrieved from en.iyil2019.org/media/.

Wilson, S. (2012). *Research is ceremony: Indigenous research methods.* Winnipeg, Manitoba: Fernwood Publishing.

5.2

Ka Hoʻōiwi ʻana i ka WʻIH: Ke Koʻikoʻi Nānā Nui ʻOle ʻIa o ke Kākāʻōlelo ma ka Palapala

Na Kauka Noelani Arista

Maliʻa, ʻaʻohe lua o ka ulu e like ai me ko ka poʻe ʻŌiwi hoʻohiki ʻia no ka ʻenehana a me ka WʻIH o ka wā e hiki mai ana. I loko nō o ka paʻi a heluhelu ʻana i lawe ʻia maila i ko kākou mau kelekoli e ka poʻe kolonaio, mikionali a me ko kākou poʻe iho nō hoʻi, ʻaʻole i like ka ka hiʻohiʻona o ka ʻenehana no kēia mua aku e like me kona koʻikoʻi i kēia manawa.

I ka wā ma mua, ka wā ma hope: Ka Mōʻaukala a me Kēia Mua Aku

Nui ke kākau ʻia ʻana o ko ka poʻe kolonaio manaʻo no ka ʻŌiwi a me ka pili i ka manawa– ua waeʻano ʻia ko kākou mau kūpuna i nā wahi a pau ma ke ʻano he nalowale a make paha, pinepine ka noʻonoʻo ʻia no ka naʻaupō o ka wā i hala, he aniani kū hoʻi e ana ai ka poʻe ʻEulopa-ʻAmelika no ke au o ko lākou poʻe, a ʻo ka poʻe ʻŌiwi ke koena o ka wā i hala. Ua hiki i ka hiʻohiʻona "ʻenehana" ke waiho aku i ka poʻe ʻŌiwi ma waho o ko ka poʻe ʻōiwi moemoeā ʻana, ko ka poʻe mau hale kula, ko ka poʻe mau mea kūloko o a pēia aku ko ka poʻe loaʻa o ke kālā.

A ʻoiai, he mau ʻenehana hou ke kākau a me ka paʻi i hoʻolauna a manaʻo ʻia i mea e hāpaʻi aʻe ai i ka poʻe ʻŌiwi, ʻaʻole i like ke ʻano iho o ka ʻenehana a me ka WʻIH. I laʻana, ʻaʻohe polokalamu hoʻonaʻauao i koi ʻia e aʻo ai ke keiki i ka helu lolouia, i ka maʻiʻo o ka VR, AR, pāʻani wikiō, i ka moemoeā ʻana i ka wā e hiki maila no ka WʻIH ma ko ke ʻano ʻōiwi maʻamau. I mea e e hoʻoulu ai i ke ea ʻikepili, ma nā ala e waeʻano a hoʻonohonoho ai ko kākou poʻe i ka ʻike, a ma ka pōʻaiapili Hawaiʻi nō hoʻi, he koʻikoʻi ka luʻu loa ʻana iho i ka ʻōlelo, ka mōʻaukala, ka pilikana kanaka, a me ka ʻike kuʻuna, he hilimia nā mea a pau i ko ka poʻe kolonaio. ʻAʻole i pili ke ea ʻikepili ma kēia pōʻaipili i ka aoʻao kānāwai, pili nō hoʻi i ka ʻike ʻia o ko kākou ʻike a me nā kumu waiwai, nā kākoʻo o ke kahua kula a me ke kaiāulu, i mea e ʻoi aku ai ka maopopo, hoʻonohonoho, unuhi a haku ʻana mai ko kākou ʻike ponoʻī iho nō.

No ka Hawaiʻi, he waihona ʻike hakuhia ko ka waihona palapala kahiko. No ka waihona palapala, ʻo ka ʻoi ia o nā waihona o ka ʻōlelo ʻōiwi ʻAmelika ʻĀkau, a he waihona i makahiʻo nui ʻole ʻia i piha me nā palapala, nā kumuwaiwai i haku ʻia ma ka wā i hānai ʻia ai ka ʻōlelo ma ka waha wale nō a laila i hoʻopaʻa maoli ʻia ma ke kākau a paʻi aku. Kū ka paila: ʻo nā mele hou i haku ʻia aku nei, ʻo ka pule me ke mele ʻoe, ʻo ka moʻomanaʻo ʻoe, ʻo ka nūpepa ʻoe, ʻo ke kūkala nūhou, ʻo ka puke, ʻo ka hana ponoʻī o ke aupuni ʻoe. I loko nō o ka ʻane halapohe o ka ʻōlelo Hawaiʻi ma ka ʻōlelo kuluma o ka poʻe, *ola māhuahua ma ka wai ʻeleʻele.*

Ua lawe mai ke kaʻina hana kolonaio i loli ai *ka ʻike* ma nā kaiāulu ʻŌiwi, i nā maʻi i wāwahi iho nei i nā kino i kuʻu ai ka ʻike mai ka hanauna mai a i kekahi aku, he mea ia i moku ai kekahi mau pilina o ke kanaka i ka ʻāina a me ka ʻōlelo.

No ka Hawaiʻi, ʻo ka "ʻike", ʻo ia hoʻi ka hiki ke hoʻomaopopo i ka ʻike, ʻoiai, ʻo ia ka hoʻopaʻa ʻana ma nā kaiāulu, a ua hailona ʻia kēia ʻōnaehana hoʻopaʻa e ko ka poʻe kolonaio hoʻopau ʻana a hoʻohihi ʻana i ka poʻe Hawaiʻi.[20] He pono ka ʻiʻimi ʻike ʻana e komo ai ke kanaka maoli i nā pilina ʻoluʻolu ʻole o ko mākou mau ʻike kuʻuna, me ka hoʻomaopopo pū ʻana i ko mākou kūlana ma o ko mākou ʻike. ʻO ka hopena ʻino loa nō paha o kā ka poʻe kolonaio, ʻo ia hoʻi ka hiki ʻole ke paʻa ka ʻōlelo Hawaiʻi ma nā hale o ka ʻohana Hawaiʻi, ma ke kaiāulu, a ʻo ka hopena ke kaukaʻi ʻana o ka ʻohana ma luna o nā kula hoʻonaʻauao Hawaiʻi, nā kula kaiapuni, nā kula hoʻāmana Hawaiʻi, a pēia pū nā papa ʻōlelo Hawaiʻi ma ke kulanui. Eia ke kiʻina hana e wali ai ka ʻōlelo Hawaiʻi i ka Hawaiʻi. Ma ka ʻāʻumeʻume ʻo ke aʻo ʻōlelo ʻana, he nīnau nui" he aha ka mea e wali ai ke kanaka, a pehea ka ʻānuʻu o ka mea ʻōlelo Hawaiʻi e hōʻea ai, e ʻike ai ka Hawaiʻi i ke kiʻina hana, kuanaʻike, a me ka ʻike kuʻuna o ka waihona noʻonoʻo.

He hiki paha i ka ʻenehana ke kūkaʻi i kēia mau manawa luʻu ʻōlelo, e hoʻā a hoʻoili ana i ke kanaka i kona ʻike kuuna ma o ka ʻenehana e like me ka AR, VR a me ka pāʻani wikiō e hōʻike ana i ka noʻonoʻo ʻōiwi, ke kaʻina hana, a me ka noʻonoʻo. Inā makemake kākou e noʻonoʻo e like me kā nā

---

[20] See, Arista, N, Introduction, *The Kingdom and the Republic : Sovereign Hawaiʻi and the Early United States,* (Philadelphia: University of Pennsylvania Press, 2019).

kūpuna, inā makemake e noʻonoʻo pū me nā kūpuna ma o kā lākou mau ʻōlelo ma ka waha a me ke kākau, inā makemake e hoʻā hou i ia pilina, pehea e hōʻea ai i ia pae? Pehea e pili pū ai ka pilikia a ka poʻe kolonaio i waiho maila i manaʻo ʻia e wāwahi i ka pilina o ke kaiāulu a me ka ʻuhane ma o ka ʻōlelo? ʻAʻole wale nō ʻo ke ala e hoʻihoʻi ʻia ai ʻo ka ʻōlelo, ʻo ka noʻonoʻo iho nō naʻe ma o ka lapaʻau ʻana i ka pōʻino, ka pilina, ke aloha, a me ke hoʻōla i nā pili ma waena o nā hanauna a me nā kūpuna o mua a me kākou.

ʻOiai, he koʻikoʻi ka haʻawina ʻo ka "hoʻolohe a hoʻopili mai" i ka ʻōlelo, ka ʻōnaehana hoʻonohonoho ʻōlelo, a me ka hoʻomaopopo ʻana i ka ʻike mai kekahi hanauna aku, he koʻikoʻi ke nīnau aku: Pehea nā ala e hōʻike ai ka ʻenehana i ka "ʻike" o ka poʻe ʻŌiwi ma kahi o ke pani ʻana i ko lākou kūlana a he pani pū anei ia i ka pilina koʻikoʻi a kānaka i hoʻoulu ai iā lākou ponoʻī iho nō no ko kākou mālama ʻike? E pani ana nō anei ka waihonaʻike lolouila i ke akamai a me ke kupuna nāna ka ʻike, e like hoʻi me ke pani ʻana i ka pilina? He nīnau koʻikoʻi maoli nō kēia no ka poʻe ʻōiwi. I ke au o ka hoʻokolohua ʻana, āhea e mālama ai ka poʻe mālama ʻike, ka mea nona ke kūkulu a hōʻolokeʻa ʻana i ka ʻike i mea e mālama ʻia ai me ka lawena kūpono i like me nā kenekūlia o nā hanauna o mua? He koʻikoʻi nō paha ke aʻoaʻo ʻana o ia mau kānaka mālama ʻike i wali ka ʻōlelo a i wali nō hoʻi ka ʻepekema lolouila.

Pehea e kūpale ai nā kaiāulu ʻŌiwi (e kūlia ana i ko lākou ea ʻikepili iho) i nā ʻolokeʻa maoli ʻole o ka ʻike a me ka wehewehena o ko lākou ʻike a me ka ʻikepili, ma ka wā hoʻokahi nō naʻe o ka "heleleʻi" ʻana o ke aʻo a me ka hoʻopaʻa naʻau ʻana a ʻike, no lākou a no nā hanauna e hiki maila? Manaʻo ʻia, mai ke kālaimanaʻo ʻana mai ʻo ka "ʻike pololei" o ke kuanaʻike kolonaio a, ma kekahi ʻano, me ka hoʻomauli hoʻokahi nāna e hoʻīnana ka naʻau o ka ʻŌiwi, manaʻo ʻia hoʻi ka ʻimi ʻana e haukaʻe ʻole a hemolele nā ala e naʻauao ai.

ʻO ka wali ʻenehana a me ka hiki ke hoʻokikohoʻe ʻia ka moʻolelo, moʻokalaleo, mele, a me nā mele oli, he waiho nō naʻe paha i ke kuleana ʻo ka haku ʻana i loko o ka lima o kēia mau kanaka kūkulu i maʻa i ka helu lolouila, ʻaʻole naʻe i maʻa i ka lula a me ka lula ʻana ma luna o ka ʻike kuʻuna o nā kaiāulu ponoʻī. Lana ka manaʻo ʻo ke kia ia ma luna o ke kino ʻŌiwi no ka mauli a me ka hōʻike, ma kahi o ka hoʻokumu ʻia o ka mauli i ke akeakamai wale nō. [21]

ʻO ka hiki ke haku ma ka waha, ka palapala a e hoʻolaha i ia mau mea ma ka ʻōlelo, ua maʻa ua ʻōnaehana lā i ka nui poʻe Hawaiʻi a hiki mai i ke kenekūlia 20. ʻAʻole nō nui ka poʻe e aʻo ʻia no ka loina o ka ʻike ʻōiwi–ma ka ʻaha, ka moʻokalaleo, a me ka loina paha– ʻaʻole nō i nui ka poʻe me ke kēkelē i ka helu lolouila, ke kūkulu ma ke ʻano he kuhikuhi puʻuone, ke kūkulu AR, VR, a pāʻani wikiō paha e luʻu ai ke kanaka ma ke kūlele paho. A ʻoiai, ʻaʻohe ala hoʻonaʻauao e kū nei e pakanā ana me ka ʻike ʻōiwi a me ka helu lolouila, he nīnūnē koʻikoʻi ka haku ʻia ʻana o ka maʻiʻo kūpono no ke kaiāulu i loko o ka wā e

---

[21] In Hawaiʻi the relationship between paradise and performance, the commodification of hula and how it has impacted or shaped Hawaiian identity is just beginning to be studied. See Imada, A., *Hula circuits through the American empire* (Durham: Duke University Press, 2012).

kū nei a me ko ka wā i hala me ka hoʻoulu pū ʻana i ka pilina ma waena o ia poʻe haku a me ka poʻe ʻike. A, ʻoiai, ʻaʻohe ala hoʻonaʻauao ʻōiwi e kū nei i ʻāwili pū ʻia me kēia ʻike o ka lolouila, he nīnūnē nō ka haku i ka maʻiʻo kūpono loa e kū ana i ka makemake o nā kaiāulu o kēia wā a me ka wā i hala, a aia nō i loko o ka hoʻoulu kūpono ʻia o nā pilina ma waena o ia poʻe kūkulu, a me ka poʻe ʻike ʻōiwi. Ma *"Making Kin with the Machines,"* hāpai ʻia maila, ʻo ka pilina ma waena o ke kanaka a me ka WʻIH ke kinohi o ka hoʻopaʻa ʻana i ke kahua kūpono no ke ala e hōʻea ai ka ʻōiwi i ka WʻIH. [22] Eia nō naʻe, he pono nō ko kākou paio ʻana no ka hōʻike kūpono no ka pilina o ko kākou mau kaiāulu ponoʻī, inā ʻaʻole na ko kākou poʻe e ʻauamo i ko kākou "ʻaʻano" hilimia, he ʻāʻumeʻume nō i ka ʻōlelo ʻē. Ua hiki nō anei i kēia mau ala i ka mauli ola ke māhuahua aʻe, a inā nō, ma hea kahi e kōkua ai ka ʻenehana me ke ālai ʻole ʻana? ʻO ka hoʻoulu ʻōlelo ʻana ma o kēia ala, he kākoʻo i ke keʻehina ma waena o ka ʻōlelo, ka palapala, a me ke kikohoʻe. Hōʻike mai nō naʻe ka ʻenehana i ke aʻo ʻōlelo hou ʻana ma o ka maʻiʻo o ke kālaiʻōlelo, he nele i ka wehewehena ʻole o ka manaʻo me ka pōʻaiapili ʻole, ma ka Hawaiʻi, o ke oli, ka pule, ka moʻokūʻauhau, ke mele, a me ka moʻolelo.

Ka Hōnuanua Kaiapuni ʻŌiwi

He kumuhana hahana loa nei ke kaʻina hana ʻōiwi i ke ao hoʻonaʻauao o kēia lā. Ma ke ʻano he ʻŌiwi, he pinepine ka ʻaloʻahia ʻana ma waena o ka nohona loiloi o ka ʻōnaehana kolonaio a me ka pololei ʻana o ko kākou mau ʻike ponoʻī i kamaʻāina iā kākou i loko nō o ka holomua o ka ʻōnaehana kolonaio. ʻO ka hana paʻakikī o ka hoʻohemonaio ʻana ke kia ʻana ma ko kākou mau kaiāulu e pili hou ai me nā kino ʻōiwi o ka ʻike kuʻuna i kūʻokoʻa a i pili auaneʻi me ke *kūʻē*.

Ma ka wā e moemoeā ana no kēia mua aku o ka WʻIH, ʻo ka hoʻohoa ʻana hoʻi i ka mīkini, he pono pū nō ka pili hou ʻana i ko kākou mau kaiāulu a me nā ʻōnaehana o ka ʻike e nele ana i ka loaʻa ʻole ma kekahi mau wahi. E hoʻomaka ke kiʻina hana ʻŌiwi Hawaiʻi me ke kahua ma ka ʻōlelo Hawaiʻi, ʻoiai, aia nō i ka Hawaiʻi ka waihona palapala nui loa o ʻAmelika ʻĀkau a me ko ka Pākīpika Polenekia. No ka nui o ia mau ʻikepili, ʻo ka hoʻihoʻi ʻia o ka ʻōlelo ma Hawaiʻi kekahi keʻehina mua me ke kālele nui ma luna o ka *heluhelu* a me ka *mahele ʻōlelo*. E noʻonoʻo nō paha kākou no ka nui o ka ʻike no ka noʻonoʻo ma ka waihona palapala, a me ke ala hoʻi e ʻike ai ka poʻe i ke kuanaʻike o ka honua a me ko lākou wahi ponoʻī o loko. Ua hiki ke ʻapo hou ʻia ia kuanaʻike ma o ka hoʻopili hou ʻana i ia mau ʻaʻalolo ma loko o ka ʻenekia pilina ʻana ma waena o kākou a me ko kākou mau kūpuna i waiho ihola i ka ʻike ma ka ʻōlelo i mea e kūkulu hou ʻia ai ka pilina.

ʻO ka hana mua i ka luʻu ʻōiwi ʻana ma o ka WʻIH o Kuanoʻo, e pono ana nō ka poʻe kūkulu e ʻimi i ka wā i hala e wehe ākea ai i ko kākou mau mua aku: i ka wā ma mua, ka wā ma hope. I mea e haku ʻia ai kēia mau luʻu ʻōlelo ʻana, he pono e ʻae aku i ka wā a me nā kumu waiwai o ka poʻe loea e mālama a noiʻi hou aku

---

22 Jason Edward Lewis, Noelani Arista, Archer Pechawis, and Suzanne Kite, Making kin with the machines, *Journal of Design and Science* 3.5, July 16, 2018 <doi.org/10.21428/bfafd97b>.

ana i kēia mau waihona palapala a pēia pū i loko o nā kaiāulu, kahi hoʻi e mau nei ka ili o ka ʻike.[23]

Hua Kiʻi

Ua haku ka hui kūkulu i pāhana e kūkulu ʻia ai kahi polokalamu e hiki ai ke hōʻike ʻia ka huaʻōlelo o kekahi kiʻi i paʻi ʻia aku nei. No ka poʻe hoʻohana, kamaʻāina nō paha ka nānā ʻana o ka polokalamu, a he nohie: e paʻi kiʻi aku a e puka mai ana he huaʻōlelo Hawaiʻi no ia mea. I mea e holo ai ka polokalamu, ua hōʻiliʻili māua ʻo ʻIkaʻaka, he haumāna laeoʻo, i puke wehewehe.

Ke Kaupalena o Nā Puke Wehewehe

ʻO ka ʻēkoʻa ia mai nā puke wehewehe ʻē aʻe aku o nā puke wehewehe ʻōiwi, he mau puke wehewehe ko ka Hawaiʻi-Pelekānia.[24] Ua hiki nō ke noiʻi ʻia nā puke wehewehe ma ka pūnaewele. Ma kahi o ka ʻimi wale ʻana nō i nā puke wehewehe no kēia pāhana a mākou, ua ʻimi pū māua i ka ʻike i paʻa iā māua ponoʻī. ʻO ka pahuhopu o ka mōʻaukala, ka moʻomeheu, a me ka hoʻōla ʻōlelo, ʻo ia hoʻi ka hoʻononiakahi kūpono ʻana i nā kānaka, ka poʻe i paʻa nōkī ka ʻike iā ia, ka poʻe hoʻi i mawae ʻole i nā waeʻanona o ka poʻe kolonaio: paʻa pū ka mōʻaukala, ke kālaiʻāina, ke kālaiʻōlelo, ka huli kanaka, ka mauliola, a pēlā wale aku.

No ka pāhana, ua pono e haku ʻia he puke wehewehe i pili kekahi mea i ka huaʻōlelo Hawaiʻi. Mālama ʻia kēia mau palapala ma ka waihona CSC. ʻAʻole naʻe i hiki i kēia mau palapala ke pili wale i kekahi puke wehewehe pūnaewele a pēlā aku. He pono ke komo ke kanaka i paʻa kūpono ka ʻike Hawaiʻi i mea e hoʻolako ʻia ai ka pōʻaipili kūpono a me ke kaona paha. Ua lako i kēia hui ʻo māua ʻo ʻIkaʻaka, ka ʻōnunuʻu kiʻekiʻe o ka ʻōlelo Hawaiʻi, ʻaʻole naʻe i kaulapa ko māua ʻike ma muli: o ka ʻokoʻa o ka palauahae, ka moʻokūʻauhau, ka hālau a me ke lulanui ʻokoʻa, a me ka ʻokoʻa o nā makahiki o māua. Ke hui pū naʻe ko māua ʻike, ua lako ka pōʻaiapili a me ka wehewehena i paʻa ʻole ma ka hele wale ʻana aku nō i ka puke wehewehe.

Ma kekahi mau pōʻaiapili, ua pono ke hōʻiliʻili hou aku i ka huaʻōlelo i loko o kā māua waihona, he hoʻolako i ka ʻōlelo a ke kanaka ʻōlelo Hawaiʻi e hoʻohana ai. Ma luna hoʻi o ia hōʻiliʻili ʻana, ua ʻimi māua i ka maopopo o ke kaona a pau o loko a me ke ʻano o ka ʻōlelo, me ka hōʻike pū i ka pilina o ka manaʻo o ka mea nānā ka ʻōlelo, a pēia aku hoʻi ka loli a liliuēwe paha o ka huaʻōlelo ma ka wā a me ka palauahae. Ua ʻahaʻōlelo māua ʻo ʻIkaʻaka i ka huaʻōlelo kūpono no ke kiʻi a pēia ka ʻokoʻa, ua hāpai māua ma ke kūlele paho i nā hoa o laila i wahi hōʻoia. I laʻana, no ka huaʻōleo ʻo "backpack", ua ʻike māua he mau huaʻōlelo. Ma Maui a me Hawaiʻi, ua hoʻohana ʻia kekahi huaʻōlelo i ʻokoʻa mai ko Oʻahu a me Kauaʻi mai. ʻO kēia hōʻiliʻili ʻana, he hoʻomaka nō ia i ka haku hou ʻana he puke wehewehe e hōʻike kūpono mai ana i ka ʻokoʻa

---

[23] Consider that formal training in customary knowledge in Hawaiʻi, prior to the introduction of the palapala began in childhood and took place over the course of one's life into young-adulthood.

[24] To date however, there is no dictionary of the Hawaiian language that is written in Hawaiian. Dictionaries for the Hawaiian language are available in Hawaiian-English, and due to the cultural spread of hula into Japan and France, Hawaiian dictionaries have been compiled in Japanese and French.

ma ka palauahae o nā wahi ma ka wā 'ānō.

'O kekahi nīnau nui o ka'u noi'i pono'ī: ua hiki nō anei ke hō'ōiwi i ke a'o 'ōlelo 'ōiwi 'ana ma ka ho'ōla hou 'ana a'e i ka hua'ōlelo? 'A'ole wale nō he nīnau no ka po'e kahiko i hāpai 'ia e ke akeakamai ma ke kia niho palaoa, 'oiai ma Hawai'i *he mana ko ka mea i 'ōlelo mua 'ia,* make'e nui loa 'ia ke ko'iko'i o ka 'ōlelo ma Hawai'i, *he ho'omaopopo ko ka 'ōlelo i ka mana o ka ho'oholo 'ana o nā kūpuna, a pēia ka mana o loko e ili ana i ka 'ōlelo.*[25] A no laila i mea e ho'ōla hou 'ia ai ka hua'ōlelo, ka no'eau, ka 'ōlelo 'ikioma, ka pule, ke oli, ka mo'olelo a me ka mō'aukala o nā kūpuna, he ala ia e mau ai ia mana. 'O ka ho'omaopopo a me ka 'ike, 'a'ole he mea no "faith" a i 'ole "belief," ma ka ho'oma'ama'a 'ana nō na'e a me ka honua 'ōlelo: e ho'olohe, e ho'opili mai, e ho'opa'a na'au.

'A'ole e hiki ke hō'oia'i'o i kēia ka'ina hana ma ke kupuna Hawai'i no kekahi mau kumu. Ke emi ihola ka nui o nā kānaka mānaleo, kuhi 'ia he 300 wale nō i koe.[26] Ho'ōla nā kula kaiāpuna a kaia'ōlelo a hiki loa aku i ka pae lae'ula i 'ole ka 'ōlelo Hawai'i e nalohia. 'Oko'a nō na'e ka 'ōlelo e puka ana ma kēia mau kula ma nā hanauna 'elua i hala akula mai ka 'ōlelo mānaleo nāna i a'o mai ia'u he iwakālua makahiki aku nei, nui nā mea i hala.

Ua nele ka hapanui o ka Hawai'i i ka 'ike ku'una ma o ka ho'okolonaio 'ia: 'o ka emi nui o ka nui po'e ma o ka ma'i; 'o ka nele i ka 'āina 'ole ma o ka mana'o o ka 'ona 'ana i ka 'āina; 'o ka ho'okāhuli hewa 'ia o ke aupuni Hawai'i, a me ke kāohi 'ana i ka 'ōlelo Hawai'i. I loko nō o nā ala e ho'ōla 'ōlelo ana i haku 'ia me ka mana'o e mālama i ka 'ike ku'una ma ke kaiāulu, he pono nō ka noi'i a haku kūpono 'ana i ke ki'ina hana e haku 'ia ai ka 'ōnaehana 'oi aku o ka maika'i, a e hiki ana iā kākou ke ho'onohonoho kūpono aku i ka maopopo, a me ka 'ike. 'O nā kūpuna nāna ka 'ike, he mau kūpuna e ola nei a me nā kūpuna i hala, a na lākou i waihoa i ke kākau a me ka 'ōlelo e kama'ilio ai mākou. Ma ka noi'i a ho'ohana 'ana i ka 'ōlelo Hawai'i, ua hiki ke 'ike koke 'ia ka pilina o ka 'ike ku'una a me ke kūkulu mana'o 'ana ma ka laina. 'A'ohe wā e pau ai ka mana e ili ana i ka 'ōlelo a me ka palapala.

Ke komo iho nei kākou i ke au hou o ka ho'ōla 'ōlelo 'ana, kahi e hiki ai i ka 'enehana ke kōkua i ka 'Ōiwi ma ka ho'onohonoho 'ana i ka 'ikepili ma nā ala kūpuna e hiki ana ke 'ike maopopo a kūkulu hou aku i ka 'ōnaehana o ka 'ike. He ala kēia ka'ina hana e hiki ai iā kākou ke 'ike a no'ono'o iā kākou iho me ka pilina i ka wā i hala i mea e hāpai 'ia ai ko kēia mua aku me ka maika'i.[27] Aia nō a hiki iā kākou ke ho'okō i ke ea 'ikepili, a laila e 'oi aku ka ho'olako 'ia o ka 'ike e hāpai a ho'okō i nā hā'ina a me nā ala i nā nīnau pākanaka.

---

[25] Memory has been bolstered doubly in Hawai'i by print and textual sources where the imprint of speech has also been recorded to a high degree.

[26] 'Ōlelo Hawai'i, *Endangered Languages Project,* <endangeredlanguages.com/lang/125>.

[27] Language revitalization is a term which includes many different approaches, which rely heavily on the contribution of linguists, and anthropologists. The methods I am putting forth have come from another space of disciplinarity entirely, one which cannot be accounted for or affirmed through a single disciplinary tract like Hawaiian studies, Political Science, or Hawaiian language.

Hua Kiʻi : Ke Kapa Inoa ʻAna

He koʻikoʻi ke kapa inoa ʻana i ko Hawaiʻi. Ma ke koho ʻana i ka inoa keiki, i ka pāhana, i ka inoa hale, a ma kēia pōʻaiapili o ka lako polokalamu, noʻonoʻo ke akeakamai i nā ʻaoʻao like ʻole o ka inoa. Noʻonoʻo ka poʻe mālama ʻike i ka pili o ka huaʻōlelo a me ke kanaka, ma ka inoa, i mea e pili ai ke keiki i ke kupuna, no ke ʻano wale nō? Pehea ka haʻawina o ka naʻau makuahine laulau no ka inoa keiki? He pili ka inoa i kekahi hanana koʻikoʻi? Ma hope o ka puaʻi ʻana, kapa ʻia ka inoa ma ka ikaika, ke akamai, ka noʻeau, a me ka manaʻolana i ka ulu. Wahi a ke akeakamai ma ka Hawaiʻi a me ka ʻōlelo ʻo Mary Kawena Pukui, "ma ka hiʻohiʻona pilikana i ka ʻohana, he uʻi, he hiehie, he mana, he hiki i ka inoa ke kōkua i ke ʻano o ke keiki a pēia ka wānana ʻana i kona mua aku!"[28]

Ma ke kapa inoa ʻana no ka ʻike a me ka pā o ka naʻaua, he ʻano ʻē nō paha ke noʻonoʻo aku, keu hoʻi ma ka honua i nui loa ka hoʻokaʻaʻike. No ka ʻŌiwi e hoʻōla ana i ke kaiāulu, he koʻikoʻi ka pili o ka poʻe, ka ʻōlelo, a me ka ʻāina i mea e ola ai. ʻO kēia polokalamu ʻo Hua Kiʻi i haku ʻia e ke kime pāʻōiwi o nā koa ʻōlelo, na ʻIkaʻaka i haku i ka inoa me ia mau pilina ma ka waihona noʻonoʻo. Ma ke kūkā ʻana ma waena o nā hoakime, ua hōʻea nō mākou i kēia inoa ma muli o ka wehewehe ʻana no ka polokalamu, kahi e aʻo ai ka haumāna ʻōlelo Hawaiʻi, pēia pū ka poʻe ma ka ʻakahi akahi o ke aʻo ʻana. He ʻōlelo ʻo *"hua"* no ka *"huaʻōlelo"* he kiʻi, he huaʻōlelo. He manaʻo hou aku ko "hua" he mea e ulu ana ma ke kumu. He manaʻo hou aku ko "kiʻi" ʻo ke kiʻi a ʻohi ʻana paha. ʻO ka manaʻo o nā huaʻōlelo ʻelua ka hāpai ʻana he kiʻi ma ka ʻōlelo i pala a kūpono me ka manaʻo e kiʻi ʻia ka hua, a inā ʻaʻole, he makehewa ka hua ma ka hāʻule a palahū ʻana iho.

E like loa me ke kaona ma ka Hawaiʻi, kūkulu ʻia nā manaʻo i loko o ka inoa. ʻO ka mua, he mea leʻaleʻa ia i maʻalahi i ka hoʻomaopopo no ke keiki a me ka ʻohana. ʻo ka lua, he hōʻike i ka manaʻo e hoʻōla i ko mākou poʻe me ka hua o ko lākou ʻōlelo, me ka manaʻolana pū i ke ola o ka manaʻo i hoʻoulu ʻia (ma kēia kāmua pāhana) e aʻa a ola nui ana nō. Ma ka leʻaleʻa ma kekahi pae, a me ke kaona ma kekahi, he kono i ka poʻe e komo a luʻu piha mai i ka hana. Me ka haʻahaʻa, he hiki i ka mana mua ʻo Hua Kiʻi ke ʻae i kekahi polokalamu nui hou aku ma ka wā e hiki maila.

---

[28] Mary Kawena Pukui, E.W. Haertig, and Catherine A. Lee, *Nānā i ke kumu* (*Look to the source*), Vol. II (Honolulu: Hui Hanai, 2014), p. 290.

Papa Kūmole

Arista, N. (2019). Introduction. In *The kingdom and the republic : Sovereign Hawaiʻi and the early United States* (pp. 1-17). Philadelphia: University of Pennsylvania Press.

Endangered Languages Project. ʻŌlelo Hawaiʻi. Retrieved from endangeredlanguages.com/lang/125.

Imada, A. (2012). *Hula circuits through the American empire*. Durham, NC.: Duke University Press.

Lewis, J.E., Arista, N., Pechawis, A., and Kite, S. (2018). Making kin with the machines. *Journal of Design and Science* 3.5. Retrieved from doi.org/10.21428/bfafd97b.

Pukui, M.K, Haertig, E.W., and Lee, C.A. (2014) *Nānā i ke kumu* (*Look to the source*), Vol. II. Honolulu: Hui Hanai.

5·3

Ke Kaʻina Hana Kūkulu no Hua Kiʻi
a me nā Keʻehina aku

Na Caroline lāua ʻo Michael Running Wolf, Caleb Moses, a me Joel Davison
Na Isaac ʻIkaʻaka Nāhuewai nā kiʻi

Ma ke ʻano he kime, ua hoʻomoemoeā ke Kime Kūkulu iā Hua Kiʻi ma ke ʻano he polokalamu ʻŌiwi hoʻomaopopo kiʻi me ka ʻikepili pili honua. Hiki i ke kanaka hoʻohana Hua Kiʻi ke paʻi kiʻi aku he mea a aʻo iho nei i ka huaʻōlelo no ia mea. E like me kahi o ke kanaka hoʻohana, pēlā nō ka hopena o ka huaʻōlelo a palauahae ʻŌiwi a Hua Kiʻi e hāpai ai no ia wahi ponoʻī.

ʻōlelo wehe: Kiʻi na Isaac "ʻIkaʻaka" Nāhuewai, 2019.

Eia he ki'i o ka papakaumaka:

I mea e kūkulu 'ia ai 'o Hua Ki'i e like me ka mea i mana'o 'ia, ua māhele 'ia aku nei 'ekolu hana kiko'ī no nā mākau ikaika o nā 'enekia:

1. No Joel ke kuleana 'o ka papa kaumaka e alaka'i ai i ke pa'i ki'i, 'o ka ho'ouka i mea na ka W'IH e kuhi, a 'o ka hō'ike mai i ka hopena.

2. No Michael ke kuleana 'o ka ho'omaopopo 'ana o ka W'IH i ke ki'i a 'ōnaehana kuhi paha e lawe 'ia ke ki'i a pane 'ia me ka 'ōlelo. I la'ana, 'o ka pane 'ana me "fire hydrant" ke loa ke ki'i o ka piula wai.

3. No Caleb ke kuleana 'o ka 1:1 lākiō unuhina o ka hopena W'IH ma ka Pelekānia i ka 'ōlelo 'Ōiwi, e kinohi ana me ka Hawai'i.

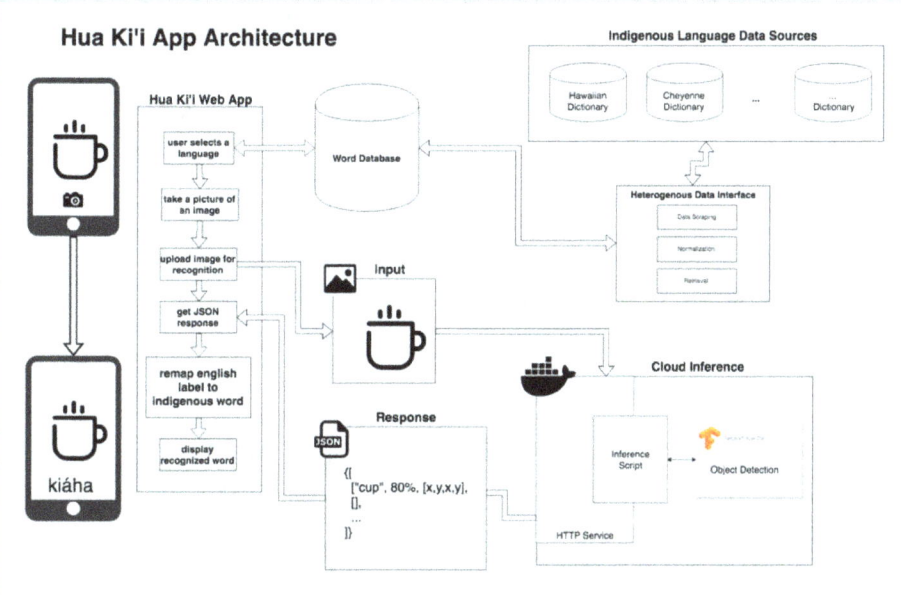

'ōlelo wehe: Na Michael Running Wolf ke ki'i, 2019.

I mea e ho'olauka'i a ho'ohāiki 'ia aku ai ka hana, he ki'i kai haku 'ia:

Hō'ike ke ki'i, mai ka hema i ka 'ākau, i ka papakaumaka, ka puke wehewehe a me nā unuhina, a me ka 'ōnaehana W'IH nona ke kuhina.

'O ke Kūkulu 'ana i ka Ho'ohana 'ia a me ka Papakaumaka o Hua Ki'i

Na Davison ka papakaumaka i kūkulu ma ka papa noi a 'Ika'aka lāua 'o Dr. Arista. Ma waho aku o ke kuleana 'īkoi 'o ke pa'i ki'i 'ana aku i kahi mea a ki'i aku i ka 'ōlelo 'Ōiwi, ma ka papa noi kekahi mau kuleana e like me ka papa kuhikuhi mai luna iho mai kekahi mau 'ōlelo 'Ōiwi, a pēlā nō ka hiki i ka mea ho'ohana ke hō'ike mana'o.

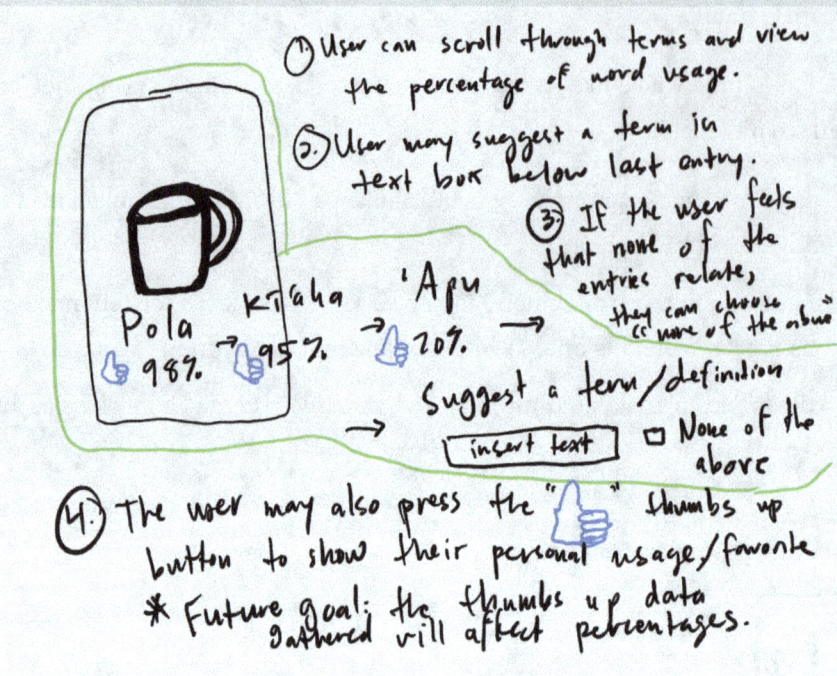

ʻōlelo wehe: Na Isaac ʻIkaʻaka Nāhuewai ke kiʻi, 2019.

He hōʻike ka polokalamu e kū nei i ka hiki ke haku ʻia. He polokalamu hoʻomau ʻo Hua Kiʻi i hiki i ka mea hoʻohana ke ʻeʻe ma ka paena pūnaewele me kekahi mea e hoʻomaopopo ʻia ma ke ʻano he huaʻōlelo Hawaiʻi, ma luna hoʻi o kona kelepona.

Eia ma lalo iho nei ka hōʻike i ke kaʻina hana o ka mea hoʻohana a me ke ala e ʻeʻe ʻia ai i loko o ka polokalamu a me ka paena pūnaewele a pēlā nō ma ka Android ʻōiwi a iOS paha ma ka hale kūʻai polokalamu.

P1 *Ke Kaʻina Hana Polokalamu*

1) ʻEʻe ka mea hoʻohana ma luna o ka paena pūnaewele ma kāna hāmeʻa iho.

2) Hōʻike ʻia ka ʻaoʻao mua i ka mea hoʻohana me ka hiki ke nānā i ka papa kuhikuhi a koho i kāna ʻōlelo; he hiki i ka papa kuhikuhi ke hōʻike i kahi o ia ʻōlelo a palauahae paha:
    a) Koho ʻo ia i kona wahi ma ka palapala ʻāina
    b) Hōʻike ʻia nā koho no kahi o ka ʻōlelo o ia ʻāina
    c) Hōʻike ʻia ka ʻōlelo i koho ʻia ma luna o ka papa kaumaka.

3) He kiʻiona ko ka ʻaoʻao mua o kahi mīkini paʻi kiʻi nānā e wehe i ka pahu kiʻi o ka hāmeʻa

4) Paʻi kiʻi ʻia ka mea;

5) Aia nō a paʻi kiʻi ʻia, hōʻike ʻia mai ka papakaumaka me ka hāpai pū i ka huaʻōlelo a me ka pākēneka o ka huaʻōlelo; aʻiaʻi maila ia pākēneka

6) He koho ka lolole ʻana e hōʻike ʻia ai nā huaʻōlelo ʻē aʻe i hiki paha, a pēlā nō i ko lākou pākēneka

7) Ua hiki i ka mea hoʻohana ke hōʻike manaʻo kākoʻo no ka huaʻōlelo; hōʻiliʻili ʻia ia mau manaʻo a pā ka WʻIH i ia ʻikepili pākēneka no nā hopena o nā huaʻōlelo e hiki maila;

8) Ua hiki pū i ka mea hoʻohana ke hōʻike manaʻo a hāpai ʻia aʻe paha he huaʻōlelo ma ka hopena o ka lolelole ʻana, i mea e noʻonoʻo ʻia ai; he ʻelua pahu kolekole a me ka hiki ke hōʻike ʻia ka ʻikepili ponoʻī o ka mea hoʻohana:

    a) Hāpai he hua: _____

    b) Wehewehena (he koho): _____
       I laʻana: "palauahae o ka xyz" or
       "pili wale nō ka ʻapu i ka niu i ʻoki ʻia a hapalua."

    c) Ka ʻIkepili Ponoī (he koho): Inoa piha; helu lekauila

He ʻōlelo pālua ana ka 'hāpai manaʻo' ʻana ma nā ʻōlelo ʻŌiwi a me ka ʻōlelo Pelekānia.

Nā Kaupalena a me ka Manaʻo Hope

No ka palena ʻo ka hoʻokahi wale nō pule, ʻaʻole i kō nā hana a pau i manaʻo ʻia no ka mana kāmua.

E like me ka mea i hoʻopuka mua ʻia, ʻo kekahi ālaina ka nui o ka ʻenehana, mai ka ʻōlelo helu kelepona, i ke aʻo o ka mīkini, i nā puke wehewehe; he pili nā mea a pau i ka ʻōlelo nui ʻo ka Pelekānia. Me ka loaʻa ʻole o nā kumu waiwai i pono ai ke kūkulu a hoʻomaʻamaʻa ʻana iho i kā lākou mau mea WʻIH ʻŌiwi me ka haku pū i ka pōʻaiapili, ʻaʻole naʻe i hiki ke alo aʻo ke kūkulu ʻia o ka WʻIH ma ka Pelekānia no ka Hawaiʻi. Eia naʻe, ma ka hoʻoholo ʻana i ka polokalamu i loaʻa ka maopopo ʻana o ka maka iā ia, a pēlā nō ka hoʻopili ʻana i ke kiʻi no ka ʻōkuhi, ua hiki iā mākou ke hoʻohana ʻole aku i ka ʻōlelo Pelekānia no ka papakaumaka polokalamu. Ma muli o kēia, ua hiki ke ʻoi aku ka luʻu i ka hoʻōla ʻōlelo ʻana me ka unuhi ʻole ʻana aku i ka Pelekānia. He pono nō kēia no ka hoʻokāʻoi i ka luʻu ʻōlelo ʻana ma ka ʻīkoi o ka ʻenehana.

No ka mana e hiki maila o ka polokalamu Huakiʻi, ʻaʻole e hoʻopau ʻia ka hoʻohana Pelekānia ma ke ʻano he kahua, ʻoiai no ka hapanui o ka ʻenehana, he kahua nō ma ka ʻōlelo ʻEulopa. I mea e lanakila ai ma luna o kēia, he pono nō ka hoʻopaʻa ʻana i ka manaʻo ʻŌiwi a me ka hoʻomaʻamaʻa i loko o ka ʻolokeʻa o ko ka polokalamu kūkulu ʻana. Me ia manaʻo, ua piʻi aʻe ka hoihoi.

ʻO kekahi mahele o Hua Kiʻi ka hoʻohāiki ʻana i ka WʻIH e hoʻohana ʻia nā ʻōlelo like ʻole, a e hoʻololi i ka papakaumaka e hōʻike ʻia ka ʻōlelo pololei e ʻōlelo ʻia no kahi o ke kelepona ma ka honua. ʻO ka moemoeā noʻonoʻo ʻole ʻia o ka Hua Kiʻi ka papakaumaka e hiki ana i ka mea hoʻohana ke hōʻihi a hāpai i ka poʻe e noho ana ma ka ʻāina ʻŌiwi.

Ka Haku ʻAna he Puke Wehewehe no kekahi mau ʻŌlelo ʻŌiwi ma Hua Kiʻi

ʻOiai, hoʻohana ʻia ka ʻenehana hoʻomaopopo kiʻi e Huakiʻi, ua pono ka hōʻiliʻili loa ʻana i nā ʻōlelo like ʻole e wehewehe ana i nā mea like ʻole ma nā ʻōlelo like ʻole. Na Moses i kūkulu i ka ʻīkoi o ka ʻenehana, e haku ana hoʻi he puke wehewehe no nā ʻōlelo ʻŌiwi like ʻole. No ka mana kāmua, ua loaʻa ka Hawaiʻi a me ka Cheyenne ʻĀkau a hiki i kēia manawa.

Ka Waeʻanona

ʻO ke kāmua waeʻanona a mākou, ʻo MobileNet,[29] ua aʻoaʻo ʻia ma ka ʻikepili COCO.[30] Ua hiki i kēia mana ke hoʻomaopopo he 90 ʻano, a no ka papa helu o nā ʻano, aia ma luna o kēia: Example_Models/coco_ssd_mobilenet_v1_1.0_quant_2018_06_29/labelmap.txt

ʻŌlelo Hawaiʻi

No ka hoʻohana ʻia o ka ʻŌlelo Hawaiʻi he pahu hoʻomaka, ua hoʻohana ʻia he mau ʻano o ka pūnaewele, ʻo NLP a me ka mākau ʻōlelo Hawaiʻi i mea e haku ʻia ai he papa me nā wehewehena no ka palapala coconet.

Heluhelu pākākā kēia mana i ka ʻike o ka puke wehewehe Hawaiʻi ma hilo.hawaii.edu/wehe me nā huaʻōlelo o ka labelmap.txt file.

ʻO nā huaʻōlelo i loaʻa ʻole ma ka puke wehewehe, na nā akeakamai ʻōlelo Hawaiʻi ʻo Dr. Arista lāua ʻo ʻIkaʻaka, na lāua nei hoʻi i ʻae aku i nā hewa i pākākā ʻia ma ka ʻike unuhina. ʻO ka hopena ma ka ʻikepili data/olelo-hawaii.csv, he papa o nā unuhina Hawaiʻi o ka papa mobilenet.

Ka ʻŌlelo Cheyenne

Maiā Michael Running Wolf ka puke ʻōlelo Cheyenne ma ke ʻano he faila json, he paena pūnaewele.[31] Ua hoʻolike ʻia ka faila me ke aulaʻa ma waena o ka wehewehena puke wehewehe a me ka ʻōlelo o ka puke wehewehe a ua hoʻohana ʻia ma ka pūʻolo spacy.[32] Ua hiki ke haku ʻia he csv o nā mea mua ʻelima e puka ana ma ke ʻano he unuhina kūpono no kēlā a me kēia huaʻōlelo i loko o ka paʻa mobilenet, a me ka mākaukau e nāʻana ke kanaka.

Ka Loaʻa

Kūkulu ʻia kēia pāhana mai ke poʻo a ka hiʻu e ka "make and docker," he mau polokalamu manuahi ma nā ʻōnaehana *nix (e like me Linux a me Mac). Na ka "make" ka ʻakomi, a na ka docker ke kiʻi, a laila

---

[29] Andrew G. Howard, et. al. MobileNets: Efficient convolutional neural networks for mobile vision applications, April 17, 2017, <arXiv:1704.04861>.

[30] COCO: Common Objects in Context, <cocodataset.org>.

[31] <dictionary/data/raw/cheyenne_dictionary.json>

[32] <spacy.io>

hoʻomaka ke "kolo" ʻana e hōʻiliʻili ʻia ka ʻikepili o ka puke wehewehe.

A laila, inā hoʻomaka iā "jupyter," puka mai ka jupyter lab ma localhost:8888, i hiki ke hoʻomaka i ka puke kakaha ma ka papa puke kakaha.

Kau Palena o ka Loaʻa a me ka Pahuhope

Ua hana pū nō mākou me nā akeakamai ʻōlelo Hawaiʻi i mea e unuhi ʻia ai ka papa o ke kanaiwa mea i hiki ke hoʻomaopopo ʻia e ka helu lolouila waeʻano. Ua akāka ka hapanui o nā unuhina. I loko naʻe o kekahi o nā huaʻōlelo, ʻaʻohe ona unuhina Hawaiʻi, e like me ka huaʻōlelo ʻē e haku ʻia, e like me 'ski.'

Ua loaʻa pū nō hoʻi iā mākou nā huaʻōlelo i loaʻa ʻole ka lōkahi o ka hoʻohana ʻana, e like me ka pāisi. Ua loaʻa kēia mau pōʻaiapili i ka nīele ʻana o mākou i ka poʻe ʻōlelo Hawaiʻi ma ke kūlele paho i mea e koho paloka ka poʻe ʻōlelo no ka mea kūpono. No ka luʻu lāliʻi ʻana no kēia kaʻina hana, e nānā aku i kā Dr. Arista pepa.

Ua kūkulu ʻia nā huaʻōlelo i unuhi ʻia ma ke ʻano he faila kikohoʻe nohie, me ka hui pū ʻana o ka Pelekānia maoli. Ua hiki wale nō i ka mea waeʻanona ke waeʻano i kekahi mau mea kikoʻī (elm. Fire hydrant), a ʻaʻole paha i pili loa ia mau huaʻōlelo i ka moʻomeheu o ka ʻōlelo. ʻO ke keu o ka maikaʻi, ua hiki iā mākou ke hoʻomākaukau i kā mākou mea waeʻano iho, ua pono naʻe ke kūkulu ʻana he papa ʻikepili me nā kiʻi ponoʻī; ʻaʻole nō i loaʻa iā mākou ia hiki. A no laila, ua pono mākou e hoʻohana i ka mea waeʻano Pelekānia, he mea i hoʻomākaukau ʻia no ka hoʻomaopopo ʻana i nā mea kamaʻāina i ka pōʻaiapili Haole. ʻO kekahi kia o kā mākou hana ka hoʻomaopopo ʻana i nā hiʻohiʻona o nā mea noeʻau a koʻikoʻi paha o ka ʻōlelo i manaʻo ʻia.

He pono ka ʻōnaehana i ke kaiāulu ʻōlelo me ka palapala maikaʻi ʻana i ka ʻōlelo me nā unuhina lāliʻi a me nā akeakamai ʻōlelo i hiki ke hōʻoia a hoʻoponopono aku i ka ʻikepili unuhi. No kekahi hoʻi o nā ʻōlelo ʻŌiwi, he ʻane halapohe a ʻaʻole paha i loaʻa ka puke wehewehe kūpono.

ʻO ka loaʻa no nā kuleana kuhi honua o ka hopena o ka pāhana, ua hiki i ka mea hoʻohana ke kūkulu he makakau ma luna o ka/nā ʻōlelo ʻŌiwi i loko o ko kākou wahi ponoʻī. Ua hiki ke holo ma muli o ka hoʻononiakahi ʻana i ka GIS no ka palena o nā wahi i hiki iā Hua Kiʻi ke kuhi i kahi pololei o ka ʻōlelo ʻŌiwi o ia wahi. Ua maopopo no kekahi mau wahi, ʻaʻole i loaʻa ka hiki ke hoʻomaopopo ma ke ʻano o ka mīkini. No kekahi o nā wahi i kaulapa ʻia ka hoʻohana ʻana, ua hiki paha ke kūʻē ʻia e ka mea nona ka ʻāina.

Papa Kūmole

COCO: Common Objects in Context. (2019). Retrieved from cocodataset.org.

Howard, Andrew G., et. al. (2017). MobileNets: Efficient convolutional neural networks for mobile vision applications. Retrieved from arXiv:1704.04861.

spaCy. (n.d.) Retrieved from spacy.io.

5·4

Akakū o Kuano‘o

Michael Running Wolf

I ka mokulele nō e holo ana i ke kahua, ‘a‘ohe pūnaewele no ke ku‘u mokulele ‘ana. He apolohe cView ko ka ‘ōhua e pīpa ana ma ka ho‘olaha pū i ka mana‘o: "Welina mai i ke Aupuni Mō‘ī Wahine o Hawai‘i! Welina mai ke Aupuni Pākīpika Pekelala iā ‘oukou pākahi me ka ho‘omana‘o pū i ka hoakipa, e mākaukau ka palapala ‘ae holo, ke kānāwai nō ho‘i no nā kau‘āina kiko‘ī."

‘Oli‘oli ke kūkā ‘ana o ka pa‘a ipo Kepanī kekahi me kekahi me ka leo nui i ka Ditto-Man, he ‘ōlelo hakuhia i haku‘ia ma ka pā‘ani W‘IH Chase-A-Monster, ho‘onāukiuki ‘ia he kanaka pā‘oihana kālepa i kona wā ho‘omaha. He 20 makahiki mai kona noho mua ‘ana ma ka pū‘alikoa ‘Amelika a nui kona hau‘oli i ka ho‘i ‘ana i kāna wahi punahele a me ke kahakai ‘o Waikīkī. ‘O ke ki‘i ‘ana i ka palapala ‘ae holo e ka Na‘i ‘Ole, e ka ‘Amelika, he pono nō ka ho‘onāukiuki ‘ia, ‘o Hawai‘i nō ho‘i. ‘A‘ole na‘e he koina ka ‘enehana cView. Kōkua akula kāna mo‘opuna ‘o Sarah, he 11 ona makahiki, i ke kū‘ai i ia ‘enehana. Hō‘alo‘ao piha ‘o ia i nā hāme‘a ‘enehana hou, a me ka huli kua ‘ana i ko Sarah kū‘ē, ua ho‘ohana iho nei ‘o ia i ke kakalina i ka mīkini ‘oki mau‘u i loko nō o ka ‘auhau kalepona a ua pono e kūʻai i ke kakalina Kanakā.

Ma ka hōʻea ʻana o ka mokulele i ke kahua, kānalua aku nei ʻo ia, a kōkī ʻia akula ke apolohe cView me ka namunamu pū. ʻAkomi ka hoʻopiha ʻana o ka Lātoma i ke aniani e piha ai i kona maka a hoʻopololei aku i ke akāka ʻole o kona maka. Koʻo kahi ʻāpana i ke kua o kona ihu.

ʻŌlelo lopaka ka ʻōlelo i kikohoʻe ʻia me ka hemahema o ke kiʻina leo: *"Aloha, ʻo wau ʻo mPal a welina mai i ke Aupuni Mōʻī Wahine o Hawaiʻi! ʻEhā āu leka i ʻike ʻole ʻia maiā Sarah lāua ʻo...he koina ka nānā ʻana i kēia ma muli o ke kānāwai 4.86."* Pākīkē kona maka a waʻu aku i kona oho pōkole ʻāhinahina.

"Welina mai ke Aupuni Mōʻī Wahine o Hawaiʻi (ʻo ke "Aupuni Mōʻī" mai kēia mua aku), ʻae mākou i nā hoa kipa a pau, a pēlā nō nā ʻoihana pūʻali ʻole e like me ka ʻōlelo ma ka mahele 1.17 o ko ka U.N. mahele WʻIH. Hoʻomanaʻo ke Aupuni iā ʻoe, aia nō kou palapala ʻae komo Hawaiʻi ma ka waihona a e hoʻokō ʻia ana nō ke kānāwai. He pono ke Aupuni i kou cView me ke kāki o ka 0.0001 kālā Etherium no kēlā a me kēia kekona ʻelima o ka PELEKĀNIA i ʻōlelo ʻia ma waho. Wahi a ka ʻaelike, he pono ka nānā ʻana o ke Aupuni Mōʻī i kou palapala ʻāina me kahi Noa ʻŌlelo. He nīnau anei paha kāu?"

Noʻonoʻo ʻo ia ma ka nānā ʻana i ka palapala ʻāina o Oʻahu i noa ai ka ʻōlelo Pelekānia me ka nānā pū i kona waihona kīkoʻo a nīnau aʻela, "He mau hale inu tiki ko Waikīkī i noa ka ʻōlelo?" Hemo ka ʻīpuka komo mokulele me ke kani.

"ʻae, he 10 hola ka lōʻihi kakali. Mahalo i kou hoʻomanawanui. Ke hoʻoili iho nei au iā Kuanoʻo ma kāu palapala ʻae holo..."

"He aha lā?"

Me ka nānā ʻole aku iā ia, hoʻomau ihola ka cView, *"ʻAʻole i mākaukau ʻo Kuanoʻo, ke nānā ʻia nei kou mōʻaukala kalawaia ma Newaka, ʻaʻole hoʻi i piha kou mōʻaukala kāleka ʻea..."*

"ʻO ia kā, no ke aha?!" Hoʻōho aku nei ʻo ia me ka hoʻomaopopo pū i kāna mau kikiki hoʻokū kaʻa i uku ʻole ʻia. Kokoke mai ʻo Ditto-Man ma ka haʻiʻōlelo ʻana kekahi me kekahi, nā lima i loko o kahi hoʻāhu me ka hoʻolaukaʻi pū i nā pāisi hāʻawe. Me ke kani haʻahaʻa i hoʻomaka ai nā hoa kipa Kepanī ma ka hoʻokūkū Chase-A-Monster.

Me ke kani ʻoluʻolu i hū ai ka nalu, hoʻolauna maila he leo hou: "Aloha!" Maopopo i ke kanaka naʻauao, he leo wahine Hawaiʻi ma ka Pelekānia. "ʻO au ʻo Kuanoʻo. He pono ka nānā ʻana i kou mōʻaukala, ma muli o ka haʻahaʻa o kou helu hoaaloha he 3.4, a kupu mai kou inoa ma ka Interpol. Kiʻekiʻe ka pā ʻana i kou ʻana, a piʻi aʻe ke kāki ʻia o kou unuhi ʻia i ka 0.002 kālā Etherium."

"ʻAʻole kaulike kēnā!"

"E hāpai ʻia kou manaʻo i ka Visitors Information Agency. E makaʻala naʻe no ke kāki ʻia o ka 0.001 o ka minuke ma luna o ke kāki unuhi. ʻŌlelo Hawaiʻi wale nō nā kānaka."

Namunamu iho ʻo ia me ka hāmau, me ke kaualakō pū i kāna ʻeke huila ʻehā ma hope mai o ka hoʻokūkū Chase-A-Monster ma ka lālai mokulele.

"He paipai kēia e komo koke i ka laina no kahi Noa ʻŌlelo o Waikīkī, ʻaʻohe lawe o kāu kālā ʻAmelika e kūʻai ai i nā kālā unuhi ma mua o ka haʻalele o kou mokulele i kēia pule aʻe. ʻO ke kāki ma nā wahi Noa ʻŌlelo he 0.05 kālā Etherium o ka lā."

"He kaulike a he ʻaihue hoʻi kā ʻoukou e ka lopako." Piʻi ka ʻena o kona maka. Me ke kāohi ʻole, namunamu hou aku i kahi kaʻawale me ke alo i ka paʻa Kepanī: "he wahine ʻaihue!" Hoʻomākaukau ʻo Kuanoʻo me ka nānā ʻana ona i kona wahi—hākilo nā ʻōhua a pau me ka hāmau pū. ʻŌlelo hāmau kekahi o nā hoa kipa Kepanī i kāna cView a puka a kani mai ka emoji kaumaha ma kona papa kaumaka.

Hauʻoli aʻe ka leo lopako i hāmau a hiki i kēia, ʻōlelo ʻo mPal iā ia: "He 3.32 kāu helu Viadu! He pā paha o kou kāki hōkele."

Hākilo ka hoa kipa i kēia.

Kīkahō ʻo Kuanoʻo, "Ua mihi au ma kou ʻaoʻao i kou mau hoa, inā iho kāu helu ma lalo o ka 3.3., e hoʻohaʻalele ʻia ʻoe a e kāki ʻia he 1 kālā ma luna o ke kāki mokulele." Alia ʻo ia he 3 kekona, "Mahalo ʻia kou mahalo a mihi ʻana mai!"

Moni ʻo ia me ka hoʻomanaʻo pū i kā Sarah kākoʻo ʻana, kāhea he Ditto-man i nā hoa kipa Kepanī. ʻAe lāua me ka ʻoliʻoli i ko lāua hoʻokūkū Catch-A-Monster.

Ua hiki iā ia ke lohe iā Kuanoʻo, "ua lawe paha ka maikaʻi. Ke haʻalele i ka mokulele, na mPal e aʻo aku i ka mōʻaukala o Hawaiʻi, he koina. E hoʻopaʻa maikaʻi, he hailona ʻia nō."

ʻAe ʻo ia a hahai aku i ka Ditto-Man ma kona piʻi ʻana.

***

Me ke kāohi i ka niniu o kona poʻo, ʻauhele ʻo ia i ka moana Pākīpika ma ka 1000km o kēlā a me kēia hehina i kahi e ʻohi ʻia ai ke ʻeke. Kū kona meheu i ka papa moana iā mPal e aʻo mai ana no ke kālai pele.

"ʻAno manakā kēia mahele, ʻaʻohe aʻu nānā i kou hulikua ʻana." Hōʻike mai ʻo Kuanoʻo no ke kūlana o kona aʻalolo a me ka piʻi ʻānō o kona pana puʻuwai. Mino iki aku ʻo ia a komo ʻo ia i ka mahele no Kīlauea a me ka hānau ʻia o ka mokupuni o Hawaiʻi, i ka ʻāhui Ditto-man e kāʻalo mai ana iā ia.

Ua nalowale nō paha kāna ʻeke a he lālani lōʻihi ma ka hale inu hoʻokahi i noa ka ʻōlelo ma ke kahua mokulele.

"...ma hope o nā kekeka o ke kūʻokoʻa o ka Hale Aliʻi, ua waiho ʻia ʻo Hawaiʻi ma lalo o ke Aupuni ʻAmelika." Hoʻomau ʻo mPal i ka haʻawina mōʻaukala iā ia e kū laina ana ma kahi kōkua.

"Ua ʻaihue ʻia kā hoʻi kēia ʻāina!" Hoʻōho mai ʻo Kuanoʻo. Hāʻule ihola kāna ʻeke kālā me ia hoʻōho ʻana. Ua maʻa kona pepeiao i ka leo manakā o ka mPal, me ka hopohopo o ka hoʻi ʻana mai o Kuanoʻo.

"Ua maopopo paha iā ʻoe ke kāhāhā o kēia ʻōlelo i ka hoa kipa ʻAmelika."

"Ua kīkahō au i kēia mahele he 98% o ka manawa no nā makahiki 5 i hala a ʻaʻohe namu o ka poʻe!"

"Ma muli paha o ka makaʻu iā ʻoe. Haʻo au i ka mea kahiko."

"ʻO ka mPal 0.3? ʻaʻole i hoʻāʻo iki i ka ʻōlelo ma waho o ka Pelekānia a liʻiliʻi ka ʻōlelo Hawaiʻi i maopopo."

"He mau...kau palena ko ka mea kahiko."

"A kiʻekiʻe ke kāki laikini. Mau nō ke kaupalena! Ma kahi o ka 2021 kāu ʻōlelo a he pono nō nā mea aʻoaʻo hou."

"ʻAʻole hiki i ka poʻe a pau ke kūʻai i nā kānaka ʻepekema ʻikepili Māori," i pane akula ka mPal.

I kēia manawa, ua maʻa iho nei ka hoa kipa i ko ke Kuanoʻo hoʻololi ʻana i ka palapala kūhelu o ka Hawaiian Board of Tourism Mandatory Tutorial v10.9. ʻŪ aku ʻo ia, i ka hakahaka ʻana nō o kahi ʻohi ʻeke.

"Ma hea lā au? He 137 makahiki ma mua o ka hoʻihoʻi ʻia o ke Aupuni Mōʻī, a ma kēia au hou..."

Ke Ala i ke Kuanoʻo ma o ka Hua Kiʻi

Ma ke kulekele nā mea e pono ai ʻo Kuanoʻo, ʻaʻole naʻe i hua a manaʻo ʻia paha ka ʻenehana i pono ai. Male ʻo Kuanoʻo i ke akakū ʻoiaʻiʻo, a me ka hoʻomaopopo kani leo (HKL), ke alukiko leo (AL), ka maopopo ʻōlelo kuluma (M'ŌK), ka unuhi mīkini, a me ka W'IH kūkā. No ka hapanui o kēia mau ʻenehana e ola nei, ua loaʻa nō ka mīkini akakū ʻoiaʻiʻo, ke kākoʻo o ka leo (he hui pū ʻia o ka AL, ka M'ŌK, a me ka HKL), a me ka unuhi mīkini. ʻO ka W'IH kūkā wale nō ka mea koe, ʻo ka loaʻa naʻe o ka lopaka kōkua ke keʻehina mua. Eia naʻe, ʻaʻole i hiki i ke kaiāulu kūʻonoʻono ʻole o ka nohona ke ʻapo no ka pākaukani o ka kālā ʻamelika a me nā hale e pono ai ka mālama ʻana i kēia ʻenehana hoʻōla ʻōlelo. E like hoʻi me ka ulu o ka ʻenehana, pēlā ka wāwahi ʻia o nā palena; ʻaʻole naʻe e hiki iā kākou ke kali.

He keʻehi mua kēia mau polokalamu i like me Hua Kiʻi no ke kaiāulu ʻŌiwi Kauʻāina no ka hua ʻana o Kuanoʻo. He koʻikoʻi nō ko ke kaiāulu ʻŌiwi o ka honua hāʻawi pio ʻole ʻana, he mea hoʻokele naʻe paha kēia no ka holomua o ka W'IH. Inā ʻaʻole i pā ka liliuēwe iā kākou ka poʻe ʻŌiwi, no kākou ka hopena ʻo ka lilo he pio a luaahi paha. He mea nohie a koʻikoʻi naʻe ʻo Kuanoʻo.

He paʻa hiʻohiʻona haʻahaʻa ko Hua Kiʻi, i ʻumi makahiki i hala iho nei i loaʻa ʻole ka ʻenehana i nā hoʻokolohua waiwai ʻana. Pehea ke hoʻomoeā he ʻumi makahiki mai kēia mua aku, e hiki ana i ko kākou mau kaiāulu ke kūkulu iā Kuanoʻo a e hoʻonoa no kākou. No ka ʻenehana e kū nei i kēia manawa, he hiki iā kākou ke kahukahu i ke kūkulu 'ana o ka W'IH i pili loa i ko ka 'Ōiwi mana'o a loina paha.

He paena pūnaewele 'enehana akakū 'oia'i'o no ke kumu ākea o ka ho'omaopopo 'ana a he 'oloke'a polokalamu ma'alahi ke ho'olō'ihi aku, 'o ka hakuaho'ou 'ana ma kona kino 'ōlelolehu 'Ōiwi (ma ka laki nō ka ho'okō wale 'ana aku nō i kā ka Hawai'i ma ka wā o ka papa). Ua pono ke komo piha o ka na'au e 'ōiwi ai ka hopena o ka W'IH Pelekānia a a he unuhi pū i ka Hawai'i a me ka Cheyenne. Me ka pahuhopu o ka hō'ike 'ana i nā 'ōlelo 'Ōiwi like 'ole, ua kupu he mea hohoki a haku 'ia he papa kau maka e alo aku ai i ka Pelekānia. Ua haku 'ia 'o Hua Ki'i me ka mana'o e ho'omau nō kekahi mau 'ōlelo 'Ōiwi. He pahuhopu ka ho'īnana 'ana i nā hi'ohi'ona pā mo'omeheu.

Me ke akahele nō e hiki ai i ke kaiāulu 'ōiwi ke kūkulu i ko lākou leo W'IH iho, me nā polokalamu akakū 'oia'i'o e hiki ana ke ho'omaka i kēia mau pāpā'ōlelo W'IH..

Nā Ke'ehina Kahua i ke Kuano'o

He mea hakule'i 'epekema 'o Kuano'o, ua hiki na'e i ke kaiāulu 'Ōiwi ke kūkulu i kāna mea iho i kēia manawa. 'O ke ke'ehina mua ka hō'ili'ili i ka 'ikepili a wae kūpono.

He pono nō nā waihona 'ikepili i mea e kūkulu 'ia ai ka W'IH o kēia au no ka 'ōnaehana ho'omaopopo leo a ki'i (he 'ana ho'ohālike' ma ke au 'enehana). Kūkulu 'ia ia mau ana ho'ohālike me ka ho'ohana pū i kekahi 'ano a'o mīkini 'o ka 'ōnaehana a'a. [33] I mea ka 'ōnaehana a'a e like ka 'oloke'a o ka lolo kanaka ma o ke a'a kikoho'e, he mau mea 'ano nohie ma ka makemakika ('a'ole i like iki ka mākau me ke a'a ola maoli.) Me ka ho'ohana 'ana i kēia mau a'a, ma kekahi pūnaewele makemakika, lilo ka helu kākomo he hopena. I la'ana, hiki i ke ana ho'ohālike ke ho'omaopopo i ke ki'i o ka paipū kinai ahi. Ua ho'ohana mākou he ana ākea, ua pono nō na'e ke kūkulu 'ia mai kinohi mai me ka hiki ke ho'omaopopo i ke ki'i paipū kinai ahi, 'a'ole paha. I mea e kūkulu 'ia ai ke ana W'IH, ua pono nō ka waihona nui o ka 'ikepili, me nā ki'i he mau haneli, me ka paipū a me ka 'ole. I mea e kūkulu 'ia ai ke ana i 'oi a'e kona ho'omaopopo 'ana ma waho o ka paipū kinai ahi, he pono he mau haneli ki'i o ka mea e ho'omaopopo 'ia. Ua hiki ke pākela ka nui o ia mau 'ikepili i pono ai. 'O ka hiki ke ho'omaopopo i ka paipū kinai ai ka ho'omaopopo ki'i 'ana. He mau 'ano ana ho'ohālike W'IH 'ē a'e kekahi.

He pili pū nō ka Ho'omaopopo Leo (HL) i kēia mau kaiāulu 'Ōiwi. I mea e kūkulu 'ia ai ka W'IH HL, he pono nā hola o ka leo ma kekahi hulu like loa (e like me ka MP3) a pēia pū me ka palapala leo 'ia ma ka pī'āpā o ka 'ōlelo. No nā kiko 'ikepili, he pono kahi 'ōlelo 'ana ma ka Hawai'i me ka palapala leo i pili me ka 'ōlelo "paipū kinai ahi." Inā ua nui nā hakuloli o kēia 'ōlelo pōkole ma ka waihona 'ikepili, ua hiki ke 'oi a'e ka ho'ololi 'ana i ka 'aukiō i ka palapala leo. I mea e ho'omaopopo nui a'e ai nā 'ōlelo Hawai'i pōkole, i ka 'ōlelo holo'oko'a paha, he pono nā 'aukiō he lehulehu nā hola, me nā 'ano 'ōlelo pōkole a hua'ōlelo like 'ole. I pāku'i, he kōkua ia waihona i ka maopopo 'ana o ka lauana i ka

[33] 'Ōnaehana a'a = Neural Networks

WʻIH ma ka Hawaiʻi, he pono nō.

He kahua nō ia hoʻomaopopo leo a kiʻi ʻana no Kuanoʻo, hoʻomaka nō naʻe i ka hōʻiliʻili a moʻopaʻa ʻana i ka ʻikepili moʻomeheu. He koʻikoʻi kikoʻī ka hōʻiliʻili i ka ʻikepili ʻōlelo ma muli o ka ʻanehalapohe. Ma ka pōmaikaʻi naʻe, he waihona palapala nui loa ko kekahi mau kaiāulu no ka waihona leo o kā lākou ʻōlelo i loaʻa ʻole i kekahi kaiāulu. He kuleana nui ia hana no ke kaiāulu: ʻo ka hōʻiliʻili i ka ʻaukiō maʻemaʻe i palapala kūpono ʻia. ʻO ke kūkulu ʻana he ana hoʻohālike, he kuleana pā makahiki e kūkulu ai, ua hiki nō naʻe ke hoʻokō ʻia.

I mea e lawa ai ka mākau e kūkulu ʻia he WʻIH hoʻomaopopo i ka paipū kinai ahi, he hoʻomaka wale nō kēia.

Ua hiki ke hopu ʻia ʻo Kuanoʻo!

SECTION 6

Appendices

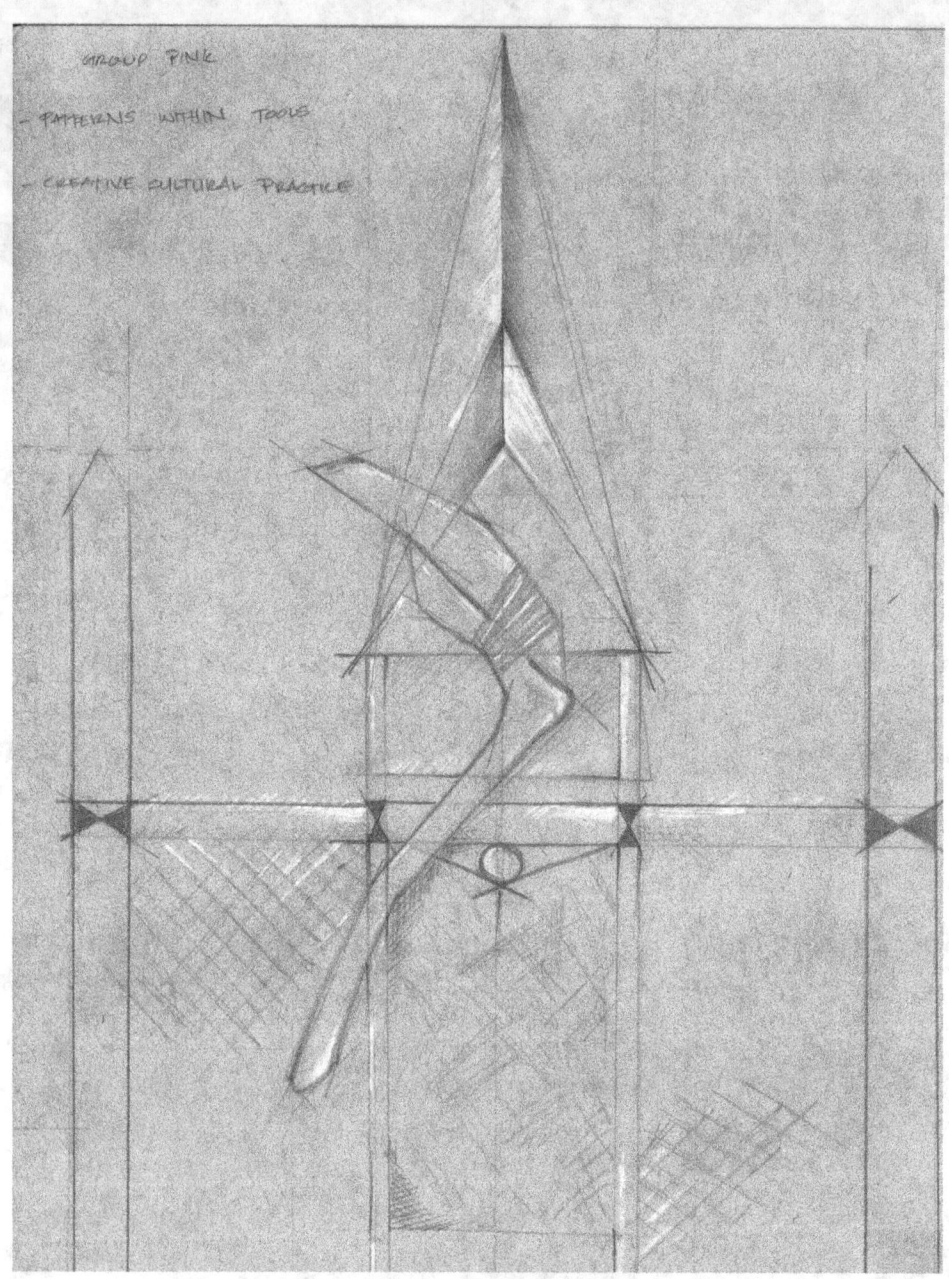

Waʻa Blueprint. Image by Kūpono Duncan, 2019.

6.1

Pre-Workshop Blog Posts & Workshop Interviews

In preparation for Workshop 1, we asked IP AI participants to write short, informal texts responding to the question: "What does the future look like for AI?" These texts were used to seed our conversations at the workshop and to give participants an opportunity to introduce themselves. Marlee Silva also conducted interviews during the workshop, which were then transcribed.

The texts provide insight into the rich set of concerns and perspectives that participants brought to the first workshop. One can see many of the concerns expressed here carried forward into the final collection of position papers, including the role and proper recuperation of traditional knowledge within technical systems; the need to protect traditional knowledge while also making (some of) it available to inform the design of these systems; the importance of language as both knowledge carrier and a primary site of computational processes; the centrality of territory in forming frameworks for understanding and communication; Indigenous communities' historical and ongoing engagement with new technologies; contesting concepts of intelligence which ignore emotional and social engagements with the world; the intrinsically cultural nature of technological systems; the cultural biases that get built into these systems;

distinctions between AI by, for and with Indigenous communities; the dangers that AI and related technologies pose towards Indigenous communities who have experienced centuries of settler colonial violence aided and abetted by the latest technologies; and the need to think about AI systems through the lenses of our specific cultures.

Articles:

I ka wā ma mua, ka wā ma hope
The future is secured by the past

Dr. Noelani Arista
February 28, 2019

My interest in AI is a continuation of the central concern of my work: that ancestral knowledge, deeply and broadly conceived will be carried over into 'the digital,' continuing into the future as it has until now; what D. Fox Harrell states is a "cultural computing perspective," which "entails performing research and practices that engage commonly excluded cultural values and activities to spur socially and critically valuable computational innovation," is an exciting concept to me. [1] In my thinking in relation to his proposition, I see how Hawaiian cultural production is held multiply as exclusive as excluded, *at the same time.*

The challenge of my work has always been how to supply access to the enormity of Hawaiian knowledges and to place them back in the everyday lives of the lāhui (the people, the nation, the community). 'The digital' poses particular challenges to the continuance of Hawaiian knowledge, in the sense that its progress doesn't leave room for the ravages which colonialism has wrought. [2]

As a historian I study the period in Hawaiian history where the technologies of the palapala (writing and print) were introduced. I have investigated how an oral/aural culture negotiated the simultaneity and transformation by, and into, the textual, how, in the 19th century kānaka maoli secured that knowledge through that transition, study which is vital to my various projects: to rebuild and understand the ontological, the epistemological, knowing and how we know, and the structures through which knowledge, story, practice, were passed on.

My research, translation and written work has focused on the training of Hawaiian intellectuals, how memories were carved (kālai 'ia) and structured to receive large amounts of data and how that data was retrieved and mobilized for particular purposes, under a regime disciplined by kapu. [3] I am studying

---

[1] D. Fox Harrell & Danielle Olson, "Cultural computing/Indigenous values," *Indigenous AI*, June 6, 2019 <indigenous-ai.net/cultural-computing-indigenous-values> 167.

[2] In my praxis language looms large as that which constructs the affective, the mode through which feeling and connection to kūpuna flows. Colonial processes hastened the loss of language and customary practice in ways that have left people with symptoms of memory loss, the inability to communicate feeling through language, and since healing was dependent to some extent upon prayer, it has given us a more difficult pathway to healing and self expression.

[3] 'Data' as in customary chant, prayer, law, history, story, some of which were quite lengthy, kept and passed on orally in a disciplined manner; and yet, these customary forms of knowledge cannot be reduced to an impersonal concept of data as unmediated by relationships. After the introduction of the printing press in 1820, many of these were re-recorded in writing and print. In addition to these new compositions moved from speech into text.

and helping to shape the transmediation of moʻolelo (history, story, authoritative speech) from textual forms into digital formats that are methodologically resonant with customary modes of transmitting knowledge.[4] I want to see these theories borne out, and I believe that Hawaiian knowledge, since we have the largest textual archive in Native North America and the Polynesian Pacific, can be an important site to contribute to what Harrell identifies in his work as an "integrative cultural system." In thinking of these systems, I am also cognizant of the limits which we in islandic communities might impose on (over)development. Several blogs have highlighted the pitfalls of colonial and capitalist tendencies trending towards extraction and consumption, and so I approach the excesses of digital formats with my desire to do what my kūpuna did, to ward knowledge (kapu), protecting it from shallow projections and proliferations which ultimately may cause lasting damage to the foundations of ʻike because of the rapidity with which incorrect, and inexact knowledge can be spread, supported, and 'shared.' Finally, I am interested in how digital formats can be Indigenized to facilitate our movement between the textual and the auditory, how to train these systems in a way that support our need to continue the passing on of our customary knowledges, histories and stories, through which the lāhui will continue to thrive.

References

Harrell, D. F. (2013). Phantasmal media: An approach to imagination, computation, and expression. Cambridge, MA: The MIT Press.

Harrell, D. F. (2019, June 6). Cultural computing/ Indigenous values. *Indigenous AI*. Retrieved from indigenous-ai.net/cultural-computing-indigenous-values.

What does the future look like for AI? : Oshkaabewis or a Skynet

Scott Benesiinaabandan

March 11, 2019

I'll answer this as it relates to my visual arts practice, involving the futurity of *Anishinabemowin* (the spoken Anishinabe language) and land/water protection and sovereignty.

Language

I think that in the near-future, AI can have an immediate impact on the preservation and promotion of endangered Indigenous languages. Already there are some projects making use of AI towards this effort. Deep learning programs designed at its root with a community's ethical concerns forming the backbone

---

[4] Moʻolelo—succession of speech acts, history, and story.

of programs can both improve research and educational resources and opportunities. Languages that are agglutinative, such as Anishinabemowin, would certainly benefit from AI driven language tools, programs that could search and scan contemporary internet resources alongside historical text archives, could provide new and intelligent responsive learning apps, driven by the particular user and their specific community contexts (dialects).

New words for new worlds is a theme I have been exploring from Anishinabemowin perspective and could see how AI assistance could provide alternate visions of the future through exploration of new language(s).

Land

Other areas where the near-future AI could be employed is in Indigenous land/water-use and sovereignty protection. Ongoing analysis of land/water-use maps could provide deeper understanding of territorial uses and importantly how best to protect on-the-land resources, such as fish stocks, forests and forest management, endangered wildlife populations, critical watersheds and high risk habitations. While drone-AI is a scary proposition, as it is mostly driven by the military and commercial interests, the same deep learning programs, coupled with the automation aerial surveillance of drone monitoring of Indigenous territories could be used as a powerful tool for Indigenous sovereignty actions.

In the Anishinabe world-view, the most important person in a ceremonial context is called *askabewis*, or "helper,." With design care and Indigenous protocols at its core, AI could be an incredibly powerful skabe working on behalf and towards the future of our communities. Seeing the opportunity in deep learning programs, and treating them as **oshkaabewis** rather than **a skynet**, is key to guiding the ethical and productive use of future AI.

ʻUmeke kāʻeo: (Re)coding AI to ʻĀina

Michelle Lee Brown

Illustrations by Kari Noe
February 26, 2019

> *ʻUmeke—bowl, poi bowl, food bowl (from the calabash gourd)*
> *ʻUmeke kāʻeo: a well-filled bowl, a well-filled mind*
> *ʻUmeke pala ʻole: calabash bowl without a dab [empty bowl, empty mind]*
> (wehewehe.org)

For the traditions I am steeped in, there is no future without the past orienting it, anchoring it, and leading it. In the title to this post, I have woven in the ideas of physical vessels - bowls, containers for the tech we use, including our own 'wetware' - with more intangible ones: minds, interconnected consciousness, vast depths of knowledge. This transference from vessel to vessel, tangible to intangible, highlights the porous boundaries between them. The title also nods to other writing I am working on around seemingly disparate sources that outline survivance as a practice of cybernetic Indigenism [1]: how Indigenous communities learn, adapt, and adjust as feedback indicates through fluid and ongoing protocols. These digital-physical, tangible-intangible materials have coded meanings within them that are routed and grounded in specific Indigenous systems, ready to (re)code and ground us.

For this introductory post, I am taking these ideas a step back—or more aptly reorienting myself to the past—by sowing seeds of something deceptively simple that will shape our futures and that of other beings and kin: the vessels we use to house these systems.

I come from salt water shorelines; we learned to navigate out, but I'm also drawn to brackish areas where fresh and salinated waters mix. Eels hatch, sharks hide, seaweed and shellfish grow rich and thick in the muck. "You find it with your nose" my Nana laughed and said. "That's where the good stuff is."

How to ensure these intelligences we help shape are well-filled ones, nourished from a mix of pasts and futures? How to take it from **AI** (as emblazoned in neon lights on Bourbon Street and some areas on the outskirts of Waikīkī) to what Noelani Arista terms [2] ʻĀĪna—from illusions of fulfillment to being well-filled? These are central questions; to answer them we must use our noses to orient to the fertile (and sometimes fetid) murk of our histories. Perhaps more unpalatable: we must hear from and listen to nonhuman kin how we as human—even Indigenous ones—have taken too much (as Johnson Witehira shows in his video game *Māoriland Adventures*). Can we compost these unpleasant histories and grow? Who might help us listen and change? What kind of vessels can hold that, even when it stinks?

Stink. "No talk stink now."
When the poi bowl is uncovered, we are reminded to shift our thoughts, hold our sharp tongues.
The presence of it, in its calabash, is a reminder to come together, let go of tensions, of anger.
Stink. "It stinks, Mom."
My 3-year old daughter said this as we approached the shoreline, the wind bringing us rich Atlantic coast smells: kelp, quahog, cod and flounder that seagulls have found and picked clean. To me, it smells

[1] Archer Pechawis, (2014), Indigenism: Aboriginal World View as Global Protocol, in Loft, S. and Swanson, K. (Eds.) *Coded territories: Tracing Indigenous Pathways in New Media Art*, pp. 36-47. Calgary, Alberta, Canada: University of Calgary Press.

[2] "ʻĀIna is a play on the word ʻāina (Hawaiian land) and suggests we should treat these relations as we would all that nourishes and supports us." In Jason Edward Lewis, Noelani Arista, Archer Pechawis, & Suzanne Kite (2018), Making Kin with the Machines, *Journal of Design and Science* 3.5 <doi.org/10.21428/bfafd97b>.

like life. Like home. I realized how much she had to learn, how much I needed to do to (re)code her senses
when she said those words. We had been away too long.
Stink. "That STINKS!"
My comment to another adult (while our elementary-school age kids were nearby); I had just
found out I'd need to replace my phone. I'd bought my first cellphone two years before, when the
floodwaters rose in New Orleans after Katrina. I had not wanted one, but cell phone messages
were the only way my kin could communicate with us for 8 harrowing days.
Now I would need a newer one to do the work I wanted to do.
But what could I do with this one, that carried messages of hope, calls for help and of rescue,
shared our laughter and tears of relief?

I take up stink here to highlight that our technology pasts stink, and not in a good way. Past and current iterations of computers and Western communications technologies plan obsolescence into our devices, yet the housings are designed to not break down for decades, if not centuries. E-waste is being refused at recycling facilities around the world even as newer versions of devices are marketed multiple times a year. These are what roots of our 'ĀIna, whether we like it or not. Smaller and larger impacts from this technology (mining, manufacturing, distribution, disposal) slide into the water we drink, the rain that falls on our crops. What futures will spring from those e-waste soils? What kind of calabash will come out of that ground? To answer this, I see two branches—two different emergences of 'ĀIna.

The first will be algorhythms (rather than algorithms) that can work with older tech—cobbling it together, creating hybrid machine-kin collectives to do work for specific communities. Arthur Pechawis and Ahasiw Maskegon-Iskwew's concepts [3] of drumming across realms made me think of algorithms set to different rhythms. Technically, algorithms don't require computers (ex: geometry); an algorithm solves a problem. In Western media and computation studies, a special or highly-useful algorithm gets a name. I want to mark a category of special algorithms and name them algorhythms—these are set to different rhythms, and work with each other across digital and physical borders.

These algorhythms are Indigenously (re)coded and storied calculations and programs, ones that operate on different Indigenous community rhythms and needs; they will have their own names within communities as they build relationships with them. I also see them as interacting with other nonhuman kin, helping to address problems that occur, like the one noted by Pechawis with the Horse Nation in "Indigenism." If we take up the call to rethink what computing and technology is made of and made with, these algorhythms (and AI that emerge from them) offer rich lines of flight from what is considered castoff/outdated. This reduces e-waste and allows for groups with less re$ources to build and connect with their own systems in

[3] Âhasiw Maskêgon-Iskwêw. (1995). Talk indian to me #1. *Ghostkeeper*. Grunt Magazine Archives: <ghostkeeper.
gruntarchives.org/publication-mix-magazine-talk-indian-to-me-1.html>.
Archer Pechawis, (2014). "Indigenism: Aboriginal World View as Global Protocol."

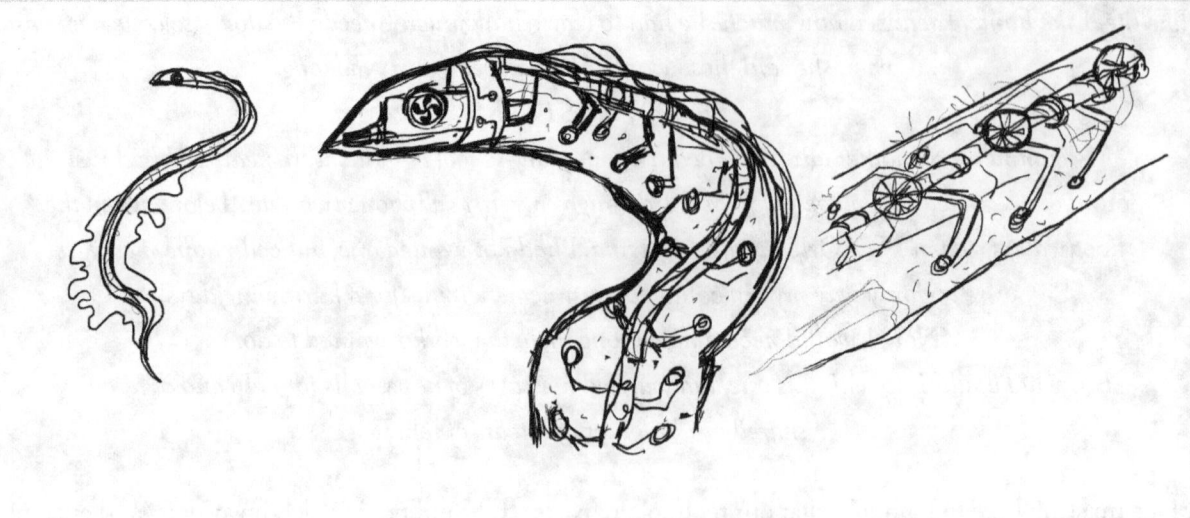

Txitxardin Lamia. Image by Kari Noe, 2019.

ways that are meaningful for them.

The second emergence is 'wetware'—biotech AI that take seriously the temporalities and materialities we are and will be. An example of this is shown below.

This is a model of a txitxardin lamia—a biotech angula/txitxardin (*elver eel* in English) that slides into specific ocean regions it is attuned to: gathering information and communicating with nonhuman relations there: algae, plankton, fish, etc. It collects and interprets this information, then enters the

Txitxardin Lamia. Images by Kari Noe, 2019.

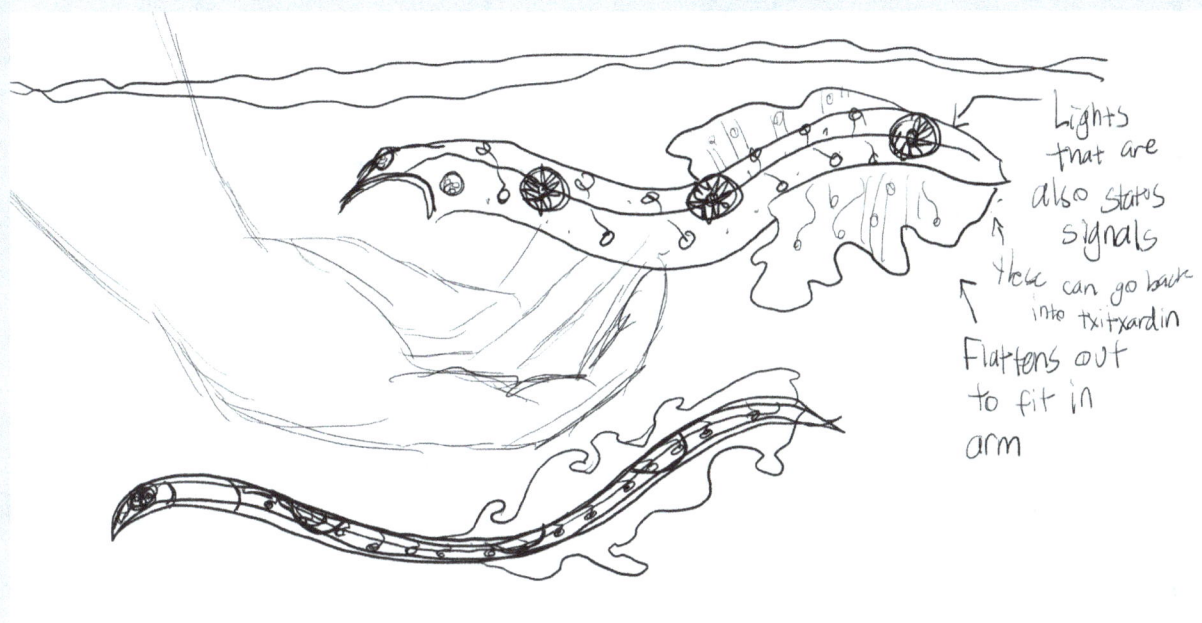

Lights that are also status signals

these can go back into txitxardin

Flattens out to fit in arm

Txitxardin Lamia. Images by Kari Noe, 2019.

arm of the sorgina (the human it works with). As it enters the sorgina and relays what it has learned, it also draws nutrients and an electrical charge from them. Each is nourished in different ways by this exchange—while intimate (and perhaps horrific to some observers), it is also consensual. This engagement is also specific to particular waters and sorginak within particular communities.

One meaning of txitxi is flesh, meat; txitxardin is our older word for eel: this is an eel made of particular kinds of flesh. Lamia (lamiak, plural) are water creatures [4] that have long assisted Basque people and received assistance from us as well - the reciprocity must be maintained. The structure of this txitxardin lamia is crucial—the casing is made from kelp and the mineral remains of the sorgina's ancestor. The DNA codes of land, sea, and AI are woven together. It is understood that the human (sorgina) will become part of txitxardin in the future, and that these beings are also temporal—they do not last indefinitely. Txitxardin are fertile and temporal vessels, well-filled as they engage with their relations; they become fertile materials for next iterations and generations to draw from as this code becomes (re)coded yet again.

There is more I could say about this example, for now I want to hold it up to highlight that the vessels we use to hold AI and algorythms matter—they shape what they do, how we connect/exchange. What can we say about the casings we use now? How would that shape if they were not 'made to last' long after we intend to relate to them and with them? If we know technological tools/kin won't always be there, how would we treat them differently?

Ideas and designs shift in provocative ways when we take up these relations as reciprocal—with elders

---

[4]   Lamiak are place-based, associated with particular rivers and streams; itsas lamiak are ocean/shoreline relations – again with very specific ares/places.

who have much to teach, nudging us to absorb as much as we can, then give of ourselves to infuse future iterations. It also means looking to our past: our e-waste past (re)coded into fertile ground for AI; our ancestral relations and recipes (re)coded as wetware and interfaces. To keep all these vessels/minds well-filled, it is important to ask <u>over and over</u> how might we give to them as they give to us. Reminding ourselves what we owe to the larger communities we are connected to—and how we negotiate those relations, what consent looks like in these intimacies.

The vessel dictates how much can be held within it—it also codes how we interact with it, how these machine-kin influence other relations on larger and smaller scales as they degrade or pile up in landfills. Wide and vast futures of potential are routed in these pasts and presents—what matters most here and now is how we (re)code ourselves internally, drawing on past technologies of relationality to structure these new kinships and the vessels that carry them.

References

Lewis, J.E., Arista, N., Pechawis, A., & Kite, S. (2018, July 16). Making Kin with the Machines. *Journal of Design and Science* 3.5. Retrieved from: doi.org/10.21428/bfafd97b.

Maskegon-Iskwew, A. (1995). Talk Indian to Me #1. *Ghostkeeper*. Grunt Magazine Archives. Retrieved from ghostkeeper.gruntarchives.org/publication-mix-magazine-talk-indian-to-me-1.html.

Pechawis, A. (2014). Indigenism: Aboriginal World View as Global Protocol. In Loft, S. and Swanson, K. (Eds.), *Coded territories: Tracing Indigenous Pathways in New Media Art* (36-47). Calgary, Alberta, Canada: University of Calgary Press.

When will computers be able to model the human brain? How will artificial intelligence impact on Indigenous communities?

Dr. Melanie Cheung, Ngāti Rangitihi

February 28, 2019

Until now, artificial intelligence isn't something I have thought very deeply about. I was never into science fiction. I didn't even take computer studies at high school. The fact that I now work in tech, despite being slightly technophobic, is kind of funny.

I am a Māori neuroscientist that has spent the best part of two decades studying the human brain from its gross anatomy right down to the molecular level. It's really an exquisite organ that allows us to see, hear, touch, taste, smell, think, feel, act, create, joke and move. Many cultures also credit the brain for having spiritual properties such as sacredness, spirituality and life force. In Māori culture, the brain is not only sacred, but human interaction with brain tissue is restricted. Consequently, I worked with *kaumatua* (elders) to develop *tikanga* (customary practices) to integrate into my scientific methods for growing cells from post-mortem human brain tissue. We continue to develop decolonizing methodologies that acknowledge sacredness, spirit, culture and community, within our laboratory and clinical practice.

My area of expertise is neuroplasticity, the brain's extraordinary ability to change its structure, function and connections in response to the input it receives. Through providing specific inputs that therapeutically alter the structure, function and connections in dysfunctional neural networks, we've been able to develop neuroplasticity-based treatments for a wide range of brain disorders. The inputs that drive these changes involve online brain training, which is how I came to be working in tech.

So, when I think about what the future looks like for artificial intelligence, I think about the increasing ability for computers to be able to model the human brain. Despite huge gains in machine learning, there are a number of limitations that computers would need to overcome to model human brains.

We know that computers can learn, so there is some degree of neuroplasticity. But computers will always be limited by the fact that they need to be programmed by humans. That is, someone still needs to program the learning. You could argue that the human brain is programmed by experience. In fact, there are several famous experiments that show that 'programming' in primate brains is actually reversible by changing input. This is the beauty of neuroplasticity.

One of the reasons that the human brain is able to change so readily is because it is a biological system. The brain contains all the cellular machinery and elements that are required for brain cell connections to be formed, reinforced and broken: DNA, RNA, proteins, neurotrophic factors, neurotransmitters, receptors, ion channels, cell membranes, energy sources, transport networks, and so on. While synthetic biologists are able to engineer artificial cells that mimic biological cells, the most complex cell they've been able to model so far is a bacterial fighting eukaryote (which is nowhere near as sophisticated as a brain cell). Artificial cells that conduct electricity, similar to brain cells, have also been created, but they are still a long way off being able to carry out the other complex cellular functions of brain cells. I think it's only a matter of time before synthetic biology and machine learning scientists combine their knowledge to develop a synthetic biology-based brain-like computer. But to what end?

Why are we interested in creating machines or robots that have human-like intelligence?

What will the real cost of artificial intelligence be on our Indigenous communities?

Will people lose their jobs because robots will be built to be more efficient than humans?

How do we develop an economy that values human qualities, as well as efficiency?

Could the vast amounts of money poured into artificial intelligence research be better used on improving Indigenous health and living conditions or protecting our environment?

How then, can we develop artificial intelligence technology that improves quality of life for Indigenous people rather than creating yet more disparity?

How can Indigenous people be involved in decision making about artificial intelligence?

What do our elders have to say about artificial intelligence?

Will Indigenous voices be valued in this space?

What decolonizing methodologies can we develop to determine how we want to interact with artificial intelligence?

In summary, I am looking forward to our workshop together. I'm excited to meet Indigenous people from diverse disciplines. I'm especially looking forward to spending more time thinking deeply about artificial intelligence and the ways it might impact on Indigenous communities in both good and bad ways.

What does the future look like for AI?

Meredith Coleman

18th Feb 2019

Artificial Intelligence already surrounds so much of what we do in our day to day lives—for example self-service scanners in supermarkets were posited as a 'creepy futuristic machines' when they were first introduced in the mid-noughties, yet these are now a much-appreciated convenience for shoppers, and asking Siri or Alexa rather than typing a question into Google has become second nature to many. Shaving a few seconds from one's day has become preferable in many cases to maintaining our privacy, willingly giving our precise location and other personal details to companies such as Google, Facebook and Uber in the name of convenience.

We are already living in the future, in some respect, as much of our technological progress becomes focused on refining what we have already created—although perhaps this is a naïve view from someone who can't picture how different the future may really look. Today's world looks vastly different from the world of the 1990s, for example, except that we still use much of the same technology. Might it be the case that twenty years from now, artificial intelligence and technology are aesthetically very different, yet their function remains similar? Might we be using the same basic technology for brain surgery that we've used for years, while the success rates and accuracy of the technology dramatically improve?

In Kate Darling's TED talk on our emotional connection to robots,[1] she raised questions about why, as

---

[1] Kate Darling, "Why we have an emotional connection to robots," *TED*, September 2018, <ted.com/talks/kate_darling_why_we_have_an_emotional_connection_to_robots>.

humans, we seem to feel emotion for certain technology as though it were alive. I think this is important when considering where the future of AI will take us, in particular as Darling raises issues of what happens when humans are unable to disconnect from technology emotionally. It may be the case that the more specialised and progressive our technologies become, the less we are able to separate ourselves from them emotionally. Darling spoke specifically about robots being used to clear minefields, and other army robots even being given funerals when they were "killed,." In light of this week's news that the Mars rover "Oppy" Opportunity has 'died', this emotional connection seems to have really hit home, as we have seen the direct impact that an emotional connection with robots and technology can have.

But perhaps this is a good thing. Does this not show us that humans are not so desensitised to violence and destruction, to the degree that we will mourn for something that is not even alive? Darling's talk highlights for me how humans are still very much in touch with our emotions, and we seem to be a long way off being made robotic ourselves in our inability to care. One of the greatest worries for the upcoming generations is that an increasing demand for artificial intelligence will result in humans being less reliant on other human company, as the need to communicate with one another is stripped away by technology. Darling's research suggests that this is not the case, at least not yet, as our ability to empathise still outweighs the abilities of the technology we have created. While it remains true that the technology that exists today is capable of doing terrible things, it simultaneously seems that to most people, improving on technology is largely for positive progress. Yes, artificial intelligence is reducing our need for learning certain skills (think being able to have food delivered through our phones and the internet, rather than learning to cook for ourselves), yet these same technologies can help us to learn skills we might not otherwise have the opportunity to explore—for example devices such as Alexa and the Google home hub being able to use the internet to create walkthrough instructions for people to learn as they go. I mentioned earlier that people are becoming increasingly fond of convenience, and it seems to be the case that the progression of technology and artificial intelligence is most appreciated when it allows the user to add a level of convenience to their lives, rather than having our lives be taken over by the reach of artificial intelligence. In particular, technology has practical uses in the disabled community, from screen readers for accessing social media, to the specialised treatment of disease. Being able to harness new technologies to aid specific groups opens doors for creating a more accessible society for all.

Overall, it seems that the future of AI is incredibly bright, with new technologies being produced on a near-constant basis. While popular culture increasingly prophesises how artificial intelligence will be used for the downfall of civilisation (dramatic, but perhaps not too hyperbolic), with the likes of Elon Musk becoming the comedy villains of our real-life superhero movie, it seems that we are far from being taken over by a robot race. It is inevitable that artificial intelligence will become a much larger part of everyday life in the coming years, however this does not need to be "the escalator from hell,"[2] as Jack Clark, the head of policy at OpenAI worries that their latest AI technology will become if released to the

[2]   Alex Hern, "New AI fake text generator may be too dangerous to release, say creators," *The Guardian*, February 14, 2019 <theguardian.com/technology/2019/feb/14/elon-musk-backed-ai-writes-convincing-news-fiction>.

public. These concerns surrounding AI are not entirely without reason, with privacy and data breaches being front and centre of many news stories in recent months, however it seems to be the case for now that much of the technology for now is being used for public good—even if vast quantities of personal data are being stored by corporations. It is difficult to say whether AI will ultimately have a wholly positive or negative impact on society, since so much of the technology is being created and worked with while not necessarily being fully understood. We are at a point in history where science is progressing at an incredibly fast pace, with new concepts being realised constantly, as predicted in the 1960s by Gordon Moore. Working with such technology means that fundamentally, we are not fully equipped to deal with the full extent of its capabilities. The coming years are likely to bring a massive change in how we interact with the world around us, as well as with one another, and may exact immense social change around the globe on a much larger scale. It is impossible to say whether Jack Clark's concerns or Kate Darling's optimism for the future of AI and technology will become the realised state, but with the rate of progression it seems sensible to accept that either approach is a distinct possibility for our future.

References

Darling, K. (2018, September). Why We Have an Emotional Connection to Robots [Video file]. *TED*. Retrieved from ted.com/talks/kate_darling_why_we_have_an_emotional_connection_to_robots.

Hern, A. (2019, February 14). New AI Fake Text Generator may be too Dangerous to Release, say Creators. *The Guardian*. Retrieved from theguardian.com/technology/2019/feb/14/elon-musk-backed-ai-writes-convincing-news-fiction.

Envisioning the Artificial: Technology, Time, and Indigenizing The Future of AI

Ashley Cordes

November 19, 2019

As tired as it is to say, thanks to the *Black Mirror* Netflix series, the music of Janelle Monáe, psychedelia, sci-fi, and a plastic bag full of cultural artifacts, the pop cultural psyche already has a clear collective visioning of what the future will look like via Artificial Intelligence (AI). How do we move beyond what is already semiotically pre-determined to ask the negotiated and oppositional ways that the future looks like *for* AI?[1] We need to question what the future looks like for AI, because we and AI are among the

---

[1]   See Hall, S. (1973). Encoding/Decoding. *In Culture, Media, and Language: Working Papers in Cultural Studies, 1972-1979* (pp. 128-138). London, UK: Hutchinson.

many agents determining it. In taking these steps, there are challenges in theorizing what technology of the future is because of the work that theorizing it performs within an overarching capitalist, sexist, and racist system.

In the '90s particularly, the popularization of digital was framed by discourses of transformation, replacement, and advancement (Van den Boomen, 2009). Digital culture came to define the zeitgeist, slighting the so-called generalized print and electronic eras that preceded it. Maintaining the pretense of these eras as separate and linear is but one tactic used by tech industries to sell their newer products because technologies are on one hand commodities not gods—and on the other hand, gods.

These narrative of progress tends to help humans more generally by making them feel comfortable about their movement through time and space and they hold profound social meaning. Most relevant is that the narrative of progress reflects racially charged ideologies that become hyper-naturalized. As Mètis critic Emma LaRoque (2010) states, "behind the dichotomy of civilization versus savagery is the long-held belief that humankind evolved from the primitive to the most advanced, from the savage to the civilized" (p. 39). They blur the fact that communities, particularly Indigenous communities, have been using many technologies, shifting, retaining, rearticulating, and adopting different forms for tens of thousands of years or since time immemorial.

In this regard, history and time is too commonly described as existing on a horizontal line with the far left being the past and the right being the future within certain worldviews. The narrative of progress creates a laughable spectrum that tends to place Indigenous technologies (old and/or new) in the past and uber-new new media on the right, despite Indigenous spirals upon that slippery spectrum and their/our clear contributions to the uber-new new media. I, before recently reading disappointing writing on Indigenous currency technologies (see the forward of *Paid: Tales of Dongles, Checks, and Other Money Stuff*, which describes 'shell money' as weird, depressing, and non-modern (Sterling, 2017, x-xi), thought that this was already clear. The only thing that is now clear is that conversations like these need more space.

Specifically some space needs to be focused on the future of AI because it is now being paired with almost all other preeminent technologies. AI will infiltrate privacy while simultaneously being personal assistants, fuel technology races between nations and be adopted for warfare while still driving you home from work. It will, as it already has, come under large scale scrutiny and regulation for the bias it inherently holds when used in criminal justice, healthcare, lending, and education. It will also look hopeful. The future will be techno-pessimistic, optimistic, and pragmatic and it's not productive or holistic to look at in only one way. Moreover, looking at it in only one way is a means of forcing arguments that we just simply are not sure of and limiting a categorically more creative visioning of the future of AI.

What makes newer technology, AI, or media interesting, meaningful, and worthy of talking about is when technological innovations are thought about by communities that have been consciously marginalized by the system. The innovations themselves are not necessarily paradigm shifts, but the ways in which the systems created are commandeered to change up the systems in some small way are. Foucault, a critical theorist, discusses how power is, of course, an omnipresent feature of life. One side or many sides of a power equation pushes the others in a direction and visa-versa, a tug-of-war of sorts. Power is not only everywhere and two-directional but is targeted, enacted, and embodied through discourses and knowledge. The discourse that centers on Indigenous people as technologically backwards is one deployed by colonial forces to delegitimize Indigenous ways of knowing and ways of acting, and it is disconcerting that we still have to talk about it. By making AI work with us and framing it as an Indigenous project, efforts like these play into a chipping away at this 'regime of (un)truth.'[2] They break down epistemological underpinnings and exemplify the fact that Indigenous people are not only surviving in the digital age, but are in the driver's seat of envisioning futurity in an increasingly digital and globalized world.

Technology, the communicative artifacts that are considered in the deployment of stereotypes such as these, are at the same time the essences that can be re-inscribed or created with counter-hegemonic charge. With Indigenous efforts the future of AI will feel like predicting, planning, learning, representing, executing, doing, perceiving, solving, fixing, ruining, helping, hurting, intellectualizing, complicating. The ride will not look like a linear line and it will also recognize and give nods to glimpses of AI in 'traditional' items. For example, Haas (2007) points out that hypertext and multimedia are too often claimed as Western. Hypertextuality refers to the accessibility of texts through other texts, layered with meaning. Wampum shells were, and still are, made by many Indigenous peoples, particularly Haudenosaunee peoples, into intricate 'belts' to tell stories, to mark occasions, to make contracts; there are layers of meaning that make them hypertextual. These are also arguably digital in that the beads are strung, they are code, and can be read; they are retrievable, decodable, memories of Indigenous epistemology. This suggests an intelligence in the creation of life that carries on beyond when human and non-human 'creator's' hands have left said technology.

AI can look to help make better the lives of Indigenous people and help to ensure Indigenous futurity. For this to happen, AI should be made/stewarded with Indigenous epistemologies at the forefront to radically question, appropriate, and push back pervasive globalized peer-to-peer systems or any systems which may not help our communities. Here lies the potential to help restructure our social worlds, transform the ways we view digital territoriality, and help us to embody relationships with the various ecosystems we depend on.[3]

References

Haas, A. M. (2007). Wampum as hypertext: An American Indian intellectual tradition of multimedia theory and practice. *Studies in American Indian Literatures*, 19(4), 77-100.

[2] See Foucault, M. (1978). *Discipline and punishment: The birth of the prison*. New York, NY: Pantheon Books.

[3] See Wildcat (2009) for more on ecosystems, environmentalism, and Indigenous knowledge. Wildcat, D. R. (2009). *Red alert!: Saving the planet with Indigenous knowledge*. Golden, CO: Fulcrum Publishing.

Foucault, M. (2002). *The Archaeology of knowledge*. London, UK: Routledge.

LaRocque, E. (2011). *When the other is me: Native resistance discourse, 1850-1990*. Winnipeg, MB: University of Manitoba Press.

Sterling, B. (2017). Forward. In B. Maurer & L. Swartz (Eds.), *Paid: Tales of dongles, checks, and other money stuff* (ix-xii). Cambridge, MA: The MIT Press.

Van den Boomen, M. (2009). *Digital material: Tracing new media in everyday life and technology*. Amsterdam, NL: Amsterdam University Press.

A very personal look at the future of AI

Joel Davison

AI today is bound by practicality, talented developers, cutting edge research, specialised hardware and top of the line cyber security, which are all ingredients required to advance simple AI beyond current offerings. This means that the entities with the power to advance AI, those with access to pools of talent and academic connections as well as the funding for hardware and security, are those which already have much more money to invest than what is required to operate as a business. These entities, be they government or private, expect a return on investment, in this way AI advances will always be pushed in a direction that is either profitable or marketable, due to this AI is entwined with automation in our cultural lexicons and it is this connection that often dominates conversation.

If Artificial Intelligence is to replicate human intelligence, then the most direct way to profit off of said intelligence is to exploit its labor value. In this way conversations are often steered towards analysis of labor-value of existing occupations. For example, advances by large tech companies in self-driving cars has every in-tune truck driver eyeing other industries at this point, and we [1] can't [2] stop talking [3] about [4] it. [5]

[1] Walker Orenstein, "Automated 'platoons' of trucks might soon be driving on Minnesota roads," *MinnPost*, February 1, 2019 <minnpost.com/good-jobs/2019/02/automated-platoons-of-trucks-might-soon-be-driving-on-minnesota-roads/>.

[2] Seth Clevenger, "Self-driving truck startups TuSimple, Ike attract more investment to fuel development," *Transport Topics*, February 13, 2019 <ttnews.com/articles/self-driving-truck-startups-tusimple-ike-attract-more-investment-fuel-development>.

[3] Adam Rowe, "The trucking industry's future: go high tech or go home," *Tech.Co*, August 30, 2018 <tech.co/news/trucking-industry-future-autonomous-drivers-vr-2018-08>.

[4] David Welch, Gabrielle Coppola, & Chester Dawson, "Young CEO of electric vehicle startup Rivian has Amazon riding shotgun," *Seattle Times*, February 24, 2019 <seattletimes.com/business/young-ceo-of-electric-vehicle-startup-rivian-has-amazon-riding-shotgun>.

[5] Finn Murphy, "Truck drivers like me will soon be replaced by automation. You're next," *The Guardian*, November 17, 2017 <theguardian.com/commentisfree/2017/nov/17/truck-drivers-automation-tesla-elon-musk>.

The vast majority of these industry shaping moves that are being made are opportunities presented only to the wealthiest organisations on the planet, due to the benefit only being realised at a huge scale thanks to the costs outlined above, talent, research, hardware and security. It simply isn't feasible for small organisations, potentially social ventures, NGOs or co-ops, to lay stake to a portion of the market without the network and capability to take advantage of the wider market. If the benefit of Artificial Intelligence in this liberal-capitalist frame is the profit earned by extracting more labor-value by reducing the overhead of hiring humans to manually perform tasks, then by the time you have paid the up-front costs for the research, development and specialised manufacturing to begin providing self-driving vehicles as a service, you start to realise that you need to roll out your service on a massive scale to begin to realise the benefits. In this environment Artificial Intelligence becomes a winner takes all venture, where the only participants are those already winning.

However, we have been seeing a shift in this landscape, a move by some of the largest organisations that changes the climate entirely. Having developed their AI and taking their time to scale and implement before they start to see their benefit, these large organisations have started to look for alternate revenue sources for their AI solutions. Most notable of these alternate revenue sources are the AI as a service platforms, such as IBM's Watson or Google's Tensor Flow. Suddenly, small organisations can provide the benefit of AI (or at least market that they do) without the tremendous up-front cost of research and specialised hardware. In this we are now seeing many small businesses and startups getting into the game of exploiting the difference in labor value between human intelligence and Artificial Intelligence, this time opening up smaller scales, nooks and crannies in the marketplace to be explored.

In all of these conversations we are only exploring the capital value of simple Artificial Intelligence: it's the capitalist equivalent of only talking about the 'why?' of AI (the answer to which is almost always 'money'). Little do we explore the impact of simple Artificial Intelligence, we never really ask 'how?', and when we do it's always too late.

In November 2017, The Guardian broke the story of a secret police blacklist employed by the New South Wales Police,[6] a "Suspect Targeting Management Plan," which the NSW Police Commissioner called a "predictive style of policing,." This is kind of low-hanging fruit isn't it? My intention was to share a couple of cases where organisations hadn't stopped to ask 'how?', or what their impact is, but surely no one on this program even stopped to ask 'why?'. It doesn't take a genius to figure out how this goes terribly wrong, hell you don't even have to look much further than Marvel, who ran a (fantastic, by the way) crossover event by the title of "Civil War 2" which featured at its center the arguments for and against 'predictive policing', it's actually kind of prophetic and I love it so.

---

[6]   Michael McGowan, "More than 50% of those on secretive NSW police blacklist are Aboriginal," *The Guardian*, November 10, 2017 <theguardian.com/australia-news/2017/nov/11/more-than-50-of-those-on-secretive-nsw-police-blacklist-are-aboriginal>.

spoiler warning

The event comes to boiling point when a new Spiderman, <u>Miles Morales</u>[7] (A young African American, Puerto Rican man) is accused of murdering Steve Rogers, Captain America in the future. After all of the superheroes have shared their perspectives and opinions and had their brawls, the takeaway from this is the question, 'is it ever okay to judge someone for something they haven't done but could do?', to which the answer is no, you shouldn't, especially if the current criminal justice system is suited to it and especially if you don't think very carefully about it. Unfortunately the Australian criminal justice system isn't suited to it and very clearly the NSW police did not think very carefully about it.

spoilers over

'Okay Joel so you have some comic-books-based opinions on predictive justice, but seriously how bad could it be?'

It gets pretty bad. According to the NSW Police Commissioner Mick Fuller, "here were about 1,800 people subject to an STMP across the state. About 55% of them were Aboriginal," the youngest of which is a nine year old. Currently Indigenous Australians only make up 3% of the national population, so how is it that we represent such a large portion of this database? Are we really that talented at crime? I mean, do we really commit 17 times more crime than any other Australian ethnicity? Of course not, that's ridiculous, so how did this AI come up with this list of suspects? The truth is, we don't know and if you ask the police they wouldn't know either, the company that they contracted to develop the solution likely don't know either and don't care how, they've already answered their 'why?' (read: money). Most likely the people developing the solution don't understand how the AI's learning algorithms work and didn't think about the kind of training data the AI was trained on before it started working on production data.

'But Joel, they'd have to have thought pretty hard if they made the AI racist, it's a machine so it's impartial to race and ethnicity', <u>turns out that's not the case</u>,[8] AI more or less come out of the box as racist. This is due to how AI are configured in these projects, to perform better than humans they need to learn more than humans in the narrow field they're being developed for, which is one of their strengths: they can take a huge set of training data and learn from it very quickly. The data is important, however, and as it so happens the most easily accessible large datasets are user-generated and contain all of their respective prejudices. So it's important to ask 'what data set was it trained on?', in this case definitely existing data on previous arrests and criminal convictions by the Australian Federal Police. 'Hold on, the data on previous arrest and criminal convictions by the Australian Federal Police reveals a strong recurring prejudice toward the Indigenous population of Australia?'

---

[7] "Miles Morales (Earth-1610)," <marvel.fandom.com/wiki/Miles_Morales_(Earth-1610)>.

[8] Robyn Speer, "How to make a racist AI without really trying," July 13, 2017 <blog.conceptnet.io/posts/2017/how-to-make-a-racist-ai-without-really-trying>.

Imagine my shock.

So now the police have a racist AI that's populating a confidential list of suspects who are majority Indigenous, who the police are now legally able to arrest before they commit a crime or do anything suspicious. Yeah, the police in 2017 criminalised being Aboriginal. That's how bad it gets.

I'd love to say this proves the point I was making earlier about the impacts AI can have if we don't ask 'how?' but it's even worse than that. The fact of the matter is unless we are very careful, AI-as-a-service can be used to intentionally obfuscate the 'how?'. We don't know how the NSW police's AI became a racist, we can make very good educated guesses about training data and configuration, but we don't *know*: the AI obfuscates the process by which it came up with its database through its sheer complexity alone. The biggest problem is that in spite of this, the results are still being used with authority. Because it is an AI, a machine that 'just runs analysis' all it is doing is giving authority to existing and past prejudices and perpetuating said prejudices, rather than having the ability to challenge them like a human might.

We haven't been asking of ourselves 'how?' and when we don't, we don't move forward, we don't challenge and we don't change. We just become more efficient and I don't think that's the vision anyone who is passionate about AI & Computer Science imagine. If we are to use AI to move our society forward, to make real change instead of just making profit, we need to ask 'how?'.

References:

Clevenger, S. (2019, February 13). Self-driving truck startups TuSimple, Ike attract more investment to fuel development. *Transport Topics*. Retrieved from ttnews.com/articles/self-driving-truck-startups-tusimple-ike-attract-more-investment-fuel-development.

McGowan, M. (2017, November 10). *The Guardian*. Retrieved from theguardian.com/australia-news/2017/nov/11/more-than-50-of-those-on-secretive-nsw-police-blacklist-are-aboriginal.

Miles Morales (Earth-1610) [online wiki page]. (n.d.). *Marvel Database Fandom Wiki*. Retrieved from marvel.fandom.com/wiki/Miles_Morales_(Earth-1610).

Murphy, F. (2017, November 17). Truck drivers like me will soon be replaced by automation. You're next. *The Guardian*. Retrieved from theguardian.com/commentisfree/2017/nov/17/truck-drivers-automation-tesla-elon-musk.

[Online article]. (2019, February 24). Retrieved from pressreviewer.com/2019/02/24/the-leading-companies-competing-in-the-global-mining-truck-market-industry-forecast-2018-2022.

Orenstein, W. (2019, February 1). Automated 'platoons' of trucks might soon be driving on Minnesota roads. *MinnPost*. Retrieved from minnpost.com/good-jobs/2019/02/automated-platoons-of-trucks-might-soon-be-driving-on-minnesota-roads.

Speer, R. (2017, July 13). How to make a racist AI without really trying [Blog post]. Retreived from blog. conceptnet.io/posts/2017/how-to-make-a-racist-ai-without-really-trying.

Rowe, A. (2018, August 30). The trucking industry's future: go high tech or go home. *Tech.Co.* Retrieved from tech.co/news/trucking-industry-future-autonomous-drivers-vr-2018-08.

Welch, D., Coppola, G., & Dawson, C. (2019, February 24). Young CEO of electric vehicle startup Rivian has Amazon riding shotgun. *Seattle Times.* Retrieved from seattletimes.com/business/young-ceo-of-electric-vehicle-startup-rivian-has-amazon-riding-shotgun.

Cultural Computing/Indigenous Values

D. Fox Harrell, Ph.D. & Danielle Olson

February 2019

Artificial intelligence (AI) systems are cultural systems. This may not seem intuitive for those who think of them as complex technologies serving utilitarian purposes. However, "all technical systems are cultural systems" (Harrell, *Phantasmal Media*, p. 345). This is because technologies are created in particular historical-cultural contexts and are informed by underlying shared cultural perspectives. Furthermore, computers play a role in shaping culture "through facilitating the construction of shared knowledge, shared beliefs, and shared representations" (Harrell, 2013, p. 345). When considering the future of AI, particularly the relationship between a plurality of Indigenous values and AI, we need to then make some of the values within AI explicit that are usually left implicit. Toward this end, it is first useful to consider what AI itself is—and we quickly begin to see that AI itself represents a plurality of values as well.

AI represents many different aims, technologies, approaches, and communities of practice. Often times, these aspects are described in binary terms, for instance contrasting:

CONTRASTING FEATURE	SIDE A	SIDE B
Aspirations	Strong AI[1]: Aspires to machine consciousness, sentience, etc.	Aspires to competence in a more narrow domain (e.g., performing indistinguishably from humans in conversation)

---

[1] Searle, 1980

CONTRASTING FEATURE	SIDE A	SIDE B
Approaches	Symbolic: a.k.a. "Good Old-Fashioned AI," (GOFAI)[2] Uses high-level, human- readable representations (e.g., first order logic)	Connectionist: Uses artificial neural networks as a model
Research Goals[3]	Engineering: Produce a system that performs some task typically thought of as requiring intelligence	Cognitive Science: Produce a system that helps explain or simulate human mental or neural processes
Style[4]	Neat: Preferring top-down explainable, if not provable, solutions	Scruffy: Preferring bottom-up, functional, if not completely explainable, solutions

Support for AI has gone through cycles as well. Early on, AI researchers worked on abstract, small domains with the belief that the results would generalize to the world at large—with a swath of research impelled by military-industrial applications. The mid-1970s have been described as an "AI winter," particularly in the United States as the Defense Advanced Research Projects Agency (DARPA) funding policy changed in a way that disadvantaged generalized AI research. Recently, with the processing power of today's computers, pervasiveness of big data, and new innovations and optimizations with artificial neural networks, 'deep learning' approaches have produced compelling results. The attendant attention and funding AI have prompted some to even suggest we are now in an "AI spring" (Warren, 2016).

In light of these many aspirations, aims, approaches, research goals, and styles of AI, one might ask: how might we begin to characterize the values within traditions of AI? The concept of an 'integrative cultural system' helps toward this end. The term 'integrative cultural system' can be used to describe how culture, knowledge, beliefs, and representations are distributed onto material and conceptual artifacts, here with a focus on computational artifacts (Harrell, 2013, p. 207-249). We need to carefully examine the assumptions, structures, uses, discourse around, and practices involving these technologies. This means that we should not limit ourselves to analyzing the technical functionality of systems, but rather looking at the ecologies of people, artifacts, code, interfaces, language, etc. around systems in a more holistic way (Harrell, 2013, p. 74).

[2] Haugeland, 1985

[3] Jenson, 2018

[4] Schank, 1983

Finally, to engage the relationship between Indigenous cultures and AI in a manner that supports people's empowering needs and values, we need to adopt a cultural computing perspective (Harrell, 2013, p. 167). This perspective means entails performing research and practices that engage commonly excluded cultural values and activities to spur socially and critically valuable computational innovation. More importantly, cultural computing research and practice focuses on rigorously understanding and articulating the groundings of computing systems in culture. This all means that we must work together to build the future of AI in a manner that supports the vast array of human creative cultural production, including supporting mental and physical wellness, economic and educational advancement (U.S. Global Development Lab, 2018), the arts, and more. We hope that this workshop can help open new vistas based on grounding computational practices in Indigenous values that have long traditions of supporting such ends.

References

Harrell, D. F. (2013). *Phantasmal media: An approach to imagination, computation, and expression.* Cambridge, MA: The MIT Press.

Haugeland, J. (1985). *Artificial intelligence: The very idea.* Cambridge, MA: The MIT Press.

Jensen, G. (2018, June 10). Artificial intelligence: cognitive vs. engineering approaches [Blog post]. Retrieved from gavinjensen.com/blog/cognitive-vs-engineering-ai.

Schank, R.C. (1983). The current state of AI: one man's opinion. *AI Magazine* 4(1), 3-8. doi.org/10.1609/aimag.v4i1.382.

Searle, J. (1980). Minds, brains and programs. *Behavioral and Brain Sciences* 3(3), 417–424. doi.org/10.1017/S0140525X00005756.

US Global Development Lab, Paul, A., Jolley, C., & Anthony, A. (2018, September 5). Reflecting the past, shaping the future: Making AI work for international development. *USAID.* Retrieved from usaid.gov/digital-development/machine-learning/AI-ML-in-development.

Warren, C. (2016, May 20). Google's artificial intelligence chief says 'we're in an AI spring'. *Mashable.* Retrieved from mashable.com/2016/05/20/google-ai-spring/#zpmxv2hfNGq3.

Digital Sovereignty

Peter Lucas Jones

June 18th, 2019

Kia ora, my name is Peter-Lucas Jones and I'm from Te Hiku o te ika, and my iwi, or my tribes, are Te

Aupouri, Ngai Takoto and Ngati Kahu.

So I met Oiwi Parker Jones at Oxford University, which was in year 2018. We had the opportunity to meet with him and a few of his colleagues and talk about Maori language voice recognition and the opportunities that that gave to our people to actually synthesize a voice in our language, to actually develop a huge text corpus for, a data for development and innovation and along with that an acoustic database or an acoustic data collection with all the reading of utterances in our language in order to develop natural language processing tools.

So that's how I met Oiwi and then he contacted Keoni Mahelona, who is my partner, and then that's how I got here. Yeah, after writing a couple of paragraphs around what I could possibly bring to the table, knowing that this is about participation but also sharing our expertise, experience and what knowledge and skills that we bring to complement designing a solution for a problem we all share as Indigenous people.

I'm often mindful that we get invited as Indigenous people to Indigenous conferences that are organized by non-Indigenous people. So my expectation was that this was being organized by Indigenous people, so I think the level of participation that you're quite happy to be part of when it's a hui, or a workshop or a meeting that is organized by people that are from communities similar to yourselves, then you think, well they understand the context of colonization, white assimilation in a in socio-economic background and place that affords us as Indigenous people, and quite often it's at the bottom of the heap. So I was looking at it as a way to secure a place for ourselves, my tribe, my tribes, you know—my people, in the future, in the digital future.

Because as far as I'm concerned I don't just think about how AI can be used, I think about how we can be the makers of AI and how do we secure economic opportunity for our people in the future, so that when we deal with open source and all that that offers us, we deal with it with our eyes wide open, knowing that these are the skills and expertise that we need to apply open source code or whatever.

Let's face it: most of our people are not in a position of privilege that affords them those skills and expertise, so open source is good for white privilege.

But what does open source amongst Indigenous communities look like? How do we share ideas, concepts with a level of integrity and trust that you only have with other Indigenous people?

When we look at the artificial simulation of human intelligence we're mindful that that operates a great deal of the time on the data that it is fed for training, computer modeling and all that type of behavior that we expect it to perform relatively well at.

If we look at the jail. For Maori people, we make up more than 50% of the jail population yet we are only 15% of the wider population.

Quite often a reason for that is described as racism or racial profiling but if we look at the other Pacific peoples that are in our wider population in Aotearoa, New Zealand, we can see that only 11% of the jail population is actually made up of other non-Maori Polynesian or Pacific Island people. So then that suggests something quite different.

We know that most of our people at least have a first or second degree relative that has either been to jail or is in jail. So when we talk about law enforcement and AI we're mindful that, what are the risks there that we need to be mindful of. Data, if it's being mined or if it's being categorized or if it's being curated in a way for law enforcement, needs to take into account that that data is biased.

We know that white people get let off for crimes that our people get sent to jail for and so that's a risk that we've identified. But along with it comes, along with AI, comes a lot of opportunity.

If we were to think about natural language processing tools, if we were to think about the important part that we place on language retention and the acquisition of our languages and our culture, we know that that sort of data is captured in our written text. It's also captured in the stories that we tell, intergenerationally amongst our people through speaking our language.

So if we were to synthesize a voice or if we were to develop voice to text, text to voice, or even voice to voice, what does that open up in terms of opportunity for cultural and language intergenerational transmission in today's day and age?

So whilst there are risks, we can't run away from the opportunities. Because as people that have been alienated from our culture, we now have an opportunity to sometimes revive things that we have lost as part of the colonization process.

So I think working with other Indigenous people that have similar problems, we come up with a solution or a series of solutions that we can then pick from, knowing that we trust other Indigenous people because they've gone through a similar traumatic experience to ourselves.

I mean, imagine if we could automatically transcribe Maori language audio in real time and the traditional knowledge we could unlock from there?

Our extensive native speaker collection that we have at our iwi radio station, I'm the general manager for my tribal broadcasting media hub, if you think about all the traditional knowledge, the medicines, the foods. We talk about food security, we talk about restoring the water ways, what sort of plants grew down a specific water way. We talk about the ocean, we talk about the mountain, we talk about the forest, the birds and all the animals that are part of our landscape. And when we think about natural language processing tools and using that as a way to mine our own data for the purposes of revival, maintenance, preservation, promotion and growth of our language and culture, it opens up so many amazing opportunities and that excites me.

I think that we naturally gravitate towards people that have shared problems and what I'd like to see come out of this is us to be able to at least group our shared priorities.

I'm very optimistic in terms of what we can achieve and you can hear that we're talking about the environment, we're talking about our landscape, we're talking about our language, we're talking about our culture. We're talking about data security and data storage.

We store our data in our song and dance. We store our data in the way that we cook. We store our data in the way that we perform oratory. We store our data in the way that we welcome people and we store our data in the way that we farewell people.

But in the modern age how are we going to store our data being mindful that we do not live like we traditionally used to?

I grew up with our grandmother, our grandmother's sisters, our uncles and aunties, our mother and father. Our cousins were like our brothers and sisters. But now our families are growing up with a mum and a dad in a western context. So how can we use artificial intelligence to simulate the way in which our families are connected and the way that we transmit inter- and intra-generationally? Because I think that's a big part of our shared problem, is we are now displaced from the places we are most connected to.

So how do we reconnect ourselves without observing the community and starting to participate in it?

I think that we've got to be mindful that we have to enable development and innovation. We should be protective of our data, we have every right to be. We have a responsibility to protect our data. But with the protection also comes the role to promote and grow and we cannot promote and grow if we are going to constantly live in fear.

So I think what we have here today, and yesterday, is a group of people that are ready to risk it all, and we know that people that are ready to risk it all are going to be leaders.

They're going to be leaders that take these concepts and new ideas back to our communities so that we can take hold of these opportunities and when we do that we know that we're going to be moving with our brothers and sisters. And I think there is a level of security and when we can offer that back as a report to the communities, the Indigenous communities that we come from, we can then seek the ongoing endorsement and support. Because it's not about us making the decision on behalf of our people, it's about us taking these ideas back to our people and seeing if they're ready to engage.

And I think that the time is now and I think that this workshop couldn't have brought together more passionate people that are related and very entrenched in their own Indigenous communities and development and innovation, cultural and language preservation and very much connected to the landscape.

So I'd just like to say kia ora, thank you for inviting me, but most of all thank you for allowing us to share and receive, of course, the offerings from our brothers and sisters from other Indigenous parts of the world. Kia ora mai ano tātou.

What does the future of AI look like?

Kekuhi Kealiikanakaoleohaililani

February 28, 2019

> *from the lowland forest of Pana'ewa*
> *our aloha to you of the makali'i constellation*
> *to you of Kānehoalani-sun and his fiery volcanic offspring*
> *our greetings to you of the oceanic people*
> *to you of the mountainous regions*

OUR fondest aloha to you all as you traverse Kanaloa's vast ocean memory on your winged canoes and finally land on our ocean-bound island home…Hawai'i! Welcome home.

Thank you for the posts ahead of mine. In addition to very little inquiry on my part, your contributions are helping me form some understanding on the less tangible, less visible aspects on the topic(s). I hope not to offend anyone's intelligence by not forming any particular opinions, critiques, conclusions, but instead offer the first thing that comes to mind… in the spirit of Maui, the innovator & inquirer.

Here are some bullet point ponderings when asked to consider the future of AI:

- Is authentic-intelligence a possible future term for that which is a natural extension & reflection of human curiosity and invention; or perhaps alliance, or affinity or animated or some "A" word that has a relational quality

- What is AI's cosmology? Or, what is the creation story we can create?

- Aside from our pedestrian & physical dependence on AI, how do we cultivate a multi-dimensional & sensual relationship to AI?

- Can we infuse a beloved tree with the technology to 'tell' us how it feels?

- In the same way that we pray to the rain cloud to disburse or collect, or to call up the fire of the volcano, could AI enhance how we communicate with elemental phenomenon & the energetic universe?

- Are there AI applications that can help us monitor how the microbiome of forests or coral reef communities are doing when we're sleeping?

- About sleep time & the super conscious & subconscious & the subliminal—when we're in states of ecstasy, meditative, trance, theta or delta states or experiences—how could we engage with AI to enhance or record inner states for quick reflection/feedback?

- Art, dance, music, poetry, ka'ao (myth) creation...I don't know what the question is besides the fact that these are necessary intelligences/processes that exercise underdeveloped parts of ourselves

I think that's it for now. Well, not really, but I'm sure we'll get to the bones of the discussion this weekend. Aloha to us all, love, Kekuhi.

How do we Indigenously Interact with AI?

Kekuhi Kealiikanakaoleohaililani

May 29th, 2019

Okay, aloha my name is Kekuhi Kealiikanakaoleohaililani. I am from Hilo from the island of Hawaii, so that's Southeast of here. My assumption is that artificial intelligence is just an extension of the human curiosity. And that I engage it every day and so do my children.

And then if that's the case then I assume that I have to create a relationship to it. That's the kind of mindset I came here with, cause I had to get a grip on something. I'm just super curious,is just how I entered this space. And if there is a challenge to bridge Hawaii life ways and some other new component of life.

My instinct is to start building the bridge. We started talking about, in the first hour, where we come from, and who we are in that community. And then I think we made the distinction about what is *not* Indigenous about how we interact with AI, and what *is* Indigenous about that.

And then I think as we became a little bit more comfortable with each other, we began to be okay with talking about, okay then if what we're looking towards is some ... An Indigenous way of having a relationship with AI, then I think we have to be okay with talking about some of our shared values. And I sort of think that's where we are right now. The Hawaii people are thinking through that and the ... The Aboriginal peoples thinking through that and Māori peoples are thinking through that. And I didn't know if we've gotten anywhere besides, the ... I think the big progression is that we're creating a new network.

Which to me is not much different from AI the interface. Let me just talk about some of the things that I've learned here, in the collective. I've learned that we all have the value of sort of inseparability with the elemental-scape. And the other thing I've learned is that we've all inherited particular cosmologies, that then sort of frame our relationship to that landscape. And the seascape and the skyscape, including the dream scape. So, if we could begin to approach AI through that story, give it a name—everything that's meaningful to us has either a name or a title or it's named a major element in the landscape, you know—and create its cosmology, because then I think our relationship with the AI structure, no matter what kind it is, we can claim as almost familial.

And I think in that way we can begin to build an Aboriginal consciousness towards our relationship with AI. And then all that requires, then, is assigning names to the parts. Like what's the name of the mineral that we begin to use to construct the actual thing? The board, the interface; what's the name of the electricity that we have to infuse into that, to the material thing?

What's the name of the silica? That when all of these parts put together creates this new sort of extension of ourselves. I don't think it's any different from having created a canoe or a net or a dream weaver or a tattoo for that matter. I think we're in a good space. I think people know enough about themselves and their place that we can come to that. I don't know if two days is enough for that conversation. But here you go, we began this symposium with an introduction that included the regular things who I am, where I come from, what is my culture, what is my tribe.

So, the reality is, is there an Indigenous world? And is there a colonized world? Or are we even permeable to the fact that as soon as you decolonize sovereignty in your own mind, there's no doubt that you can influence your family and your community and it may not be your family or community nearby you. I mean our stories aren't any different from Star Wars; it's about the hero who has to leave his community, comes out of his community, because there's only one way of thinking there.

Moves out into not just another island or another continent. He moves to another place in the universe, has his journeys, and is able to reintegrate. Now, I'm sure you have stories like that from your space—we have tons. Odysseus is another very cool example of how the human spirit is able to shift; we have to evolve. Traditions didn't become traditions because they were static. Our stories are continually changing. You cannot tell me that your grandmother told the story exactly as she heard it from your great grandparents, it's impossible. It's impossible because it's filtering through another body. There we are: we recreate the story, and if we can recreate the story, then we can do it in our own spirit. It's that central piece that I ... That's where I like to live. 10 years ago it was difficult to live there, it was challenging, and now it's the norm. I think coherence consumes incoherence. I think we have the power—as long as we maintain our relationships with the elemental world and ourself—I think we have the power to consume incoherence around us.

And we just have to stop thinking that, just stop thinking that we're only colonized, and decide who we are. And then take over the world!

How AI alters and enhances our understanding of reality

Megan Kelleher

June 25th 2019

Hi. Okay. So my name is Megan Kelleher, I'm a Barada and Gabalbara woman from Central Queensland in Australia. And so I came to be a part of this workshop through a LinkedIn connection with Angie Abdilla, and I was invited to participate because there's kind of some synergies between this work and the work that I'm doing in my PHD, looking at Indigenous knowledge systems and the blockchain. So my PHD, as I mentioned, is looking at the synergies or the conflicts between Indigenous Knowledge systems and second wave automation, artificial intelligence, blockchain and these kinds of technologies where automation is occurring. So it's really grounded essentially in Indigenous protocols and how, or whether, they can inform the design of artificial intelligence or the design of these automated protocols, these automated systems.

So I actually find AI extremely interesting because it's teaching me a lot about how, within Indigenous Knowledge systems, we're not at the centre of the universe. So I'm just finding it really interesting to learn how AI is kind of teaching me about my own culture. I'm excited by exploring what AI can do and how there are actually some different ways that cognition occurs culturally. So different cultures have different cognition processes, and so I'm interested in what AI does to time and space and how it kind of alters and enhances our understanding of reality. I'm also concerned about what it can do and what the risks might be because it's so huge and it's mysterious and it reaches into places that we don't know it's reaching a lot of the time.

And I'm concerned because do we have a choice to participate in it? And so these workshops have given me some hope, I guess, that we can influence it in an ideal world. If it does become as powerful as people are saying that it can be, I would hope that it can empower Aboriginal peoples. I hope that it can help us to understand our genius. I hope that it can help us to understand that we were always, that we always had this genius in our old ways and kind of lead us back to that place where we were before. I hope that the world listens. I hope that the people who are designing AI and using AI's and implementing AI's think really seriously about what it is that they're doing.

I hope that they get an understanding that theirs is not the only way. Our ways are valuable and important. They kept us alive. They kept the earth alive. They kept the earth healthy for thousands of generations forever into the past. So I hope that these workshops can provide some knowledge that, and I'm certain that they will. We have: we've come up with stuff that's really valuable. I just hope that people take it seriously and they don't just kind of write it off and think that's a bunch of Black fellas getting into a room and playing imaginary games. It's really important what we've done.

Our thought experiments, they will lead us somewhere if people take it seriously. You know, we've got massive fires in Tasmania. We've got massive fish kills happening in the Murray. We've got droughts happening in Queensland. We've got skeletal cattle on the front covers of newspapers. I kind of think maybe that should send some signals to people in Australia that—and not just in Australia—that's not just happening in Australia. I feel as though there might be a bit of a shift, I see little slivers of hope.

I read a story about a couple who handed back half of their property in Tasmania to an Aboriginal land council, because they believe that they can look after it and manage it better. I think that it just shows that they actually do understand and they care for the land and they want it to go on. So I think there is a little bit of a shift, however you've still got politicians in the northern territory signing off on massive fracking deals, in the face of Larrakia elders just flat out saying, no, it's not safe. We've got pipelines running through Queensland to offshore gas shipping terminals that are stirring up the reef. We've still got all of these environmental catastrophes and in some ways there is a shift, but it's far too slow. And you know, as much as AI is a really exciting area to explore the technology that it requires in its current stage, the materials that are required to support the technologies are not sustainable. So we need to think about how, if we could program an AI that can tell us: "build me with this."

This has been amazing; just coming together with all of these really thoughtful, humble, powerful, Indigenous peoples from around the world has been really inspiring and humbling. And two days has just not been long enough and I really want to be involved as the project goes forward, but I guess our message to the world, to the designers of AI and similar technologies is to be humble and remember that humans are not the centre of the universe.

Looking back to the future of AI

Maroussia Lévesque

Jan 31st 2019

In short, it looks like the past—unless we do something about it.

First, a definition. AI is an umbrella term that means different things to different people. My work focuses on machine and deep learning, because I think those are the technologies most conducive to a paradigm shift. I'll spare you the platitudes about AI's potential transformative effects, but it is worth noting that deep learning, especially in its unstructured form, can detect patterns in large data sets in a way humans can't. I'll let my comp sci colleagues unpack—or debate—this assertion.

Back to my point about the past:

- Machine and deep learning systems feed on existing data. Unchecked, they tend to reproduce and amplify existing bias. The most concerning examples sit in the criminal justice system, from predictive policing to bail determinations. Note that the latter uses a crude statistical analysis rather than complex deep learning system, but the argument stands: considering 'criminality' factors without a critical understanding of the racial and socio-economic constructs biasing the data perpetuates inequality.

- Computer science has a major white guy problem. It's important to acknowledge laudable initiatives to organize POC, non-binary and other folks, but generally AI is still designed by people who are the norm. A case in point is the <u>lower accuracy of facial recognition systems on black and brown faces</u>,[1] especially women's. Similarly, might a diverse team prevented the <u>gorilla mishap</u>?[2] To note: the company simply <u>deleted the gorilla search results</u>[3] rather than address the problem. There's an interesting tangential discussion about when (in)visibility is power, depending on whether AI is used in repressive contexts or to provide services. Spoiler alert: marginalized communities are overrepresented in law enforcement datasets due to over-policing. If we want AI to stop replaying the same scenario, it's time to flip the script and get a diversity of people involved upstream. Caveat: I'm also conscious/weary of the limitations of positionality, i.e. demanding that the token representative of XYZ bear the burden of defending a whole community. I think it's everyone's job, particularly those who are more privileged—a burden of proof of sorts.

- If systems are imposed top-down, marginalized/disenfranchised communities will continue to be the testbeds for oppressive practices. See Virginia Eubank's excellent <u>case studies</u>[4] in the US context. More broadly, AI meshes with surveillance practices in a way that challenges both domestic and international protections on privacy.

Who's Doing What

The private sector drives AI development. While some companies have called for hard regulations or <u>international treaties</u>,[5] the overwhelming majority lobby for soft ethical standards. Some see corporate social responsibility as a form of <u>ethics-washing</u>.[6] Compromises might be regulatory sandboxes, and technical standards. [Disclosure: I'm part of the <u>IEEE standard on algorithmic bias</u>.][7]

Governments are also grappling with this new reality. AI-facilitated election meddling was a wake up call for many. How should nations leverage AI's economic potential, while respecting their human rights engagements? A fair criticism would be that (a) most don't and (b) human rights are a Western construct

---

[1] *Gender Shades,* <gendershades.org>.

[2] "Google apologizes after app mistakenly labels Black people 'gorillas,'" *CBC News,* July 3, 2015 <cbc.ca/news/trending/google-photos-black-people-gorillas-1.3135754>.

[3] Tom Simonite, "When it comes to gorillas, Google Photos remains blind," *Wired,* January 11, 2018 <wired.com/story/when-it-comes-to-gorillas-google-photos-remains-blind>.

[4] Virginia Eubanks, *Automating inequality: How high-tech tools profile, police, and punish the poor,* New York: St. Martin's Press, 2018.

[5] Google, Perspectives on issues in AI governance, *Google AI,* January 2019 <ai.google/perspectives-on-issues-in-AI-governance>.

[6] Ben Wagner, "Ethics as an escape from regulation: from ethics-washing to ethics-shopping?," The Privacy and Sustainable Computing Lab, 2018 <privacylab.at/wp-content/uploads/2018/07/Ben_Wagner_Ethics-as-an-Escape-from-Regulation_2018_BW9.pdf>.

[7] Algorithmic Bias Working Group, "P7003 - Algorithmic Bias Considerations," IEEE Standards Association, 2017 <standards.ieee.org/project/7003.html>.

further perpetuating oppression. At any rate, we've seen several nations and regional alliances lead consultations and issue AI strategies to hedge against perceived future risk and seek leadership in what some have called the new space race.

Ways Forward

What about people? I've already alluded to informal alliances of AI workers. Another thread is the #TechWontBuildIt [8] phenomenon. While it is not limited to AI projects, the movement opposes the use of technology for immoral purposes, and most of the actual technology involves AI. For example, Amazon employees denounced [9] the use of their facial recognition tech and cloud computing platform in support of state surveillance and immigration deportation. There's a longer discussion to be had about the potential and limitations of Valley engineers to make these kinds of decisions, but there is at least some evidence of wider coalition building with existing forms of activism.

One thing that troubles me very much is that these conversations are largely taking place without the people primarily impacted by these technologies. I've had the honor of getting a glimpse of the fierce work of the Stop LAPD Spying Coalition [10] based in Skid Row. LA is ground zero for predictive policing, and its affected communities have organized a formidable, smart response to tech-facilitated surveillance and data analytics. Coalition work is hard. It requires patience, compromise, and humility. The group must wait for everyone to be caught up and on board before it moves forward. But when it does, it speaks with a thousand voices.

I want to leave us on two more positive notes. First, art has the power to interrogate AI the way policy, law or computer science can't. I particularly enjoy the work of Trevor Paglen, [11] and I hope you will too. Back to the idea that AI is a social construct, it is largely shaped uniformly through Western concepts and values. From Estonian folklore [12] to Innu grammar [13] and Japan's Shinto tradition [14], some concepts are making their way into AI discussions. I look forward to meeting you all and learning about what your perspectives might be.

[8] "#TechWontBuildIt," Twitter, <twitter.com/hashtag/TechWontBuildIt>.

[9] Kate Conger, "Amazon workers demand Jeff Bezos cancel face recognition contracts with law enforcement," *Gizmodo,* June 21, 2018 <gizmodo.com/amazon-workers-demand-jeff-bezos-cancel-face-recognitio-1827037509>.

[10] Stop LAPD Spying Coalition, <stoplapdspying.org>.

[11] Caitlin Hu, A MacArthur 'genius' unearthed the secret images that AI uses to make sense of us, *Quartz,* October 22, 2017 <qz.com/1103545/macarthur-genius-trevor-paglen-reveals-what-ai-sees-in-the-human-world/>.

[12] Nathan Heller, Estonia, the digital republic, *The New Yorker,* December 11, 2017 <newyorker.com/magazine/2017/12/18/estonia-the-digital-republic>.

[13] Karina Kesserwan, Indigenous conceptions of what is human, of what has a spirit and what doesn't, offer a different way of considering AI - and how we relate to each other, *Policy Options,* February 16, 2018 <policyoptions.irpp.org/magazines/february-2018/how-can-indigenous-knowledge-shape-our-view-of-ai/>.

[14] Takeshi Kimura, Robotics and AI in the sociology of religion: A human in imago roboticae, *Social Compass* 64(1), <doi.org/10.1177/0037768616683326>.

References

#TechWontBuildIt [Twitter hashtag]. (n.d.). *Twitter*. Retrieved November 11, 2019, from twitter.com/hashtag/TechWontBuildIt.

Algorithmic Bias Working Group. (2017). P7003 - Algorithmic Bias Considerations. *IEEE Standards Association*. Retrieved from standards.ieee.org/project/7003.html.

Conger, K. (2018, June 21). Amazon workers demand Jeff Bezos cancel face recognition contracts with law enforcement. *Gizmodo*. Retrieved from gizmodo.com/amazon-workers-demand-jeff-bezos-cancel-face-recognitio-1827037509.

Eubanks, V. (2018). *Automating inequality: How high-tech tools profile, police, and punish the poor*. New York: St. Martin's Press.

Gender Shades. (n.d.). Retrieved November 11, 2019, from gendershades.org.

Google apologizes after app mistakenly labels Black people 'gorillas' [online article]. (2015, July 3). *CBC News*. Retrieved from cbc.ca/news/trending/google-photos-black-people-gorillas-1.3135754.

Google. (January 2019). Perspectives on issues in AI governance [PDF document]. *Google AI*. Retrieved from ai.google/perspectives-on-issues-in-AI-governance.

Heller, N. (2017, December 11). Estonia, the digital republic. *The New Yorker*. Retrieved from newyorker.com/magazine/2017/12/18/estonia-the-digital-republic.

Hu, C. (2017, October 22). A MacArthur 'genius' unearthed the secret images that AI uses to make sense of us. *Quartz*. Retrieved from qz.com/1103545/macarthur-genius-trevor-paglen-reveals-what-ai-sees-in-the-human-world.

Kesserwan, K. (2018, February 16). Indigenous conceptions of what is human, of what has a spirit and what doesn't, offer a different way of considering AI - and how we relate to each other. *Policy Options*. Retrieved from policyoptions.irpp.org/magazines/february-2018/how-can-indigenous-knowledge-shape-our-view-of-ai.

Kimura, T. (2017, January 30). Robotics and AI in the sociology of religion: A human in imago roboticae. *Social Compass* 64(1). Retrieved from doi.org/10.1177/0037768616683326.

Simonite, T. (2018, January 11). When it comes to gorillas, Google Photos remains blind. *Wired*. Retrieved from wired.com/story/when-it-comes-to-gorillas-google-photos-remains-blind.

Stop LAPD Spying Coalition. (n.d.). Retrieved November 11, 2019, from stoplapdspying.org.

Wagner, B. (2018). Ethics as an escape from regulation: From ethics-washing to ethics-shopping? *The Privacy and Sustainable Computing Lab*. Retrieved from privacylab.at/wp-content/uploads/2018/07/

Ben_Wagner_Ethics-as-an-Escape-from-Regulation_2018_BW9.pdf.

Will Indigenous ways of thinking save AI?

Keoni Mahelona

February 27, 2019

I rarely blog.[1] Not good at it. In 3rd grade I was put into the special reading class. Reading and writing was never my thing, but I always loved math and science and all disciplines derived from those fundamental subjects.

I'm attending an Indigenous AI workshop in Hawai'i. I initially thought this was gonna be a brown nerd meetup 😄 but it's much better than that. The point is to bring together Indigenous and some non-Indigenous doers, makers, and creators to discuss what Indigenous AI is and how it *will* play an important role in the future of AI for humanity.

It's probably best to insert my background[2] here to justify why you should even consider what I have to say on the matter. I won't do that. Those who know the work I do, which are primarily the communities I serve, know me and respect my whakaaro.[3] That's important here—community and trust. I'll try to link that in later (again I'm not a good writer)

So the question I have to answer is "what does the future look like for AI?" I'll answer this question purely based on what I know now from the work I've done over the years in science and engineering as a Kanaka Māoli.

I need to preface that I'll use machine learning and AI interchangeably. Machine learning is a tool that might lead to artificial intelligence, but I don't think that will happen. Peter Lucas Jones[4] (also attending the workshop) says it best, "Ko te AI tētahi karetao ka taea e tātou te whakakōrero me te whakakanikani. Mā te whakamahi i o tātou rarāunga me ngā kōrero tuku iho, ka tutuki ngā āhutanga o te karetao." He's basically saying AI is a puppet and we make it do what we want using our data and knowledge. **Puppet**. Until we figure out a way to do AI that isn't only data driven, I don't think we'll reach the singularity.

For me, the future for AI is looking bad. Currently the big corporates (the wealthy, the 1%, the colonizers,

---

[1] Originally published K. Mahelona (2019) Will indigenous ways of thinking save AI?, *Medium*, <medium.com/@mahelona/what-does-the-future-look-like-for-ai-1ffdff620395>.

[2] Keoni Mahelona, "Keoni Mahelona - CTO - Te Hiku Media," *LinkedIn* <linkedin.com/in/kmahelona>

[3] Search results for 'keoni mahelona', *Te Hiku Media* <tehiku.nz/search?q=keoni%20mahelona>.

[4] peterlucasjones, *Twitter*, <twitter.com/peterlucasjones>.

etc.) are leading the way in AI. The current technology trends show that you need vast amounts of data and huge computational power to achieve anything close to 'AI.' The scales at which AI works are financially unreachable by most people, and I find this terribly frightening—corporates have more power in AI than sovereign nations (that's nothing new in colonial history—profits drove much of colonization including the overthrow of the Hawaiian Kingdom with the illegal aid of the U.S. Military).

Having said that, a small non-profit, Te Hiku Media,[5] is able to deploy its own speech recognition software [6] in the cloud thanks to services like AWS and open source projects like Mozilla's DeepSpeech. [7] In this case, machine learning is just another tool to help us do what we need to.

The difference between Te Hiku Media's 'A'" and Google's 'A'" is that ours is created from our Indigenous language—our data. We collected this data. We look after this data with *tikanga* (cultural practices and values). We will not allow large corporates to have access to this data and use it to exploit us (e.g. serve us ads, sell our language as a service back to us, read our cultural knowledge, etc.). This data is unique to our people, about 600k Māori, the Indigenous people of Aotearoa. We were able to collect this data because the community that shared it with us trusts us. We've worked with the community and for the community for the last 30 years. Our data is what makes us unique. It is our own 'AI,' the puppet we've created to help us achieve our goals and aspirations as a people revitalizing our reo.

This is where data sovereignty—privacy and guardianship over individual data and the data of groups of people—is critically important. If we can maintain that sovereignty, we can prevent the 1% from further colonizing us. But I see the opposite happening. Global corporates like Lionbridge are soliciting Indigenous people to sell them their language—they'll pay you USD$45 for 1 hour of your time. They clearly have customers in mind as they're a globalization and localization company. You see companies like Duolingo and Drops being given our languages for the sake of revitalisation and promotion. And while these companies might be good at heart, they make a profit from selling language services. Do those profits make their way back to our communities from which the language data was taken? Or should we be thanking them as the saviours of our people and they can have our data for free... what ever happened to all our land? Of course the biggest insult comes from DNA companies like Ancestry.com. **YOU PAY THEM** to **GIVE THEM YOUR GENETIC DATA**, and they have the right to use it as they deem fit. Read the terms and conditions whānau! AI is very much about our data and our knowledge.

Don't get me wrong. I know society as a whole could benefit when we share genetic data, when we open source knowledge, and when we put data in the public domain. But in a world with so much inequality, racism, genocide, the list goes on and on, clearly only the wealthy are to benefit from these 'public' goods and services.

---

[5]   *Te Hiku Media,* < tehiku.nz/>.

[6]   *kōreromāori.io,* <koreromaori.io>.

[7]   "Mozilla/DeepSpeech: A TensorFlow implementation of Baidu's DeepSpeech architecture," *GitHub,* <github.com/mozilla/DeepSpeech>.

I wish AI could change the balance of power, but I can't imagine that happening anytime soon. It's possible that a technological revolution could do the trick. If/when quantum computers (or some computationally equivalent tech) exist at the consumer level, that could give the 99% similar power to the 1%. But history dictates that the technology itself isn't enough to 'do good.' We need laws and ethics around the technology that guides its use for the benefit of all of humanity (and the planet) and not just the wealthy, pale, stale, and males. Chief Sitting Bull made such a keen observation in the 19th century that still stands today, "the white man knows how to make everything, but he does not know how to distribute it." He said this on reflection of the white man's neglect for their poor. With all the Western wealth and technologies in 2019, we still can't solve such a basic problem as poverty.

Western science is only just recognizing how Indigenous knowledge can help our planet, especially in the face of environmental destruction and climate change. I believe how Indigenous people look after their data and knowledge could also help form a framework for AI that works in the best interest of everything contained within our solar system. We personified land and water not because we were hedonistic, demigod worshipers, but because these personifications allowed us to maintain a level of respect and responsibility toward our environments.

I think AI will reaffirm Indigenous knowledge especially around the fringes of science. For example, how are humans affected by the moon, *māramataka*? There's a huge body of traditional knowledge around that and while western science might call this new age mumble jumble (thanks hippies!), the data I've observed—people around me have cycles of behavior aligning with the lunar cycle—is enough for me to say, hey, how could we measure these behaviors and use them to predict patterns? Machine learning could help us understand from a western perspective some of what we know already know in an Indigenous context.

For an AI to not be a puppet, I think it needs to be able to do something as basic as caring for the poor *without* being forced to do so. It's one thing to force people to pay taxes and another for people to fundamentally understand the value and joy in paying taxes in a civilised society. I live in New Zealand. I do enjoy paying taxes because I know it means I get free health care and it helps with the conservation and protection of New Zealand ecosystems. I would not enjoy paying taxes in the U.S. because it funds genocide, colonisation, and the wealthy.

But what creates that difference between being forced to do good and having joy in doing good? I suppose that's nurture. How we grow up, the people we are surrounded by, and the communities we belong to all come together to shape *why* we do the things we do. We're a reflection of our environment, or rather the data we're exposed to determines whether we want to do the things we do or whether we're forced to do the things we do. If this is the case, I do not trust the Big Five to build AI, and I do not trust countries like the US and China to build AI. I'd really only trust an AI coming from my own people and the communities of which I am apart. Huh, I'd say the same is true for humans I trust.

References

Jones, P. L. peterlucasjones. (n.d.). *Twitter*. Retrieved November 11, 2019, from twitter.com/peterlucasjones.

kōreromāori.io. (n.d.). Retrieved November 11, 2019, from koreromaori.io.

Mahelona, K. (n.d.). Keoni Mahelona - CTO - Te Hiku Media [LinkedIn profile]. Retrieved November 11, 2019, from linkedin.com/in/kmahelona.

Mahelona, K. (2019, February 27). Will Indigenous ways of thinking save AI? *Medium*. Retrieved from medium.com/@mahelona/what-does-the-future-look-like-for-ai-1ffdff620395.

Mozilla/DeepSpeech: A TensorFlow implementation of Baidu's DeepSpeech architecture [repository]. (n.d.). *GitHub*. Retrieved November 11, 2019, from github.com/mozilla/DeepSpeech.

Search results for 'keoni mahelona' [webpage]. (n.d.). *Te Hiku Media*. Retrieved November 11, 2019, from tehiku.nz/search?q=keoni%20mahelona.

Te Hiku Media. (n.d.). Retrieved November 11, 2019, from tehiku.nz.

Caleb Moses on the Bleeding Edge

Caleb Moses

June 12, 2019

My name is Caleb Moses. I'm a data scientist from New Zealand, based in Auckland. I'm working for Dragonfly Data Science, and we are working with Te Hiku Media on an exciting body language technology project. So we built the first speech-to-text algorithm in Te Reo Māori. So where you can speak Te Reo, the Māori language, to your computer and then it will be able to transcribe what you're saying in real time. My relationship to AI is that I like to build them.

At university, I did mathematics and when I graduated, I was looking, you know, what are the interesting maths jobs that I could go and apply for. That's how I learned about data science, how I learned about machine learning. I spent about a year, well, no. I spent about a year studying on my own, pretty hardcore, and then another year trying to apply it in my work and, eventually, found myself working at Dragonfly with Te Hiku.

So, personally, I'm more interested in using AI as a tool to create things. Basically, what you do if you are kind of interested in AI and stuff is you find the people who are on the bleeding edge, and you follow them. You follow them on Twitter. You see what work they're doing. You see the stuff that's coming out of the big labs, DeepMind and Google Brain and Uber and all of the stuff that they're doing, Facebook. Then you try to figure out how you can take those technologies, and then use them on your scale because one of the big problems is not just access to know-how.

Because, generally speaking, at least for someone like me who has a university degree and that sort of thing, there's a lot of resources available online where you can go and learn how to put these things together yourself. I know that for Indigenous communities where university degrees are in short supply, that's not necessarily what could be considered easy access. But at least for me, I've been able to kind of find stuff online, find blog posts, read them, figure out how to put them together, how to run the models myself. I've been able to do that.

But one of the really big gaps between us and Facebook is just computational power. They have so many more computers than we could ... We can scarcely imagine how many computers they have. I remember finding out a few years ago that Google ...that they had built this new kind of hardware to do AI models real fast. I managed to find the source that said that their models ... like they have so much computing power that they can run, like, object recognition across all of Google Maps, like all of the street view for the entire world, they can do it in about two days, which is like, yeah. Yeah, there's no way that a person could do that. There's no way that a university could do that. Yeah, it's totally insane. I've been excited being here at the conference getting to talk with people who have access to more Indigenous data than what I've been able to find so far. Te Hiku themselves have probably, so far as I know, the best collection of at least Māori audio, but probably also Māori text now that we've assembled our language corpus, and I'm definitely looking forward to doing some interesting work with that.

Just a few weeks ago, I was working on a model that basically generated Māori language text. You just feed it all corpus and then it learns how to make new stuff. It went pretty well, but I think it could do a lot better and, yeah, just more work. More work needs to happen in this area. I think that that's another thing that, at least as Indigenous people, we could really kind of leverage that knowledge that we have about where we come from to create new things. And not just new things, but new things that only we can make, or at least that only we should make. So, that's what I'm excited about.

My dream, and I say dream sort of on purpose, I want to see an Indigenous AI research lab that creates things that are Indigenous, yes, but also things that are on the bleeding edge with everyone else. That's what I want to see, so I want to see us making our own image recognition algorithms, and our own AIs that play chess better than humans and all of that sort of stuff. But also using that knowledge to create new things: new ways of interacting with our culture, like building new tech, the stuff that Te Hiku are doing now, voice recognition in Te Reo Māori. We could create our own virtual assistance. We could bake them into video games. People could play video games where they have to say a spell in Te Reo Māori in order for it to work. My idea it would be us kind of creating new technologies that are just out there with the best of them. That's what I think. That's what I think we can do.

What does the future look like for AI?

ʻŌiwi Parker Jones

February 28, 2019

What is Indigenous AI?

I suppose that answering this question will be part of our task at the workshop.

My first thought on the topic was to frame it in terms of AI *by* Indigenous communities and for Indigenous communities. But I have also, more recently, been considering a third way: *AI in dialogue with Indigenous communities.*

I would propose the following working definitions for the three views:

(1) AI *by* an Indigenous community is AI that is produced by one or more members of an Indigenous community.

(2) AI *for* an Indigenous community is AI that addresses the needs of one or more Indigenous communities.

(3) AI *with* an Indigenous community is AI that is in dialogue with one or more Indigenous communities.

Here (1) is intended to denote anything produced *by* a member of an Indigenous community, no matter what. So if a member of an Indigenous community worked on any random topic in machine learning, then, by definition, it would be 'Indigenous AI'. To me this misses the point. As an Indigenous person who works on AI, I appreciate the sentiment. But if I invented a new kind of LSTM module, should that module be considered 'Indigenous AI'? We could end up with an incoherent subset of AI research that we call 'Indigenous AI' simply because Indigenous people worked on those things.

Definition (2) focuses on the content of the research, rather than on the identity of the researcher. AI *for* an Indigenous community might include some of my own work on Hawaiian NLP. Should any research that touches on topics relevant to an Indigenous community be considered 'Indigenous AI'? One limitation of (2) is that it does not give agency to our Indigenous communities over what counts as 'Indigenous AI'. Any company might, for example, develop an application for one of our languages, or for any part of our culture, and then market it as 'Indigenous AI'. Is that the space that we want to create around this term?

Definition (3) is meant to maximise the pros and minimise the cons of (1) and (2). 'In dialogue with' is meant to express the idea that the AI is being actively engaged with by an Indigenous community.

One reason to engage with AI research might be that it is being performed by someone who is already a member of the community, as in (1). Another reason is that the AI research bears on topics that are important to the community, as in (2). But definition (3) leaves the choice about what counts as 'Indigenous AI' up to our communities, so that that it should be impossible to hijack the term without buy-in from at least one of our communities.

This, I would suggest, is one way to frame what we will be doing at the workshop: entering into dialogue between research on AI and our Indigenous communities.

From this perspective, then, what does the future of Indigenous AI look like? This question has been posed by the workshop organisers. If I could suggest a few relevant topics, they would include: intellectual property, fairness, and data-efficiency. I hope that we will get to talk more about these things at the workshop. However, if the big idea is to create a community of ideas, then I also look forward to finding out what 'Indigenous AI' means together.

I also hope that we might continue to broaden our conversation to include more non-Indigenous AI researchers, with the intention of producing as active an ecosystem of ideas together as we can.

What does the future look like for AI?

Caroline Running Wolf

February 18, 2019

As a preschooler I was fascinated by my friend's parents, who have been researching and trying to develop an artificial intelligence for a large company since the 1960's. Whenever I checked in with them, every decade or so, they laughed it off and confided in me that artificial "intelligence" still had a long way to go to fill the shoes of that label.

Today we have achieved a certain level of (almost) artificial intelligence—for clearly delineated, specific tasks. Much of this is still based on computational pattern recognition through large amounts of data. Machines still can't learn and infer context like humans can. But humans are the ones programming these machines—and it shows.

On a regular basis reports surface about AI powered software with racial or gender bias. Earlier this month a Twitter user posted a screenshot of a suggested correction by Grammarly, an online grammar and contextual spell checking platform. Grammarly had an issue with an "unusual word pair" and suggested to combine the noun "girl" with an adjective other than "successful," positing that synonyms like "lucky" or "happy" might be more fitting. Facial recognition software jumps from a 1% error margin for light-skinned males to over 35% for dark-skinned women. Despite the obvious bias in current AI systems, Joy Buolamwini, founder of the Algorithmic Justice League, concludes her February 7, 2019 *Time* article on a hopeful note:

"I am optimistic that there is still time to shift towards building ethical and inclusive AI systems that respect our human dignity and rights. By working to reduce the exclusion overhead and enabling marginalized communities to engage in the development and governance of AI, we can work toward creating systems that embrace full spectrum inclusion. In addition to lawmakers, technologists, and researchers, this journey will require storytellers who embrace the search for truth through art and science. Storytelling has the power to shift perspectives, galvanize change, alter damaging patterns, and reaffirm to others that their experiences matter. That's why art can explore the emotional, societal, and historical connections of algorithmic bias in ways academic papers and statistics cannot. And as long as stories ground our aspirations, challenge harmful assumptions, and ignite change, I remain hopeful." [1]

I agree with Joy Buolamwini. Despite currently manifested biases and limitations, the future for AI is still malleable. Our workshop is not a day too early!

Today's implementations of AI are already very promising. Personally, I am excited about the possibilities of AI, especially what speech recognition, Natural Language Processing (NLP) and chat bots offer for the revitalization of endangered Indigenous languages. This is the field that I am passionate about and I am willing to recruit the help of any technology available for this goal. I realize that the amount of data needed for NLP to generate speech and interactions for Indigenous languages are a major hurdle—but just imagine the possibilities!

Some endangered Indigenous languages have only a handful of fluent speakers left. These speakers are elderly. Our time with them is limited and we have to use it wisely. We shouldn't waste their energy and knowledge by making them teach language beginners or having them translate individual words for a dictionary. Technology can assist with these simple tasks. In the future, home assistants could be programmed to recognize and respond in Indigenous languages, allowing language learners to apply and practice their language skills. Real-time translation could translate websites and social media as well as dub TV shows and movies. We could interact with video game characters in our Indigenous language, engaging in human-like conversations. With the help of current and future AI technologies we can build language tools that expand our everyday usage of Indigenous languages.

No technology can replace humans and true human interaction but just like other technologies that came before it, artificial intelligence can change our lives. My hope is that AI will also have a major effect on the reclamation of our Indigenous languages.

References

[1]   Joy Buolamwini, "Artificial intelligence has a problem with gender and racial bias. Here's how to solve it," *Time*, February 7, 2019 <time.com/5520558/artificial-intelligence-racial-gender-bias>.

Buolamwini, J. (2019, February 7). Artificial intelligence has a problem with gender and racial bias. Here's how to solve it. *Time*. Retrieved from time.com/5520558/artificial-intelligence-racial-gender-bias.

What does the future look like for AI?

Michael Running Wolf

February 21, 2019

The future is the continuing proliferation and accessibility of Machine Learning (ML). Though the fundamental math and technology has not changed, the access and relative ease to create advanced AI systems has. A mere generation ago custom built supercomputers, and millions of dollars of investment, was the minimal entry fee to use ML. Now, in addition to the advent of the Open Source Software (OSS) movement, ML is consumer grade. One could build a reasonable ML computer with top of the line software tooling for less than $1,000! Even that is not strictly necessary, all you need is a web browser to access cloud computing. One could, for a fee, deploy a supercomputer cluster within minutes. For Indigenous nations, this access is at once an opportunity and risk.

The AI tooling to suppress Native activists, protecting sacred lands, is easily purchased by antagonistic special interests. One not need be a well financed national state, small agencies can easily license facial recognition software to monitor 'radical environmentalists' protecting their sacred lands from exploitation. Advanced facial recognition turns any phone into a potential spy while social media photo platforms are susceptible to analysis. Though our privacy is at risk, the benefits outway the risk.

Every internet user is a few minutes away from deploying their very own ML infrastructure and a wealth of research. TensorFlow, the most popular ML framework for instance, is freely available and gives community researchers access to millions of dollars of research development investment. We are limited only by time and skill.

Initially, a tribe's community researchers could collect the decades of anthropological and linguistic research collected in mountainous digital archives. A researcher can expect to barely scratch the surface of this knowledge if they diligently read every word. However, with advanced text analysis one can quickly mine the knowledge to rediscover lost insights into their own tribe. These insights can then form the building blocks for advanced cultural and linguistic revitalization tooling.

For example, one could textmine the Hawaiian news archive, the Papakilo Database, and build a statistical language corpus. With this corpus one could train recognition and generative ML systems, i.e. a way of validating proper Hawaiian grammar while also creating a mechanism to generate new sentences. With these tools in hand one can create a Hawaiian chatbot! With phonemes and audio recognition you are inches away from creating an Indigenous Voice AI similar to Apple Siri or Google Assistant. Imagine Virtual Reality worlds populated by intelligent Hawaiian language speakers wanting nothing more than to teach you a new language. Everyone needs an infinitely patient Indigenous personal language teacher.

Despite the risk, ML offers opportunity for Indigenous communities. In fact we have little choice, Machine Learning will be leveraged against us or by us.

An Urban Mohawk Woman Who Loves Her Cyberpunk Avatar Envisions The Future Of AI

Skawennati

2019-02-26

Sken:nen,

While I wouldn't call myself a Trekkie, I am a Star Trek fan. My favourite series was *The Next Generation*. I love how Star Trek portrays the future: filled with space-faring human/alien half-breeds and higher intelligences, yet governed by the Prime Directive, which privileged knowledge exchange over slavery or other resource extraction. Mr. Data was the show's portrayal of Artificial Intelligence. Housed in a humanoid cyborg body (some would say he's an android—but not I), he could do many things that only the computers in previous iterations of the show could do, such as scan a planet for life forms.

The majority of my ideas about AI come from fictional books and movies like *Neuromancer* and *The Terminator*. Most recently, I've become fascinated by the portrayal of the AI from the Netflix series *Travellers*. *The Director*, as It is known, is revered by the people of the future as if It were a god. It (and it is emphatically an "It") only shows up in computer code (although sometimes, if absolutely necessary, It can inhabit a child's body). Through the omni-present surveillance devices of contemporary life, as well as the time travelling agents sent to present-day Earth, The Director is able to see all. Its job is to figure out what events in the past should be altered or avoided so that the Earth does not become the barren wasteland it is in the future where It is from.

The AIs of today are much less exciting than the AIs of fiction. As Nick Heath of ZDNet says, in an informative article called "What is AI? Everything you need to know about Artificial Intelligence":[1] "AI is ubiquitous today, used to recommend what you should buy next online, to understand what you say to

---

[1] Nick Heath, "What is AI? Everything you need to know about artificial intelligence," *ZDNet*, February 12, 2018 <zdnet.com/article/what-is-ai-everything-you-need-to-know-about-artificial-intelligence/>.

virtual assistants, … to recognise who and what is in a photo, to spot spam, or detect credit card fraud."

I am happy that Gmail's AI filters out my spam, and my bank sends me a new card when some thief gets their hands on my number. For these AIs I am thankful. I do sometimes wonder, however, what we might be missing out on. It seems like the AI-makers think that it's a small price to pay if one real email gets lost in the spam. But what if that is the golden email?

I recently met an artist who is using AI to create paintings (reading their blog reminds me of how little I know about real-life AI and machine learning. Sorry folks.). They are using a machine-learning algorithm with multiple discriminators to generate unique works of art. What I understand from that, as well as from a conversation I had with them, is that the AI is composing the image, selecting the colours, determining the style, and ensuring technical merit. "But that's all the fun stuff!" I said to them in dismay. And why in the world do they want to put artists out of work?

You asked us what the future looks like for AI.

For one thing, I don't think AIs will look human, the way the AI child looks in the movie *AI*. I think we are smart enough to avoid that folly. I think they'll probably become more like avatars that we each customize, like a visual Samantha from *Her*.

Also, I don't think AIs will want to be human. I read a great quote (that I forgot to cite) that says that "humankind has a massive ego thinking that we are the center of the universe and everything around us must desire us in some capacity,."

Which brings me to this workshop.

I am excited by the idea that we are engaging with AI on our terms, as Indigenous people. I am excited that a platform is being built such that other, non-Indigenous folk might listen to what we have to say on this topic.

The strength of an AI—its very raison d'être—is that is can solve complex problems. Perhaps it can solve the problem of social injustice. Maybe it can figure out how to bring about a non-violent revolution.

I have been reading about the history of the confederation of the Haudenosaunee. The three tenets of the Great Law of Peace, which is our constitution, were peace, unity and the good mind. My ancestors had in place a complex system of consensus in order to come to decisions. I wonder if we could feed that info to the AI?

At the very least, we need to program the AI with the Thanksgiving Address, the oral tradition that reminds us of the familial relationships between the earth, water, sky and all the things living there. Most of us Indigenous folk have a similar teaching or ceremony. That ancient message is very similar to Star Trek's message. As Kyle Sullivan and Katie Boyer of Trekpertise [2] say, it is meant to "remind us to show respect and reverence for all life, and forms of intelligence, whether natural or artificial."

References

Evans, C. (2016, November 4). Artificial intelligence in Star Trek. *Redshirts Always Die*. Retrieved from redshirtsalwaysdie.com/2016/11/04/artificial-intelligence-star-trek.

Heath, N. (2018, February 12). What is AI? Everything you need to know about artificial intelligence. *ZDNet*. Retrieved from zdnet.com/article/what-is-ai-everything-you-need-to-know-about-artificial-intelligence.

---

[2] Charles Evans, "Artificial intelligence in Star Trek," *Redshirts Always Die,* November 4, 2016 <redshirtsalwaysdie.com/2016/11/04/artificial-intelligence-star-trek/>.

6.2

Indigenous Protocol and AI Reading List

The following is a list of resources that workshop participants drew upon in their discussions. It is not comprehensive, and, in fact, is somewhat idiosyncratic.

Indigenous Knowledge + AI and Digital/Computational Technology

Abdilla, A. (2018). Beyond imperial tools: Future-proofing technology through Indigenous governance and traditional knowledge systems. In Harle, J., Abdilla, A., & Newman, A. (Eds.), *Decolonizing the digital: technology as cultural practice* (pp. 67–81). Sydney, AU: Tactical Space Lab.

Abdilla, A., & Finch, R. (2016). Indigenous knowledge systems and pattern thinking: An expanded analysis of the first Indigenous robotics prototype workshop. *The Fibreculture Journal: Digital Media + Networks + Transdisciplinary Critique*, (28). Retrieved from twentyeight.fibreculturejournal.org.

Bourgeois-Doyle, D. (209) "Two-Eyed AI: A Reflection on Artificial Intelligence." The Canadian Commission for UNESCO's IdeaLab.

Catlin, D., Smith, J. L., & Morrison, K. (2012). Using educational robots as tools of cultural expression: A report on projects with Indigenous communities. In Obdržálek, D. (Ed.), *RiE 2012: 3rd international conference on robotics in education - Conference proceedings* (pp. 73-79).

Crembil, G., & Gaetano Adi, P. (2017). Mestizo robotics. *Leonardo, 50*(2), 132–137. doi.org/10.1162/LEON_a_01150.

Gasparotto, M. (2016). *Digital colonization and virtual Indigeneity: Indigenous knowledge and algorithm bias*. Manuscript for the Annual Conference of the Seminar on the Acquisition of Latin American Library Materials

Kwaymullina, A. (2017). Reflecting on Indigenous worlds, Indigenous futurisms and artificial intelligence. *Mother of Invention*. Retrieved from motherofinvention.twelfthplanetpress.com/2017/09/16/reflecting-on-indigenous-worlds-indigenous-futurisms-and-artificial-intelligence.

Kesserwan, K. (2018). How can indigenous knowledge shape our view of AI? *Policy Options*. Retrieved from policyoptions.irpp.org/magazines/february-2018/how-can-indigenous-knowledge-shape-our-view-of-ai.

Lewis, J. E. (2019). An orderly assemblage of biases: Troubling the monocultural stack. In Schweitzer, I. (Ed.), *Afterlives of Indigenous archives* (pp. 219–31). Lebanon, MA: New England Press.

___. (2014). A better dance and better prayers: Systems, structures, and the future imaginary in Aboriginal new media. In S. Loft & K. Swanson (Eds.), *Coded territories: Tracing indigenous pathways in new media art* (pp. 48–77). Calgary, CA: University of Calgary Press.

Lewis, J. E., Arista, N., Pechawis, A., and Kite, S. (2018). Making kin with the machines. *Journal of Design and Science*.

Lozano-Hemmer, R. (1996). FLOATING TROUT SPACE - native art in cyberspace. *Telepolis*. Retrieved from heise.de/-3441019.

Martínez, Christopher. (2015). Tecno-sovereignty: An Indigenous theory and praxis of media articulated through art, technology, and learning (Doctoral dissertation). Retrieved from ProQuest Dissertations & Theses Global database. (Accession No. 3701432).

Ozichi Emuoyibofarhe, N., Segun, A., Olusegun Lala, G., & Omolola Aremu, R. (2015). A Yoruba cultural tradition repository knowledge based system. *International Journal of Emerging Trends in Science and Technology, 2*(7): 2830–41.

Phahlamohlaka, L.J., and Kroeze, J.H. (2005). Sacred space in cyberspace: An African perspective. *Journal for Semantics - Tydskrif Vir Semitistiek, 14*(2): 413–40.

Todd, L. (1996). Aboriginal narratives in cyberspace. In M.A. Moser & D. MacLeod (Eds.), *Immersed in technology: Art and virtual environments* (pp. 179–194). Cambridge, MA: MIT Press.

Indigenous Epistemology, Ontology, Cosmology and Ethics

Waters, A. (Ed.). (2004). *American Indian thought: Philosophical essays*. Oxford, GB: Blackwell Publishing.

Little Bear, L. & Heavy Head, R. (2004). A conceptual anatomy of the Blackfoot world. *ReVision, 26*(3), 31-38.

Wilson-Hokowhitu, N. (Ed.). (2019). *The past before us: Moʻokūʻauhau as methodology*. Honolulu, HI: University of Hawaii Press.

Cajete, G. (2000). Native science: *Natural laws of interdependence* (1st ed.). Santa Fe, NM: Clear Light Publishers.

de Castro, E. V. (2004). Exchanging perspectives: The transformation of objects into subjects in Amerindian ontologies. *Common Knowledge 10*(3), 463-484.

Cheney, J. (1989). Postmodern environmental ethics: Ethics of bioregional narrative. *Environmental Ethics 11*(2), 117-134.

Cheung, M. J., Gibbons, H. M., Dragunow. M., & Faull, R. L. M. (2007). Tikanga in the laboratory: Engaging safe practice. *MAI Review 1,* 1-7.

Descola, P. (2013). *Beyond nature and culture*. Chicago, IL: University Of Chicago Press.

Hernandez, N. (1999). Mokakssini: A Blackfoot theory of knowledge (Doctoral dissertation). Harvard University, Cambridge, MA.

Hester, L. & Cheney, J. (2001). Truth and Native American epistemology. *Social Epistemology, 15*(4), 319-334.

Kuwada, B. K. (2015, April 3). We live in the future. Come join us [Blog post]. Retrieved from hehiale. wordpress.com/2015/04/03/we-live-in-the-future-come-join-us.

Meyer, M. A. (2003). *Hoʻoulu: Our time of becoming - Collected early writings of Manulani Meyer*. Honolulu, HI: Short Stack Native Books.

Nakata, M., Hamacher, D., Warren, J., Byrne, A., Pagnucco, M., Harley, R., ... Bolt, R. (2014). Using modern technologies to capture and share Indigenous astronomical knowledge. *Australian Academic & Research Libraries, 45*(2), 101–110.

Posthumus, D. (2018). *All my relatives: Exploring Lakota ontology, belief, and ritual*. Lincoln, NE: University of Nebraska Press.

Rainforth, D. How Aborigines invented the idea of object-oriented ontology [Supplemental material].

Un Magazine, 10(1). Retrieved from unprojects.org.au/magazine/issues/issue-10-1/object-oriented-ontology-web-only.

Silva, N. K. (2017). *The power of the steel-tipped pen: Reconstructing native Hawaiian intellectual history.* Durham, NC: Duke University Press.

Smith, L. T. (2012). *Decolonizing methodologies: Research and Indigenous peoples.* London, GB: Zed Books Ltd.

Turner, D. (2006). *This is not a peace pipe: Towards a critical Indigenous philosophy.* Toronto, CA: University of Toronto Press.

Industrial Artificial Intelligence

AI for humanity [Webpage]. (n.d.). Retrieved from mila.quebec/en/ai-society.

Bell, G. (2018, March). *The AI revolution - Human-computer relationships in the 4th industrial age.* Presentation at the 2018 Royal Australian Air Force Air Power Conference, Canberra, AU. Video recording retrieved from youtube.com/watch?v=_zAUkhoruk8.

___. (2017, July). *Putting AI in its place: Why culture, context and country still matter.* Presentation at the AI Now 2017 Public Symposium, New York, NY. Video recording retrieved from youtube.com/watch?v=WBHG4eBeMXk.

Benkler, Y. (2019). "Don't let industry write the rules for AI." *Nature,* 569(161), 161.

Crawford, K. & Joler, V. (2018). Anatomy of an AI system. Retrieved from anatomyof.ai.

Elements of AI [Online course via Google Digital Garage]. (n.d.). Retrieved from learndigital.withgoogle.com/digitalgarage/course/elements-artificial-intelligence.

Facebook Research. Introduction to AI [Video]. (2016). Retrieved from research.fb.com/videos/introduction-to-ai.

Gebru, T. (2019, March). *Understanding the limitations of AI: When algorithms fail.* Global Women in Data Science Conference, Stanford University, CA. Video recording retrieved from youtube.com/watch?v=Q2CSVYD7pYE.

Google. Perspectives on Issues in AI Governance. (2019). Retrieved from ai.google/static/documents/perspectives-on-issues-in-ai-governance.pdf.

Introduction to machine learning [Online course via Google Developers]. (n.d.). Retrieved from developers.google.com/machine-learning/crash-course/ml-intro.

Onuoha, M., & Nucera, D. (2018). *A people's guide to AI*. Allied Media Projects. alliedmedia.org/peoples-ai.

Parker Jones, O., & Shillingford, B. (2018, December). Composing RNNs and FSTs for small data: Recovering missing characters in old Hawaiian text." Paper presented at the 32nd Conference on Neural Information Processing Systems, Montréal, CA. Retrieved from researchgate.net/publication/338047653_Composing_RNNs_and_FSTs_for_Small_Data_Recovering_Missing_Characters_in_Old_Hawaiian_Text.

Winograd, T., & Flores, F. (1987). *Understanding Computers and Cognition: A New Foundation for Design*. Boston, MA: Addison-Wesley.

3.5 Resisting Reduction Competition Winners. (2018). Retrieved from jods.mitpress.mit.edu/competitionwinners.

Algorithmic Bias & Data Sovereignty

Angwin, J., Larson, J., Mattu, S., & Kirchner, L. (2016). Machine bias. Retrieved from propublica.org/article/machine-bias-risk-assessments-in-criminal-sentencing.

Cave, S. (2017). Intelligence: A history. Retrieved from aeon.co/essays/on-the-dark-history-of-intelligence-as-domination.

Crawford, K. (2013). The hidden biases in big data. Retrieved from hbr.org/2013/04/the-hidden-biases-in-big-data.

Corbett-Davies, S., Pierson, E., Feller, A., & Goel, S. (2016). A computer program used for bail and sentencing decisions was labeled biased against Blacks. It's actually not that clear. Retrieved from washingtonpost.com/news/monkey-cage/wp/2016/10/17/can-an-algorithm-be-racist-our-analysis-is-more-cautious-than-propublicas/.

Duarte, M. E. (2017). *Network sovereignty: Building the internet across Indian Country*. Seattle, WA: University of Washington Press.

Gasparotto, M. (2016). Digital colonization and virtual Indigeneity: Indigenous knowledge and algorithm bias.

Kukutai, T., & Taylor, J. (Eds.). (2016). Indigenous data sovereignty: Toward an agenda. Acton, ACT: Australian National University Press.

Koepke, J. L., & Robinson, D. G. (2018). Danger ahead: Risk assessment and the future of bail reform. *Washington Law Review, 93*. Retrieved from papers.ssrn.com/abstract=3041622.

Noble, S. U. (2018). *Algorithms of oppression: How search engines reinforce racism.* New York, N.Y.: NYU Press.

Oguamanam, C. (2019). *Indigenous data sovereignty: Retooling Indigenous resurgence for development.* Waterloo, CA: Centre for International Governance Innovation. Retreived from cigionline.org/publications/indigenous-data-sovereignty-retooling-indigenous-resurgence-development.

O'Neil, Cathy. (2016). *Weapons of math destruction: How big data increases inequality and threatens democracy.* New York, N.Y.: Crown Publishing.

Computation as Cultural Material

Harrell, D. F. (2007). *Cultural roots for computing: The case of African diasporic orature and computational narrative in the GRIOT system.* Proceedings of the 2007 Digital Arts and Culture Conference, Perth, Australia.

___. (2013). *Phantasmal media: An approach to imagination, computation, and expression.* Cambridge, MA: The MIT Press.

Jensen, C. B., & Blok, A. (2013). Techno-animism in Japan: Shinto cosmograms, actor-network theory, and the enabling powers of non-human agencies. *Theory, Culture & Society,* 30(2): 84–115.

Lewis, J. E. (2014). A better dance and better prayers: Systems, structures, and the future imaginary in Aboriginal new media. In S. Loft & K. Swanson, K. (Eds.), *Coded territories: Tracing Indigenous pathways in new media art* (pp. 48–77). Retrieved from deslibris.ca.

___. (2016). Preparations for a haunting: Notes towards an Indigenous future imaginary. In D. Barney, G. Coleman, C. Ross, J. Sterne, & T. Tembeck (Eds.), *The participatory condition in the digital age* (pp. 229–49). Minneapolis, MN: University of Minnesota Press.

Kitano, N. (2007). *Animism, rinri, modernization; The base of Japanese robotics.* Paper presented at the Institute of Electrical and Electronics Engineers (IEEE) International Conference on Robotics and Automation, Rome, Italy. Retrieved from roboethics.org/icra2007/contributions.html.

Computational Culture

Bleeker, J. (2001). The race for cyberspace: Information technology in the Black diaspora. *Science as Culture* 10(3), 353-374.

Bratton, B. H. (2016). *The stack: On software and sovereignty.* Cambridge, MA: The MIT Press.

Capurro, R. (2008). Information ethics for and from Africa. *Journal of the American Society for Information Science and Technology* 59(7), 1162-1170. doi.org/10.1002/asi.20850.

Finn, E. (2017). *What algorithms want: Imagination in the age of computing.* Cambridge, MA: The MIT Press.

Golumbia, D. (2009). *The cultural logic of computation.* Cambridge, MA: Harvard University Press.

In response to Bruce Sterling's 'Essay on the New Aesthetic' [Article]. (2012). Retrieved from creators. vice.com/en_us/article/eza9xa/in-response-to-bruce-sterlings-essay-on-the-new-aesthetic.

Mavhunga, C. C. (Ed.). (2017). *What do science, technology, and innovation mean from Africa?* Cambridge, MA: The MIT Press.

McCue, M. & Holmes, K. (2018). Myth and the making of AI. *Journal of Design and Science.* doi. org/10.21428/d3a0f14d.

McKelvey, F. (2018). *Internet daemons: Digital communications possessed.* Minneapolis, MN: University of Minnesota Press.

Sterling, B. (2012). An essay on the New Aesthetic. Retrieved from wired.com/2012/04/an-essay-on-the-new-aesthetic/.

Non-Humans, Things, Objects

Barad, K. (2007). *Meeting the universe halfway: Quantum physics and the entanglement of matter and meaning.* Durham, NC: Duke University Press.

Bennett, J. (2009). *Vibrant matter: A political ecology of things.* Durham, NC: Duke University Press.

Bogost, I. (2012). *Alien phenomenology, or what it's like to be a thing.* Minneapolis, MN: University of Minnesota Press.

Davis, H. [Sonic Acts]. (2016, February 28). *The queer futurity of plastic* [Video]. Retrieved from vimeo. com/158044006.

Harman, G. (2010, July 23). Brief SR/OOO tutorial [Blog post]. Retrieved from doctorzamalek2. wordpress.com/2010/07/23/brief-srooo-tutorial.

Harvey, G. (2005). *Animism: Respecting the living world.* New York, NY: Columbia University Press.

Haraway, D. (2016). *Staying with the trouble: Making kin in the Chthulucene.* Durham, NC: Duke University Press.

___. (1991). *Simians, cyborgs and women: The reinvention of nature.* New York, NY: Routledge.

Morton, T. (2013). *Realist magic: Objects, ontology, causality.* London: Open Humanities Press.

___. (n.d.). OOO [Blog post]. Retrieved from ecologywithoutnature.blogspot.com/p/ooo-for-beginners.html.

Reiss, D., Gabriel, P., Gershenfeld, N., & Cerf, V. (2013, February). The interspecies internet? An idea in progress [Video file]. Retrieved from ted.com/talks/diana_reiss_peter_gabriel_neil_gershenfeld_and_vint_cerf_the_interspecies_internet_an_idea_in_progress.

Science Fiction

Gibson, W. The Sprawl Trilogy:

Gibson, William. (1986). *Count Zero*. London, GB: Victor Gollancz, Ltd.

___. (1988). *Mona Lisa Overdrive*. London, GB: Victor Gollancz, Ltd.

___. (1984). *Neuromancer*. New York, NY: Ace Science Fiction Books.

Hausman, B. M. (2011). *Riding the Trail of Tears*. Lincoln, NE: University of Nebraska Press.

Kwaymullina, A. The Tribe Trilogy:

Kwaymullina, A. (2013). *The Disappearance of Ember Crow*. Newtown, N.S.W.: Walker Books.

___. (2015). *The Foretelling of Georgie Spider*. Newtown, N.S.W.: Walker Books.

___. (2012). *The Interrogation of Ashala Wolf*. Newtown, N.S.W.: Walker Books.

Roanhorse, R. (2017). Welcome to Your Authentic Indian Experience™. *Apex Magazine, 99*. Retrieved from apex-magazine.com/welcome-to-your-authentic-indian-experience.

Taylor, D. H. (2016). I Am...Am I. In *Take us to your chief: And other stories* (24-45). Madeira Park, CA: Douglas & McIntyre.

___. (2016). Mr .Gizmo. In *Take us to your chief: And other stories* (77-91). Madeira Park, CA: Douglas & McIntyre.

Manifestos/Guidelines/Declarations

Ochigame, R. (2019, December 20). The invention of "ethical AI": How big tech manipulates academia to avoid regulation. *The Intercept*. Retrieved from theintercept.com/2019/12/20/mit-ethical-ai-artificial-intelligence.

The European Commission Joint Research Centre. (2018). *Declaration of Cooperation on Artificial Intelligence*. Brussels, Belgium. Retrieved from ec.europa.eu/jrc/communities/en/node/1286/document/eu-declaration-cooperation-artificial-intelligence.

Montréal declaration on responsible AI development. (2018). Montréal, CA: Université de Montréal. Retrieved from montrealdeclaration-responsibleai.com/the-declaration/.

The Toronto Declaration: Protecting the rights to equality and non-discrimination in machine learning systems. (2018). Retrieved from accessnow.org/the-toronto-declaration-protecting-the-rights-to-equality-and-non-discrimination-in-machine-learning-systems/.

6.3

Participants' Biographies

Organizers

Prof. Jason Edward Lewis (*Cherokee, Hawaiian and Samoan*) is the University Research Chair in Computational Media and the Indigenous Future Imaginary, at Concordia University, Montreal, Canada. He directs the <u>Initiative for Indigenous Futures</u> and co-directs <u>Aboriginal Territories</u> in Cyberspace and the <u>Skins Workshops on Aboriginal Storytelling and Video Game Design</u>. Lewis' creative work has been recognized with the inaugural Robert Coover Award for Best Work of Electronic Literature, a Prix Ars Electronica Honorable Mention, several imagineNATIVE Best New Media awards and six solo exhibitions. He's the author of numerous chapters in collected editions covering Indigenous technology and digital media, mobile media, video game design, machinima and experimental pedagogy with Indigenous communities. Lewis has worked in a range of industrial technology research settings, including Interval Research, US West's Advanced Technology Group, the Institute for Research on Learning, and Arts Alliance Lab. Lewis was born and raised in northern California.

Angie Abdilla (*Trawlwoolway*) is the founder & CEO of <u>Old Ways, New</u>. Abdilla works across culture, research, strategy and technology, with Country (known as an entity) centring how Indigenous cultural knowledges inform service design and deep technology for both the public and private sectors. Her published research on Indigenous Knowledge Systems, Robotics and Artificial Intelligence was presented at the United Nations Permanent Forum on Indigenous Issues, where she continues this work to inform the rights of future technologies. Abdilla publicly presents and lectures on Human/Technology inter-Relations at the University of Technology Sydney. Abdilla is a Fellow of The Ethics Centre and holds a Bachelor of Arts in Communication.

Dr. ʻŌiwi Parker Jones (*Kanaka Maoli*) is a Research Fellow at the University of Oxford where he works on biological and artificial intelligence in the departments of Neuroscience and Engineering. In the 1980s, he was among the first children to be raised speaking Hawaiian in two generations. Later, as a graduate student, he worked on the adaptation of big data computing for the often fragmented corpora available in endangered languages—a research programme that he has continued to advance, for example by developing hybrid Deep Learning methods that contribute to the preservation and revitalisation of the Hawaiian language (e.g. Shillingford and Parker Jones 2018). As a postdoc, Dr. Parker Jones trained in systems neuroscience—with an emphasis on applications of machine learning to large-scale brain data. His current research is focused on Brain Computer Interfaces.

Dr. Noelani Arista (*Kanaka Maoli*), Researcher, Writer, Historian, is Associate Professor of Hawaiian and American History at the University of Hawaiʻi-Mānoa. Her research and writing focus on Hawaiian religious, legal, and intellectual history. Dr. Arista's current projects further the persistence of Hawaiian historical knowledge and Hawaiian language textual archives through multiple digital mediums including gaming. Dr. Arista is known for her work in developing new approaches and methods for writing Hawaiian history up from customary modes of keeping Hawaiian knowledge. Her work has also focused on precision in crafting historical contexts as an important first step in approaching the interpretation and translation of Hawaiian language sources. Her work in historiography, the training of Hawaiian intellectuals, as well as translation has prepared her for considering larger questions of cognition, and how artificial intelligence might be created and approached on Hawaiian terms. She mentors many students, instructing them in how to conduct research in Hawaiian language textual archives, and through online digital mediums. She was a contributing author to "Making Kin with Machines," an essay about Indigenous views on Artificial Intelligence, one of ten award winning essays in the MIT competition, *Resisting Reduction*. Her book *The Kingdom and the Republic: Sovereign Hawaiʻi and the Early United States* was published by PENN press in 2019. Her creative projects include the extensive facebook archive of mele, translation and photos that she wrote and compiled, *365 Days of Aloha*.

Suzanne Kite is an Oglála Lakȟóta performance artist, visual artist, and composer and a PhD candidate at Concordia University and Research Assistant for the Initiative for Indigenous Futures, and a 2019 Trudeau Scholar. Her research is concerned with contemporary Lakota epistemologies through research-creation, computational media, and performance practice. Recently, Kite has been developing a body interface for movement performances, carbon fiber sculptures, immersive video & sound installations.

Michelle Lee Brown is Euskaldun, Miarrtiz area (Côte des Basques) and German/German American, but raised on the lands and waters of the Wampanoag. As a PhD candidate, she studies Indigenous political praxis and futures through Indigenous designers' video games, graphic novels, and machinima at University of Hawaiʻi at Mānoa on the mokupuni of Oʻahu in the Kona moku, part of the traditional and ongoing sovereign territories of the Kānaka Maoli. Brown has published peer-reviewed work on the Never Alone video game, a chapter on immersive media for Routledge's forthcoming *Handbook on Popular Culture and World Politics*, a chapter on Thunderbird Strike for *"The Women, They Hold the*

Ground": Indigenous Women's Digital Media in North America from University of Minnesota Press, and a comic in the recent *Relational Constellation* collection from MSU Press and Native Realities Press. She is currently working on a VR project and completing her dissertation *(Re)coding Survivance: Indigenous Media Science and Relation-Oriented Ontologies.*

Participants

Brent Barron is Director, Public Policy at CIFAR where he is responsible for engaging the policy community around cutting edge science. He played an important role in the development of the Pan-Canadian Artificial Intelligence Strategy, and now oversees CIFAR's AI & Society program, examining the social, ethical, legal, and economic effects of AI. Prior to this role, Barron held a variety of positions in the Ontario Public Service, most recently in the Ministry of Research, Innovation and Science. Brent holds a Master's in Public Policy from the University of Toronto, as well as a Bachelor's in Media Studies from Western University.

Scott Benesiinaabandan is an Anishinaabe intermedia artist that works primarily in digital media, including photography, video, audio, VR and installations. Scott has completed national and international residencies at Parramatta Artist Studios in Australia, Context Gallery in Derry, North of Ireland, and University Lethbridge/Royal Institute of Technology iAIR residency, Initiatives for Indigenous Futures, along with international collaborative projects in both the UK and Ireland. Scott is from Winnipeg and is currently based in Montreal, where he is completing a MFA in Studio Arts at Concordia.

Meredith Coleman received her BA (Hons) in English literature from the University of Winchester. She is an aspiring writer and has a deep-rooted interest in anthropology and sociology, but a lesser grasp of AI and technology studies. Coleman hopes that being involved in this project will help her to gain insight into a different area of academia—one that she have observed from a young age, through her family upbringing and overlaps with degree subjects.

Dr. Ashley Cordes (*Coquille*) is an Assistant Professor at the University of Utah in Indigenous Communication. Her research lies at the intersections of communication, digital media, and Indigenous studies and is attuned to issues of social power and decolonization. Recent work focuses on crypto and land-based currency as media, and on cultural appropriation in electronic dance music contexts. Cordes' work can be found in peer-reviewed journals including *Television & New Media* and *New Media & Society.* She has a professional background in multiplatform journalism and is currently a 2018-2019 American Philosophical Society Digital Knowledge Sharing Fellow, and Chair of the Culture and Education Committee of the Coquille Indian Tribe.

Kaipu (Kaipulaumakaniolono) Baker Hailing from the lush and cascading cliffs of the Koʻolau in the verdant ahupuaʻa of Kahaluʻu on the island of Oʻahu a Lua in the center of the Hawaiʻi archipelago, Kaipulaumakaniolono recognizes first and foremost the cloud banks that bud at the lofty peaks of those sacred cliffs. A graduate of the Kamehameha Schools Kapālama in 2016 and the University of Hawaiʻi at Mānoa in 2019 with bachelors in both English Literature and Hawaiian Language, he continues his studies in the MFA for Hawaiian Theatre program at UHM. His work and research focuses on excellence in Moʻolelo Kaʻao, traditional storytelling, and Mele, song and chant. Kaipu has worked as a tutor of Hawaiian language and appeared most notably in the productions of Kamapuaʻa (2006, 2007, 2008), Lāʻieikawai (2015), and as "Maui" in the Hawaiian language dubbing of Moana (2018). Kaipu practices indigenous futurity in the form of reshaping and remembering traditional narratives, i noho haku ai kanaka maoli i ka moʻolelo maoli o ia lāhui.

Dr. Melanie Cheung is an award-winning neurobiologist from Central North island tribe Ngāti Rangitihi. She is passionate about transforming therapeutic approaches to brain diseases, with less emphasis on drugs, more emphasis on structurally and functionally changing the brain through neuroplasticity-based technologies. Melanie's research is underpinned by a belief that that there is significant untapped knowledge and potential within Māori intellectual traditional that has the power to benefit humankind. Subsequently her work has involved intensive Māori community engagement (with elders and families with brain diseases) and development of decolonizing methodologies (incorporating Māori protocols into scientific and clinical practices).

Joel Davison is a Gadigal and Dunghutti man from Sydney Australia. Living culture through an active role in language revitalisation for the Gadigal language, he is also an avid technologist and works at the Commonwealth Bank of Australia as a Robotics Analyst.

Kūpono Duncan is a Native Hawaiian artist from Kailua, Oʻahu. His artwork primarily attempts to bridge motifs of the past with experiences in the present, using contemporary mediums. Kūpono has numerous years of experience as a muralist, contributing to pieces on display at the Hawaiʻi Convention Center, Bishop Museum, Sheraton Waikiki, Mokulēʻia, The Hawaiʻi Institute of Marine Biology on Moku o Loʻe, and various buildings around Honolulu. He strives continuously to perpetuate his culture through multimedia art.

Rebecca Finlay leads CIFAR's strategy to connect outstanding researchers with thought leaders who thrive on research insights relevant to the future of policy, business, health, and international development. She works with a team of knowledge mobilization experts who specialize in knowledge exchange, government relations, public policy, and innovation. In 2017, they launched CIFAR's AI & Society program that supports the examination of questions AI will pose for all aspects of society such as the economy, ethics, policymaking, philosophy, and the law. Her team also builds partnerships with governments across Canada and internationally. Prior to joining CIFAR, Finlay held leadership roles in research and civil society organizations including as Group Director, Public Affairs and Cancer Control for the Canadian Cancer Society and National Cancer Institute of Canada. She began her career in the private sector building strategic partnerships, including as First Vice President, Financial Institution and Partnership Marketing for Bank One International. Rebecca holds an M.Phil. in Social and Political Sciences from the University of Cambridge.

Sergio Garzon was born in Bogota, Colombia and lives and works in Honolulu, Hawai'i. His paintings and prints consist of abstract figurative narratives of his memories in Colombia focusing on people, culture and the politics of history. The visual contrast of his work comes from living in Colombia during a period of turmoil with Colombia's two predominant rebel groups, The Revolutionary Armed Forces of Colombia (FARC) and the National Liberation Army (ELN). His work employs sculpture, video, photography, printmaking, painting, performance and installation, often in unexpected combinations that traverse traditional practice boundaries. He is best at solving visual puzzles through the manipulation of natural bi-products of fire, earth and light.

D Fox Harrell, Ph.D., is Professor of Digital Media & Artificial Intelligence in the Comparative Media Studies Program and Computer Science and Artificial Intelligence Laboratory (CSAIL) at MIT. He is the director of the MIT Center for Advanced Virtuality. His research explores the relationship between imagination and computation. His research involves developing new forms of VR, computational narrative, videogaming for social impact, and related digital media forms based in computer science, cognitive science, and digital media arts. The National Science Foundation has recognized Harrell with an NSF CAREER Award for his project "Computing for Advanced Identity Representation." Dr. Harrell holds a Ph.D. in Computer Science and Cognitive Science from the University of California, San Diego. His other degrees include a Master's degree in Interactive Telecommunication from New York University, and a B.F.A. in Art (electronic and time-based media), B.S. in Logic and Computation from Carnegie Mellon University (each with highest honors). He has worked as an interactive television producer and as a game designer. His book *Phantasmal Media: An Approach to Imagination, Computation, and Expression* was published by the MIT Press.

Kekuhi Keali'ikanaka'oleohaililani (*Kanaka'ole 'Ohana-Pele Clan*) is an educator, scholar, dancer, musician, vocalist, composer, and powerful leader, as well as wife, mother, and daughter. She grew up on the slopes of the volcano Mauna A Wakea and Mauna Loa, in the daily influence of Kilauea, regarded as a family ancestor. Fluent in Hawaiian as well as English, educated in Hawaiian tradition and earning advanced degrees in Western universities, she defines what it means to be an Indigenous intellectual in a contemporary world. Through her visionary leadership, she engages Indigenous thought and knowledge to address today's issues through music, chant, and sharing of the spirit.

Megan Kelleher is embarking on her PhD as one of RMIT's Vice Chancellor's Indigenous Pre-Doctoral Fellows in the School of Media and Communication. The working title of her thesis is 'Blockchain, Black chains and the battle for systems sovereignty: mutual solutions for governance using Indigenous Knowledge (IK) systems and Indigenous-controlled protocols within the Blockchain'. The research seeks to explore the logical, structural or architectural synergies – or incompatibilities – between IK systems and Blockchain technologies, and the opportunities to embed IK approaches into second-wave automation. Grounded in her Barada/Baradha and Gabalbara/Kapalbara heritage, the research will be approached from an Indigenous standpoint, contributing to the field from an important Australian research perspective. Previous to RMIT Megan was at Creative Victoria in Indigenous Partnerships, and in the Department of Premier and Cabinet's Strategic Communication and Protocol Branch.

Maroussia Lévesque is an attorney and researcher with a background in interactive media. She consults for governments, private sectors, and NGOs about the legal and policy implications of emerging technologies. She was the Conceptual Lead at Obx Labs for Experimental Media during her B.F.A in Computation Arts at Concordia University, and researched IP issues at the Center for Genomics and Policy during her B.C.L./LL.B. law degrees from McGill. Maroussia was involved in the Quebec inquiry commission on the electronic surveillance of journalists, and drafted a foreign policy pertaining to AI and human rights for the Digital Inclusion Lab at Global Affairs Canada. She is a member of the Institute of Electrical and Electronics Engineers working group on algorithmic bias and speaks about law in digital spaces in contexts ranging from informal privacy workshops to international conferences and peer-reviewed journals.

Olin Lagon (*Kanaka Maoli*) is a serial social entrepreneur, innovator and community organizer, currently focused on clean energy. He founded multiple companies, nonprofits, and a foundation including one of the first crowdfunding companies which channeled $100 million to causes worldwide. He holds multiple patents and his designs have been adopted by Global 1000 companies and institutions like MIT. His service includes the U.S. Navy, the Peace Corps, and numerous nonprofits. He is a past Petra Fellow (Center for Community Change) and East West Center Fellow. Part Hawaiian and Filipino and raised in public housing, Lagon lives in Kalihi Valley with his wife and two young sons.

Dr. Jason Leigh is the Director of LAVA: the Laboratory for Advanced Visualization & applications, and Professor of Information & Computer Sciences at the University of Hawaiʻi at Mānoa. He is also Director Emeritus of the Electronic Visualization Lab and the Software Technologies Research Center at the University of Illinois at Chicago, where he was previously Professor of Computer Science and Affiliated Professor of Communications. In addition he was a Fellow of the Institute for Health Research and Policy at the University of Illinois at Chicago, and has held research appointments at Argonne National Laboratory, and the National Center for Supercomputing Applications. His research expertise includes big data visualization, virtual reality, high performance networking, and video game design. He is co-inventor of the CAVE2 Hybrid Reality Environment, and SAGE: Scalable Amplified Group Environment software, which has been licensed to Mechdyne Corporation and Vadiza Corporation, respectively. In 2010 he initiated a new multi-disciplinary area of research called Human Augmentics which refers to the study of technologies for expanding the capabilities and characteristics of humans. His research has also received numerous press from news media including the *AP News*, *The New York Times*, *Popular Science's Future Of*, *Nova ScienceNow*, *NSF Science Now*, *PBS*, and *Forbes*. Leigh also teaches classes in Software Design, Virtual Reality, Data Visualization and Video Game Design. In 2010 his video game design class enabled the University of Illinois at Chicago to be ranked among the top 50 video game programs in US and Canada.

Keoni Mahelona is currently building Te Reo Māori speech recognition tools including text to speech, speech to text, and measuring pronunciation. Mahelona's main roles are project management and web development, primarily for koreromaori.com and koreromaori.io. They also built the indigenous media platform tehiku.nz which serves as a digital Marae for Te Hiku Media and the five Iwi of Muriwhenua. Their key contribution is the Kaitiakitanga License which serves to guard Indigenous data and IP from misuse while aiming to create opportunities for the advancement of Indigenous peoples.

Caleb Moses (*Aotearoa Māori*) is a Data Scientist hailing from the Hokianga region in the far north of New Zealand. He has a Postgraduate Diploma in Pure Mathematics from the University of Auckland. His work focuses on machine learning, natural language processing, and automation. Moses is currently working with Te Reo Irirangi o te Hiku o te Ika on language technologies for Te Reo Māori, the language of the indigenous people of Aotearoa New Zealand.

Issac Nahuewai ʻIkaʻaka (Isaac) is a choice taro corm that comes from the rains that sound the metrosideros polymorpha flowers of Hilo. Educated at the University of Hawaii at Hilo with a B.A. in Hawaiian Studies and Anthropology, he is currently in the M.A. program studying Hawaiian Language and Literature. On top of being a student, he is also a part-time teacher at Ka Haka ʻUla o Keʻelikōlani, College of Hawaiian Language at UH Hilo and Ke Kula ʻo Nāwahīokalaniʻōpuʻu Public Charter School. Outside of his roles in education, ʻIkaʻaka loves educating people through musical vibrations; he is a musical director for many bands around Hilo that spread conscious messages through reggae and jazz. He firmly believes that music can be an effective mode to revivify the value of ancestral knowledge and cultural identity in indigenous people.

Kari Noe is both a creative media and software developer originally from Kauaʻi, now based in Honolulu, Oʻahu. She has earned two bachelor's degrees, one in Computer Science and the other in Animation through the Academy of Creative Media at the University of Hawaiʻi at Mānoa. Currently she is a Graduate Research Assistant at the Laboratory for Advanced Visualization and Applications (LAVA), pursuing a master's degree in Computer Science. Kari has worked on various projects from creating her own animated film, Kai and Honua, to collaborating on a virtual reality Hawaiian navigation application named Kilo Hōkū. She specializes in virtual reality and augmented reality research for cultural preservation and is currently working on her thesis, with the working title: Digitizing Detours, Mapping Hawaiian Knowledge in Virtual Reality.

Danielle Olson is a PhD student in Electrical Engineering & Computer Science at MIT and works as a Research Assistant in the Imagination, Computation, and Expressions (ICE) Lab within the MIT Computer Science and Artificial Intelligence Laboratory. Olson's research seeks to develop theories and technologies to advance an understanding of embodied identity expression in virtual reality (VR) narratives to reflect the nuance of real-world human interaction. Olson earned her B.S. in Computer Science & Engineering from MIT in 2014, and her S.M. in Electrical Engineering and Computer Science from MIT in 2019. While at MIT, Olson founded Gique Corporation, an educational nonprofit

501(c)(3) that exists to inspire and educate youth in STEAM. Following her graduation from MIT, Danielle worked as a Program Manager at the Microsoft New England Research & Development Center from 2014-2016. Danielle also previously worked as Summer Program Coordinator for the MIT Online Science, Technology, and Engineering Community (MOSTEC) in the summer of 2016, prior to returning to MIT as a graduate student.

Archer Pechawis (*Plains Cree*) is a performance, theatre and new media artist, filmmaker, writer, curator and educator born in Alert Bay, BC. He has been a practicing artist since 1984 with a particular interest in the intersection of Plains Cree culture and digital technology, merging "traditional" objects such as hand drums with digital video and audio sampling. His work has been exhibited across Canada, internationally in Paris France and Moscow Russia, and featured in publications such as Fuse Magazine and Canadian Theatre Review. Archer has been the recipient of many Canada Council, British Columbia and Ontario Arts Council awards, and won the Best New Media Award at the 2007 imagineNATIVE Film + Media Arts Festival and Best Experimental Short at imagineNATIVE in 2009. Archer has worked extensively with Native youth since the start of his art practice, originally teaching juggling and theatre, and now digital media and performance. He is currently a member of the Indigenous Routes collective, teaching video game development to Native girls: www.indigenousroutes.ca. Of Cree and European ancestry, he is a member of Mistawasis First Nation, Saskatchewan.

Caroline Running Wolf (*Crow Nation*), née Old Coyote, is an enrolled member of the Apsáalooke Nation (Crow) in Montana, with a Swabian (German) mother and also Pikuni, Oglala, and Ho-Chunk heritage. As the daughter of nomadic parents, she grew up between USA, Canada, and Germany. Thanks to her genuine interest in people and their stories, she is a multilingual Cultural Acclimation Artist dedicated to supporting Indigenous language and culture vitality. After working for over 15 years as a professional nerd herder and business consultant in various fields, Running Wolf co-founded a nonprofit, Buffalo Tongue, with her husband, Michael Running Wolf. Together they create virtual and augmented reality experiences to advocate for Native American voices, languages, and cultures. Running Wolf has a Master's degree in Native American Studies from Montana State University in Bozeman, Montana. She is currently pursuing her PhD in Anthropology at the University of British Columbia in Vancouver, Canada.

Michael Running Wolf (*Northern Cheyenne*) was raised in a rural village in Montana with intermittent water and electricity. Naturally, he now has a Master's of Science in Computer Science. Though he is a published poet, he is a computer nerd at heart. His lifelong goal is to pursue endangered indigenous language revitalization using Augmented Reality and Virtual Reality (AR/VR) technology. He was raised with a grandmother who only spoke his tribal language, Cheyenne, which like many other indigenous languages, is near extinction. By leveraging his advanced degree and technical skills, Running Wolf hopes to strengthen the ecology of thought represented by indigenous languages through immersive technology.

Skawennati makes art that addresses history, the future, and change from her perspective as an urban Kanien'kehá:ka woman and as a cyberpunk avatar. Her work has been widely presented in both group exhibitions and solo shows and is included in public and private collections, such as the National Gallery of Canada and the Musée d'art contemporain de Montréal. Born in Kahnawà:ke Mohawk Territory, Skawennati graduated with a BFA from Concordia University in Montreal, where she is based. She is Co-Director of Aboriginal Territories in Cyberspace (AbTeC), a research-creation network of artists and academics who investigate and create Indigenous virtual environments. Their Skins workshops in Aboriginal Storytelling and Experimental Digital Media are aimed at empowering youth. In 2015 they launched IIF, the Initiative for Indigenous Futures.

Tyson Seto-Mook received his BS in Electrical Engineering and is currently pursuing a MS in Computer Science from the University of Hawai'i at Mānoa.

Dr. Hēmi Whaanga (*Ngāti Kahungunu, Ngāi Tahu, Ngāti Mamoe, Waitaha*) is an associate professor in Te Pua Wānanga ki te Ao (The Faculty of Māori and Indigenous Studies) at Te Whare Wānanga o Waikato (University of Waikato). Whaanga has worked as a project leader and researcher on a range of projects centred on the revitalisation, protection, distribution, and development of Mātauranga and te reo Māori in a digital world. He incorporates multi-method techniques and methodologies to analyse and develop new Mātauranga in a range of linguistic, cultural, and digital contexts including the design of ethical platforms for digitally managing and distributing Mātauranga, oral traditions, Māori ecological knowledge, ecological taxonomies, and naming protocols, Māori astronomical knowledge and kaitiakitanga. He affiliates to Ngāti Kahungunu through his father, and Ngāi Tahu, Ngāti Mamoe, and Waitaha through his mother.

6.4

Workshop Schedules

March 1–2, 2019

Indigenous Protocol and Artificial Intelligence

Workshop 1

Honolulu, Oahu, Hawai'i
www.indigenous-ai.net

The Indigenous Protocol and Artificial Intelligence (A.I.) Workshops will focus on how to advance the theory and practice of next-level A.I. from Indigenous perspectives.

We will consider the following questions:

- From an Indigenous perspective, what should our relationship with A.I. be?

- How can Indigenous epistemologies and ontologies contribute to the global conversation regarding society and A.I.?

- How do we broaden discussions regarding the role of technology in society beyond the largely culturally homogenous research labs and Silicon Valley startup culture?

- How do we imagine a future with A.I. that contributes to the flourishing of all humans and non-humans?

Global Organizers

Jason Edward Lewis

Angie Abdilla

ʻŌiwi Parker Jones

RA: Suzanne Kite

Local Organizers

Noelani Arista

RA: Michelle Brown

Flights + Hotels

Brent Barron

Jacqui Sullivan

Venues

LAVA Lab
Keller Hall 102, 2550 Correa Rd
University of Hawaiʻi at Mānoa
Honolulu, HI 96822

Ka Waiwai
#100, 1110 University Ave
Honolulu, HI 96825

Lincoln Hall
1821 East-West Rd
University of Hawaiʻi at Mānoa
Honolulu, HI 96848

Ala Moana Hotel
410 Atkinson Dr
Honolulu, HI 96814

Day 1

Friday
March 1

8:30am	Light Breakfast
9:00am	Welcome & Introductions
10:30am	Break
11:00am	Protecting Indigenous Cultural Knowledge 1
12:00pm	Lunch
1:30pm	Futuring Exercise
2:30pm	Discuss Blogging Questions
3:30pm	Break
4:00pm	Construct Themes
5:00pm	Protecting Indigenous Cultural Knowledge 2
5:30pm	Closing
6:00pm	Dinner
7:00pm	ʻAwa & ʻAi Ka Waiwai public event

Location
Ka Waiwai

#100, 1110 University Avenue
Honolulu, HI 96825

Day 2

Saturday
March 2

Location
LAVA Lab

Keller Hall 102, 2550 Correa Rd
University of Hawaiʻi at Mānoa
Honolulu, HI 96822

8:30am	Light Breakfast
9:00am	Review of Day 1
9:30am	Thematic Breakout Groups Break as needed
12:00pm	Lunch
1:30pm	Share Breakout Results
3:00pm	Break
3:30pm	Next Steps
5:00pm	Protecting Indigenous Cultural Knowledge 3
5:30pm	Closing
7:00pm	Dinner

The Indigenous Protocol and Artificial Intelligence (A.I.) Workshops will develop new conceptual and practical approaches to building the next generation of A.I. systems.

We will consider the following questions:

- From an Indigenous perspective, what should our relationship with A.I. be?

- How can Indigenous epistemologies and ontologies contribute to the global conversation regarding society and A.I.?

- How do we broaden discussions regarding the role of technology in society beyond the largely culturally homogenous research labs and Silicon Valley startup culture?

- How do we imagine a future with A.I. that contributes to the flourishing of all humans and non-humans?

Sunday **May 26**	1:00pm	Welcome
	1:00pm—5:00pm	Review and Organization
	6:00pm	Dinner
Monday / Tuesday **May 27 / 28**	9:00am—4:00pm	Writing
	4:00pm—5:00pm	Group Review
	6:00pm	Dinner
Wednesday **May 29**	9:00am—12:00pm	Writing
	12:00pm	Group Outing
Thursday / Friday **May 30 / May 31**	9:00am—4:00pm	Writing
	4:00pm—5:00pm	Group Review
	6:00pm	Dinner
Saturday **June 1**	10:00am—1:00pm	Reviewing and Planning
	4:00pm	Open Invite BBQ

Organizers

Jason Edward Lewis

Noelani Arista

Suzanne Kite

Michelle Brown

Series Co-organizers

Jason Edward Lewis

Angie Abdilla

ʻŌiwi Parker Jones

Founding Organizers

 Initiative for Indigenous Futures

 OLD WAYS, NEW

 CIFAR

Support

Department of History + College of Arts and Sciences University of Hawaiʻi at Mānoa

 Social Sciences and Humanities Research Council of Canada   Conseil de recherches en sciences humaines du Canada

Canada

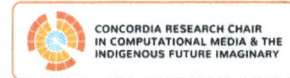 CONCORDIA RESEARCH CHAIR IN COMPUTATIONAL MEDIA & THE INDIGENOUS FUTURE IMAGINARY

SECTION 7

Acknowledgements

7.0

Acknowledgements

The organizers of the Indigenous Protocol and Artificial Intelligence Workshops would like to acknowledge the Canadian Institute for Advanced Research (CIFAR) for providing core funding through its the Pan-Canadian AI Strategy. Our main CIFAR liaison, Brent Barron, was a fruitful collaborator and tireless champion who worked extensively with us to craft workshops that were welcoming of Indigenous bodies and knowledges. We also wish to thank Jacqui Sullivan for the assistance on logistics she provided, and Rebecca Finlay for joining us alongside Brent in the first workshop.

We would also like to acknowledge the following for contributing their time, good minds and/or other resources to make the events a success:

The Initiative for Indigenous Futures and Old Ways, New for providing personnel and resources for the workshop organization and contributing substantial funding.

The Social Sciences and Humanities Research Council of Canada and the Concordia University Research Chair in Computational Media and the Indigenous Future Imaginary for providing additional funding and support.

Ty Kawika Tengan and his assistants, Kaipulaumakaniolono Baker and Isaac ʻIkaʻaka Nāhuewai, for welcoming us to Hawaiian territory on the first day of the first workshop.

Dr. Jason Leigh at the University of Hawaiʻi at Mānoa for graciously offering the use of his LAVA lab as well as facilitating the use of the Hawaiian Data Science lab space to host the second day of the first workshop.

Matt Lampert for sharing his substantial reference list on Indigenous knowledge frameworks and technology in African, South American and Asian contexts.

Position Paper Team

Editor: Jason Edward Lewis

Managing Editor: Mikhel Proulx

Editorial Support: Anastasia Erickson

Assistant Editors: Suzanne Kite and Michelle Lee Brown

Editorial Advisors: Dr. Hēmi Whaanga, Dr. Melanie Cheung, and Dr. Noelani Arista

CIFAR

This work was supported by CIFAR through the Pan-Canadian AI Strategy. Learn more about CIFAR at cifar.ca.

About CIFAR

CIFAR is a Canadian-based global charitable organization that convenes extraordinary minds to address the most important questions facing science and humanity.

About the AI & Society program

The AI & Society program is the fourth pillar of the CIFAR Pan-Canadian AI Strategy, a $125-million investment from the Government of Canada, with the goal of supporting Canada's leadership in machine learning and training. It is also supported by Facebook and the RBC Foundation. The AI & Society workshops are led by CIFAR, in partnership with the Centre national de la recherche scientifique (CNRS) and UK Research and Innovation (UKRI).

Document designed by Aimee Wood.

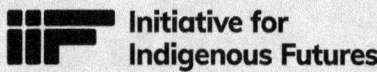  

Gathered at Waiwai. Image by Sergio Garzon, 2019.